GENERAL CHEMISTRY
일반화학

표 준 주 기 율 표

Periodic Table of the Elements

표기법:

원자 번호 **기호** 원소명(국문) 원소명(영문) 일반 원자량 표준 원자량

1A 1	2A 2	3B 3	4B 4	5B 5	6B 6	7B 7	8B 8	8B 9	8B 10	1B 11	2B 12	3A 13	4A 14	5A 15	6A 16	7A 17	8A 18
1 **H** 수소 hydrogen 1.008 [1.0078, 1.0082]																	2 **He** 헬륨 helium 4.0026
3 **Li** 리튬 lithium 6.94 [6.938, 6.997]	4 **Be** 베릴륨 beryllium 9.0122											5 **B** 붕소 boron 10.81 [10.806, 10.821]	6 **C** 탄소 carbon 12.011 [12.009, 12.012]	7 **N** 질소 nitrogen 14.007 [14.006, 14.008]	8 **O** 산소 oxygen 15.999 [15.999, 16.000]	9 **F** 플루오린 fluorine 18.998	10 **Ne** 네온 neon 20.180
11 **Na** 소듐 sodium 22.990	12 **Mg** 마그네슘 magnesium 24.305 [24.304, 24.307]											13 **Al** 알루미늄 aluminium 26.982	14 **Si** 규소 silicon 28.085 [28.084, 28.086]	15 **P** 인 phosphorus 30.974	16 **S** 황 sulfur 32.06 [32.059, 32.076]	17 **Cl** 염소 chlorine 35.45 [35.446, 35.457]	18 **Ar** 아르곤 argon 39.95 [39.792, 39.963]
19 **K** 포타슘 potassium 39.098	20 **Ca** 칼슘 calcium 40.078(4)	21 **Sc** 스칸듐 scandium 44.956	22 **Ti** 타이타늄 titanium 47.867	23 **V** 바나듐 vanadium 50.942	24 **Cr** 크로뮴 chromium 51.996	25 **Mn** 망가니즈 manganese 54.938	26 **Fe** 철 iron 55.845(2)	27 **Co** 코발트 cobalt 58.933	28 **Ni** 니켈 nickel 58.693	29 **Cu** 구리 copper 63.546(3)	30 **Zn** 아연 zinc 65.38(2)	31 **Ga** 갈륨 gallium 69.723	32 **Ge** 저마늄 germanium 72.630(8)	33 **As** 비소 arsenic 74.922	34 **Se** 셀레늄 selenium 78.971(8)	35 **Br** 브로민 bromine 79.904 [79.901, 79.907]	36 **Kr** 크립톤 krypton 83.798(2)
37 **Rb** 루비듐 rubidium 85.468	38 **Sr** 스트론튬 strontium 87.62	39 **Y** 이트륨 yttrium 88.906	40 **Zr** 지르코늄 zirconium 91.224(2)	41 **Nb** 나이오븀 niobium 92.906	42 **Mo** 몰리브데넘 molybdenum 95.95	43 **Tc** 테크네튬 technetium	44 **Ru** 루테늄 ruthenium 101.07(2)	45 **Rh** 로듐 rhodium 102.91	46 **Pd** 팔라듐 palladium 106.42	47 **Ag** 은 silver 107.87	48 **Cd** 카드뮴 cadmium 112.41	49 **In** 인듐 indium 114.82	50 **Sn** 주석 tin 118.71	51 **Sb** 안티모니 antimony 121.76	52 **Te** 텔루륨 tellurium 127.60(3)	53 **I** 아이오딘 iodine 126.90	54 **Xe** 제논 xenon 131.29
55 **Cs** 세슘 caesium 132.91	56 **Ba** 바륨 barium 137.33	57-71 란타넘족 lanthanoids	72 **Hf** 하프늄 hafnium 178.49(2)	73 **Ta** 탄탈럼 tantalum 180.95	74 **W** 텅스텐 tungsten 183.84	75 **Re** 레늄 rhenium 186.21	76 **Os** 오스뮴 osmium 190.23(3)	77 **Ir** 이리듐 iridium 192.22	78 **Pt** 백금 platinum 195.08	79 **Au** 금 gold 196.97	80 **Hg** 수은 mercury 200.59	81 **Tl** 탈륨 thallium 204.38 [204.38, 204.39]	82 **Pb** 납 lead 207.2	83 **Bi** 비스무트 bismuth 208.98	84 **Po** 폴로늄 polonium	85 **At** 아스타틴 astatine	86 **Rn** 라돈 radon
87 **Fr** 프랑슘 francium	88 **Ra** 라듐 radium	89-103 악티늄족 actinoids	104 **Rf** 러더포듐 rutherfordium	105 **Db** 두브늄 dubnium	106 **Sg** 시보귬 seaborgium	107 **Bh** 보륨 bohrium	108 **Hs** 하슘 hassium	109 **Mt** 마이트너륨 meitnerium	110 **Ds** 다름슈타튬 darmstadtium	111 **Rg** 뢴트게늄 roentgenium	112 **Cn** 코페르니슘 copernicium	113 **Nh** 니호늄 nihonium	114 **Fl** 플레로븀 flerovium	115 **Mc** 모스코븀 moscovium	116 **Lv** 리버모륨 livermorium	117 **Ts** 테네신 tennessine	118 **Og** 오가네손 oganesson

57 **La** 란타넘 lanthanum 138.91	58 **Ce** 세륨 cerium 140.12	59 **Pr** 프라세오디뮴 praseodymium 140.91	60 **Nd** 네오디뮴 neodymium 144.24	61 **Pm** 프로메튬 promethium	62 **Sm** 사마륨 samarium 150.36(2)	63 **Eu** 유로퓸 europium 151.96	64 **Gd** 가돌리늄 gadolinium 157.25(3)	65 **Tb** 터븀 terbium 158.93	66 **Dy** 디스프로슘 dysprosium 162.50	67 **Ho** 홀뮴 holmium 164.93	68 **Er** 어븀 erbium 167.26	69 **Tm** 툴륨 thulium 168.93	70 **Yb** 이터븀 ytterbium 173.05	71 **Lu** 루테튬 lutetium 174.97
89 **Ac** 악티늄 actinium	90 **Th** 토륨 thorium 232.04	91 **Pa** 프로트악티늄 protactinium 231.04	92 **U** 우라늄 uranium 238.03	93 **Np** 넵투늄 neptunium	94 **Pu** 플루토늄 plutonium	95 **Am** 아메리슘 americium	96 **Cm** 퀴륨 curium	97 **Bk** 버클륨 berkelium	98 **Cf** 캘리포늄 californium	99 **Es** 아인슈타이늄 einsteinium	100 **Fm** 페르뮴 fermium	101 **Md** 멘델레븀 mendelevium	102 **No** 노벨륨 nobelium	103 **Lr** 로렌슘 lawrencium

참조) 표준 원자량은 2011년 IUPAC에서 결정한 새로운 형식을 따른 것으로 [ ] 안에 표시된 숫자는 2 종류 이상의 안정한 동위원소가 존재하는 경우에 지각 시료에서 발견되는 자연 존재비의 분포를 고려한 표준 원자량의 범위를 나타낸 것임. 자세한 내용은 *https://iupac.org/what-we-do/periodic-table-of-elements/*을 참조하기 바람.

머리말

우리를 둘러싸고 있는 모든 물질은 화학으로 해석할 수 있다. 우리가 섭취하는 식품의 성분이나 몸에서 일어나는 대사 작용들 또한 화학으로 설명할 수 있다. 우리의 몸은 화학 공장과 같다. 호흡, 운동, 식사, 수면과 같은 모든 삶의 과정은 우리의 몸을 정상적으로 유지하기 위한 화학 반응의 결과이며, 우리가 매일 섭취하는 영양소들은 우리의 몸을 건강한 상태로 유지시켜 주기 위한 재료가 된다.

모든 물질은 그 물질의 조성이나 결합의 형태, 입체적인 구조 등으로 인해 그 물질만의 특성을 나타낸다. 식품을 구성하는 성분의 조성이나 특성도 구성 원소의 종류, 어떠한 결합을 하는지에 따라서 다르게 나타난다. 음식의 섭취 후 식품 성분의 결합 반응 혹은 분해 반응, 치환 반응과 같은 원자들의 반응 과정에 따라 몸에서 필요한 물질이 생성되기도 하고 혹은 제거되기도 한다. 이와 같이 반응의 결과에 따라 우리의 몸에 미치는 영향이 다르기 때문에 생화학적인 대사 반응은 우리 건강을 결정짓는 열쇠라고 할 수 있다.

우리가 먹는 음식, 아플 때 먹는 약, 들이마시는 공기, 입는 옷 등 화학은 보건, 식품, 의료 등 다양한 산업 분야에서 중요한 역할을 하고 있다. 과학 기술의 발전과 더불어 화학 관련 지식이 더욱 다양해지고 있고, 다른 학문 분야들과의 관련 범위도 더욱 넓어지고 있다.

본 교재는 화학 전공자뿐만 아니라 공학, 보건, 의학, 환경 과학 분야를 공부하는 학생들이 개념과 의미를 충분히 이해할 수 있도록 기본적인 개념을 담은 입문서라고 할 수 있다. 화학은 과학을 기반으로 하는 기초 학문 분야의 하나로서 현재 자연계열 전공 대학생들에게 기본이 되는 과목이다. 그러므로 본 교재는 화학이라는 과목에 대해 관심과 흥미를 갖기도 전에 좌절하는 학생들이 발생하지 않도록 기초 지식이 없는 학생들도 어려움 없이 학습하고 자신의 전공으로 자연스럽게 연결시킬 수 있는 다리와 같은 역할을 하는 데 주안점을 두었다.

교재의 전반부에서는 물질의 본질에 관한 지식과 물질을 구성하는 화합물들의 생성에 기반이 되는 원소와 원자의 구성 요소와 화학 결합 등을 다룸으로써 물질에 대한 기본 개념들을 소개하였다. 또한 화학 반응의 기본 개념과 원리를 이해하며, 화학 반응을 통해 물질이 어떻게 질적, 양적으로 변화하는지를 소개하였다. 교재의 후반부에서는 화학의 기본적인 지식과 물질의 구성, 물질의 변화 과정 등에 관해 습득한 지식을 토대로 자연계열 전공에서 필요로 하는 용액, 산과 염기, 산화와 환원, 유기 화합물의 기본이 되는 지식들을 습득함으로써 유기 화학 혹은 생화학과의 연계를 좀 더 쉽게 할 수 있도록 하였다. 교재의 맨 뒷부분에는 화학 실험 부분을 부록으로 첨부함으로써 학생들이 고학년에 배울 실험의 매우 기본적인 사항을 습득할 수 있는 발판이 될 수 있도록 구성하였다.

본 교재가 이공계 및 보건계열 학생들에게 화학에 대한 관심과 흥미를 갖고 전공을 심도 있게 공부할 수 있는 디딤돌이 될 수 있기를 바라며, 더 좋은 교재가 될 수 있도록 많은 전문가 분들의 조언을 부탁드린다. 마지막으로 이 교재의 출판에 많은 도움과 수고를 해주신 파워북 임직원 분들께도 깊은 감사를 드린다.

2022년 4월

저자 일동

차 례

CHAPTER 4

화학 결합

CHAPTER 5

화합물의 조성

CHAPTER 6

화학 반응

CHAPTER 7

기체의 성질

CHAPTER 8 액체의 성질

CHAPTER 9 용액

EXPERIMENT

실험

C H A P T E R

1

Chemistry

식품과 화학

1. 화학의 정의

화학은 명확한 구성 성분이 있는 물질의 변화를 취급하는 학문이다. 공기 또는 미생물, 원자, 분자 등은 너무 작아 우리 눈에는 보이지 않지만, 특정 성분으로 구성되어 있는 물질이 분명하기에 화학에서 취급하는 분야가 되는 것이다. 과학이 발달하기 전에는 눈에 보이는 것만이 전부인 줄 알았지만, 여러 과학자들의 노력으로 모든 물질은 구성하는 단위가 있는 물질임이 밝혀졌고, 그 물질들이 어떻게 구성되고 변화되는지 연구하는 학문이다. 화학(化學)에서 사용되는 한자 '될 화(化)'는 좌측의 똑바로 서 있는 사람(匕)과 우측의 거꾸로 서 있는 사람(匕)의 조합으로, 이는 좌측은 살아 있는 사람, 우측은 죽어 있는 사람을 형상화한 것이며, 삶과 죽음의 끊임없는 변화 및 관계를 나타낸다고 한다. 즉, 앞에서 말한 바와 같은 화학은 물질의 변화를 연구하는 학문이라고 그 용어에서 확인할 수 있다(그림 1.1). 우리가 살고 있는 지구 및 우주에는 여러 가지 다양한 물질이 있다. 이들 물질의 본질은 과연 무엇인가? 이를 알기 위해서 물질을 구성하는 기본 단위인 원자, 분자 등의 모양, 결합 원리, 특징들을 연구하는 학문이 바로 화학이다. 그리고 여러 물질들로 이루어진 생명체 및 식품의 특성을 알기 위해서도 화학 공부는 필수 불가분한 학문이다.

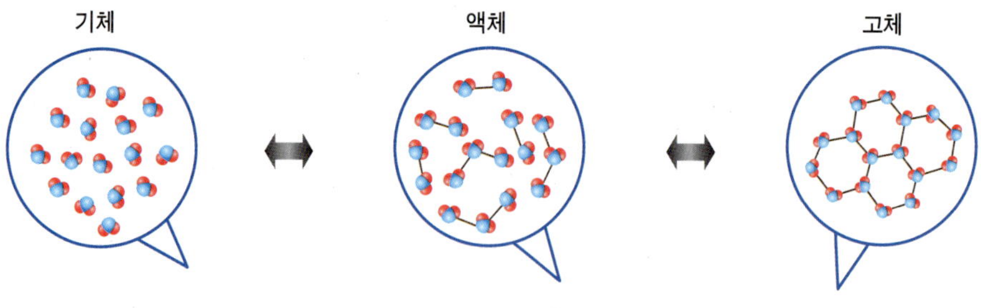

그림 1.1 물질의 변화

2. 생명체와 화학

1959년 노벨 생리의학상을 수상한 미국 스탠퍼드 대학의 콘버그(Roger D. Kornberg)는 “화학은 우주적으로 통용되는 사투리가 없는 생명의 언어”라고 말했다. 이는 모든 생명체를 구성하는 원소가 크게 다르지 않음을 시사한다. 뒤의 13장에서 다루는 유기물이 곧 생명체의 본질이라 할 수 있다. 생명체와 화학의 관계를 이해하기 위해서는 여러 동식물이나 미생물을 생각하지 않더라도, 우리 인간의 모습과 생리 현상을 고민해 보면 화학의 중요성을 바로 알게 된다. 인간은 살과 뼈, 그리고 혈액 및 장기 등으로 구성되어 있다. 이들의 어떤 조합으로 생명을 유지하고 있을까? 또한 우리는 왜 부모의 모습과 똑같으며, 때때로 갈증과 허기를 느끼며 살아가는 것일까? 생명체에 대한 여러 의문에 대한 해답 역시 화학에 기초하고 있다. 우리가 잘 알고 있는 DNA도 화학 물질이며, 생명체 내에서 일어나는 생리 반응 역시 화학 물질 간의 전달, 분해, 순환으로 설명이 가능하다. 그리고 인간을 비롯한 동물들은 외부로부터 영양소를 섭취하지 않으면 생명을 유지할 수 없는데, 영양소 역시 화학 물질로 구성되어 있다(그림 1.2). 동물에게는 영양소를 먹이

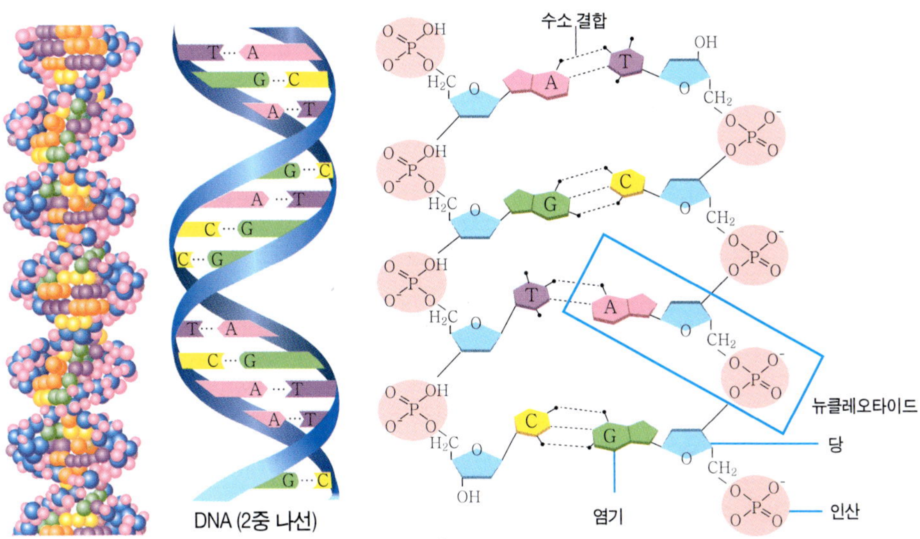

그림 1.2 유전자의 구조

또는 사료라 부르지만, 인간이 먹는 것은 식품 또는 음식이라고 부른다. 매일 먹는 쌀, 김치, 채소, 육류 등을 파고들어 가면 결국 구성하는 기본 물질을 만나게 된다. 결국, 생명체의 구성 성분, 생리 현상, 영양소 등이 화학이라는 학문으로 귀결되기 때문에 인체를 연구하는 학문이나 식품을 연구하는 학문에서는 화학을 공부하지 않고서는 더 이상의 진전이 불가능하다고 말할 수 있다.

3. 식품과 화학

앞에서 말한 생명체, 곧 식물과 동물들이 곧 우리가 섭취하는 식품의 재료가 됨은 모두가 알고 있는 사실이다. 동식물이 식재료가 되기 때문에 식품은 대부분 유기물과 및 여러 미네랄로 구성되어 있으며, 그 학문적 뿌리가 농화학에서 기초하였다. 특히, 프랑스의 과학자 라부아지에Antoine-Laurent de Lavoisier는 식품과 관련된 화학 연구에도 많은 업적을 남겨, 식품화학의 선구자라 할 만한 과학자이다.

흔히, 식품을 구성하는 대표적 성분으로 알고 있는 수분, 탄수화물, 단백질, 지질, 미네랄, 비타민 등도 모두 화합 물질이다. 이들 성분들의 조합으로 과일류가 되기도 하고, 육류가 되기도 하는 것이다. 그렇기 때문에 식품을 전공하는 학생들은 자신들이 학습해야 하는 식품이 어떻게 구성되고, 어떻게 맛을 내며, 어떻게 변하는지를 알기 위해서는 화학에 대한 기본 지식을 반드시 이해하여야 한다. 예를 들면, 빵을 구우면 색이 갈색으로 변하는 것, 그리고 김치가 시간이 지날수록 신맛이 강해지는 것은 식품학도가 아니더라도 대부분 알고 있는 상식이다. 이런 현상을 이해하기 위해서는 빵과 김치를 구성하는 성분에는 무엇이 있으며, 어떻게 생기었으며 어떤 특징이 있는지, 그리고 색이나 맛이 변하는 이유를 알아야 한다(그림 1.3). 식품에 대하여 조금 깊이 학습을 하면 빵이 갈색으로 변하는 것을 갈변화 현상이라 하며, 그 원인은 빵에 있는 당류와 아미노산의 결합에 의한 것임을 알게 된다. 또한 김치가 시간이 갈수록 신맛이 강해지는 것은 발효라는 일련

그림 1.3 구운 빵의 색 변화

의 반응으로 일어나는 것을 학습하게 된다. 식품과 관련된 제반 사항은 모두 구성 성분의 특징 및 변화를 수반하기 때문에 식품을 명료하게 이해하기 위해서는 화학에 대한 학습을 게을리할 수가 없는 것이다.

C H A P T E R

2

Chemistry

측정의 표준

1. 측정 단위

과학 분야에서 측정 양의 단위로 질량, 길이, 시간 및 온도를 자주 사용한다. 길이(센티미터, 킬로미터), 시간(초, 분, 시간) 및 온도(섭씨온도, 화씨온도)를 표현하는 데 사용하는 단위 중 괄호 안에 나타낸 것들은 유년기부터 사용해 와서 이미 익숙할 것이다. 그러나 과학 분야에서는 전 세계적으로 과학 데이터를 쉽게 공유하고 보고하기 위해 과학자들이 동의한 특정 단위 집합인 국제 단위계(SI 단위)International System of Units를 사용한다. 아마도 우리에게 친숙한 대부분의 단위는 SI 단위가 아닐 수도 있다. 이제부터 SI 단위에 익숙해지는 것이 중요하며 이 책에서 광범위하게 사용될 것이다.

1) 기본 단위

표 2.1에 질량, 길이, 시간 및 온도에 대한 **SI 기본 단위**를 나타냈다. 대부분의 경우에 측정치를 설명할 때 기본 단위보다 다른 것을 사용하는 것이 편리하다. 예를 들어, 사람이 성장하는 데 필요한 기간을 보고하는 데 기본 단위로 초를 사용하면 불편할 것이다. 그 시간을 SI 단위인 초 단위로 표현하려면 엄청나게 긴 숫자가 필요할 것이다. 이런 경

표 2.1 SI 기본 단위

기본량	기호	이름
물질의 양	mol	몰
온도	K	켈빈
시간	s	초
길이	m	미터
질량	kg	킬로그램
전류	A	암페어
빛의 세기(광도)	cd	칸델라

우에는 연 단위를 주로 사용한다. 마찬가지로 나무에 있는 나뭇잎 1개의 질량을 보고한다면 기본 단위인 킬로그램보다는 아마 그램을 사용하는 것이 더 편리할 것이다. **SI 유도 단위**는 SI 기본 단위로부터 유도된 단위이며, 화학에서 주로 사용되는 유도 단위는 표 2.2와 같다.

표 2.2 SI 유도 단위

물리량	기호	이름	기본 단위와의 관계
힘	N	뉴톤	$kg \cdot m \cdot s^{-2}$
에너지	J	줄	$N \cdot m = kg \cdot m^2 \cdot s^{-2}$
화학 퍼텐셜	①	*	$J \cdot mol^{-1} = kg \cdot m^2 \cdot s^{-2} \cdot mol^{-1}$
압력	Pa	파스칼	$N \cdot m^{-2} = J \cdot m^{-3} = kg \cdot m^{-1} \cdot s^{-2}$
부피	②	*	m^3
전하량	C	쿨롱	$s \cdot A$
밀도	③	*	$kg \cdot m^{-3}$
섭씨온도	℃	섭씨	K-273.15
진동수	Hz	헤르츠	s^{-1}
파수 (wave number)	④	⑤	m^{-1}
각도	rad	라디안	$m \cdot m^{-1}$
입체각 (solid angle)	sr	스테라디안	$m^2 \cdot m^{-2}$

* 이에 대한 특별한 기호는 없다.
① $kJ\ mol^{-1}$ 또는 $J\ mol^{-1}$을 단위로 사용한다.
② 널리 사용되는 부피 단위들의 관계는 다음과 같다.
$1L = 1{,}000\ mL = 1{,}000\ cm^3 = 1\ dm^3$
③ $g\ cm^{-3}$을 널리 사용한다.
④ cm^{-1}을 널리 사용한다.
⑤ 보통 wave number를 그대로 옮긴 '파수'를 사용한다. 1,000 cm^{-1}를 '파수가 1,000[1]' 혹은 '1,000 wave number'라고 읽는다. cm^{-1}에 대해 예전에는 독일의 물리학자 카이저(Heinrich Kayser)의 이름에서 유래한 Kayser(K)라는 단위를 사용하기도 하였지만 지금은 널리 사용하지 않는다.

2) 질량, 길이 및 시간

질량 및 무게라는 용어는 서로 같이 사용하기도 하지만 같은 것은 아니다. 엄밀히 말하면 **무게**는 중력으로 인해 물체에 가해지는 힘이다. **질량**mass은 물체 또는 시료에 있는 물질의 양을 측정한 것이다. 중력은 위치에 따라 변하기 때문에(달에서의 중력은 지구의 약 1/6이다) 물체의 무게는 그것을 측정한 장소에 따라 달라진다. 물체의 질량은 측정 위치와 상관없이 동일하게 유지된다. 질량의 SI 기본 단위는 킬로그램(kg)이지만 화학에서는 전형적인 실험실 실험에서 사용되는 물질의 양은 이보다 적은 그램(g)을 사용하는 것이 더 편리하다. 1킬로그램은 1,000그램과 같다.

$$1\ \text{kg} = 1{,}000\ \text{g}$$

길이에 대한 SI 단위는 미터(m)로, 미국인일 경우는 일상적으로 사용하지 않을지 몰라도 우리는 이미 친숙하다. 운동선수이거나 어느 정도 스포츠 상식이 있는 사람이라면 수영장의 깊이나 길이를 나타낼 때 미터(m)를 사용하고 마라톤 구간 길이를 킬로미터(km)로 사용하는 것쯤은 알고 있을 것이다. 1킬로미터는 1,000미터와 같다.

$$1\ \text{km} = 1{,}000\ \text{m}$$

시간에 대한 SI 단위인 초(s)도 과학계의 외부에서 일반적으로 사용되는 단위이다.

3) 미터법 승수(단위에 사용하는 접두사)

킬로그램이나 미터와 같은 기본 단위가 적합하지 않은 경우 측정값의 크기에 따라 특정한 목적으로 기본 단위에 그리스어 접두사를 사용한다. 예를 들면, 약에 들어 있는 유효 성분의 양은 보통 밀리그램(mg)miligram으로 표시하고, 봉투의 크기는 센티미터(cm) centimeter로 나타낸다. 그리고 매우 빠른 과정의 지속 시간은 나노초(ns)nanosecond 단위로 주어진다. 각각의 경우에 측정 크기에 상응하는 단위 크기를 만들기 위해 미터법 승수의 그리스어 접두사를 사용하였다. 표 2.3에는 화학에서 가장 일반적으로 사용하는 그리스어 접두사를 정리하였다.

표 2.3 일반적인 표준 인수의 그리스어 접두사*

접두사	기호	의미	사용 보기
테라–	T	1,000,000,000,000 = 10^{12}	1테라바이트(TB) = 1,000,000,000,000바이트*
기가–	G	1,000,000,000 = 10^{9}	1기가와트(GW) = 1,000,000,000와트*
메가–	M	1,000,000 = 10^{6}	1메가헤르츠(MHz) = 1,000,000헤르츠*
킬로–	k	1,000 = 10^{3}	1킬로미터(km) = 1,000미터
데시–	d	0.1 = 10^{-1}	1데시리터(dL) = 0.1리터
센티–	c	0.01 = 10^{-2}	1센티미터(cm) = 0.01미터
밀리–	m	0.001 = 10^{-3}	1밀리초(ms) = 0.001초
마이크로–	μ	0.000001 = 10^{-6}	1마이크로그램(μg) = 0.000001그램
나노–	n	0.000000001 = 10^{-9}	1나노초(ns) = 0.000000001초

* 컴퓨터 메모리의 양은 바이트로, 전구의 전력량을 와트로 사용하는 것에 익숙해져 있을 뿐만 아니라 컴퓨터 처리 속도나 소리의 진동수를 헤르츠 단위로, 2리터짜리 콜라병처럼 용량을 나타내는 데 리터 단위를 사용하는 것도 잘 알고 있다.

표 2.4 길이의 단위

단위	약어	미터 해당량	지수 해당량
킬로미터	km	1,000 m	10^{3} m
미터	m	1 m	10^{0} m
데시미터	dm	0.1 m	10^{-1} m
센티미터	cm	0.01 m	10^{-2} m

단위	약어	미터 해당량	지수 해당량
밀리미터	mm	0.001 m	10^{-3} m
마이크로미터	μm	0.000001 m	10^{-6} m
나노미터	nm	0.000000001 m	10^{-9} m
옹스트롬	Å	0.0000000001 m	10^{-10}m

(1) 단위의 변환

미터법을 사용하는 이점 중의 하나는 한 단위에서 다른 단위로의 변환이 수월하다는 것이다. 이러한 작업은 단위 사이의 관계, 즉 동등 단위equivalent units라고 불리는 수학식을 이용한다. 표 2.5는 미터법에서 사용되는 일반적인 동등 단위를 보여 준다.

표 2.5 미터법에 사용되는 일반적인 동등 단위

1 m = 10 dm
1 m = 100 cm
1 m = 1,000 mm
1 kg = 1,000 g
1 cm = 10 mm

한 단위에서 다른 단위로 변환할 때는 환산 인자conversion factor를 사용해야 한다. 환산 인자는 동등한 양의 비이다. 이러한 환산 인자는 어떻게 얻을 수 있을까? 그것은 동등 단위로부터 얻을 수 있다. 예를 들어서 1 m = 100 cm(표 2.5 참조)이므로 우리는 다음의 두 가지 비를 나타낼 수 있다. 1 m/100 cm 또는 100 cm/1 m. 두 경우 모두 같은 값을 가지므로 비는 1이다.

한 가지 미터법 단위를 다른 단위로 변환하기 위해 환산 인자를 써 보자.

$$\text{단위1} \times \text{환산 인자} = \text{단위2}$$

만약 3.4미터가 몇 밀리미터인가를 알고 싶다면, 미터(m)를 밀리미터(mm)로 바꾸는 것이 필요하다.

$$\text{m} \times \text{환산 인자} = \text{mm}$$

이 환산 인자는 두 가지 일을 수행해야 한다. 미터를 제거해야 하고, 답에서 원하는 단위인 밀리미터를 도입해야 한다. 그러한 환산 인자는 분수의 형태가 될 것이고, 분모에 미터를 가지고 분자에 밀리미터를 가질 것이다.

$$\cancel{\text{m}} \times \frac{\text{mm}}{\cancel{\text{m}}} = \text{mm}$$

우리는 1 m = 1,000 mm임을 알고 있다. 이 관계로부터 2개의 환산 인자를 쓸 수 있다.

$$\frac{1\ \text{m}}{1{,}000\ \text{mm}} \ \text{와} \ \frac{1{,}000\ \text{mm}}{1\ \text{m}}$$

환산인자 $\frac{1{,}000\ \text{mm}}{1\ \text{m}}$를 선택하면 3.4 미터를 밀리미터로 바꾸기 위한 계산을 시작할 수 있다.

$$3.4\ \text{m} \times \frac{1{,}000\ \text{mm}}{1\ \text{m}} = 3{,}400\ \text{mm} \ \text{또는} \ 3.4 \times 10^3\ \text{mm} \ \text{(2개의 유효 숫자)}$$

이와 같은 계산을 할 때, **단위를 숫자처럼 처리하고 있음**을 주목하라. 분자에 있는 미터는 분모에 있는 미터에 의해 상쇄된다.

예제 2.1

다음에서 지시하는 단위로 변환하라.

(a) 1.126 m를 km로

(b) 0.0000000084 s를 ns로

(c) 0.8 L를 dL로

(d) 0.000095 m를 μm로

풀이

표 2.2에서 적절한 단위 접두사를 찾아서 적용한다.

(a) $1{,}267\,\cancel{\text{m}} \times \dfrac{1\ \text{km}}{1{,}000\,\cancel{\text{m}}} = 1.126\ \text{km}$

(b) $0.0000000084\,\cancel{\text{s}} \times \dfrac{1\ \text{ns}}{0.000000001\,\cancel{\text{s}}} = 8.4\ \text{ns}$

(c) $0.8\,\cancel{\text{L}} \times \dfrac{1\ \text{dL}}{0.1\,\cancel{\text{L}}} = 8\ \text{dL}$

(d) $0.000095\,\cancel{\text{m}} \times \dfrac{1\ \mu\text{m}}{0.000001\,\cancel{\text{m}}} = 95\mu\text{m}$

4) 질량 측정

과학에서 물질의 질량mass은 그 물체를 이루고 있는 물질의 양으로 정의된다. 질량은 저울balance이라는 기구로 측정한다. 물체의 무게weight는 그 물체에 대하여 지구의 중력이 작용하는 힘이다. 무게는 중량계scale라는 기구로 측정되는데, 이것은 용수철에 대해 작용하는 힘을 측정하는 것이다. 질량과 달리 무게는 물체의 위치에 따라 달라진다. 이 교재에서는 질량의 단위로 미터법 단위를 사용할 것이다. 그램은 질량 측정의 단위로 사용되고 있으나, 그것은 작은 질량의 양이다. SI 단위계에서 질량의 표준 단위standard unit는 킬로그램kilogram(=1,000 g)이다. 1 kg에 해당하는 질량의 양은 프랑스 세브르Sevres 지방의 금고에 저장된 백금-이리듐 실린더의 질량(국제 표준 킬로그램)과 동일한 양으로 국제적으로 정의되고 있다. 저울은 질량을 측정하기 위해 사용된다. 두 가지 저울을 그림 2.1에 나타냈다.

표 2.6 질량의 단위

단위	약어	미터 해당량	지수 해당량
킬로그램	kg	1,000 g	10^3 g
그램	g	1 g	10^0 g
데시그램	dg	0.1 g	10^{-1} g
센티그램	cg	0.01 g	10^{-2} g
밀리그램	mg	0.001 g	10^{-3} g
마이크로그램	μg	0.000001 g	10^{-6} g

(a) 0.001 g(1 mg)의 정밀도를 갖는 디지털 전자 윗접시 저울

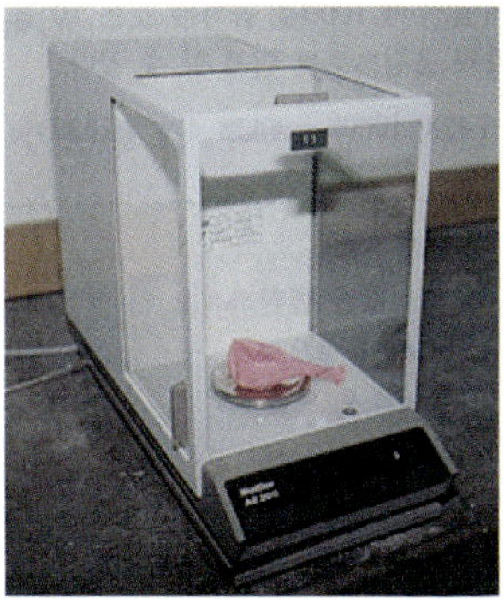

(b) 0.0001 g(0.1 mg)의 정밀도를 가진 디지털 전자 분석용 저울

그림 2.1 전자저울의 종류

밀리그램을 그램으로 변환하기 위하여 환산 인자 1 g/1000 mg을 사용한다. 예를 들면, 155 mg을 g으로 바꾸기 위하여 다음과 같이 한다.

$$155\ \cancel{mg} \times \frac{1\ g}{1{,}000\ \cancel{mg}} = 0.155\ g$$

SI 기본 단위도 변한다?

질량의 단위 '킬로그램(kg)'의 정의가 2019년에 바뀌었다.
28일 한국표준과학연구원에 따르면 내년 11월 프랑스에서 열리는 제 26차 국제도량형총회(CGPM)에서 'kg 재정의 안건'을 최종 의결키로 했다.
사진은 백금과 이리듐으로 만든 질량(kg)원기.

출처: 한국표준과학연구원 제공, 연합뉴스.

예제 2.2

25 그램을 밀리그램으로 변환하라.

풀이

환산 인자 1,000 mg/g을 사용한다.

$$25\,\cancel{g} \times \frac{1{,}000\ \text{mg}}{1\,\cancel{g}} = 25{,}000\ \text{mg 또는 } 2.5 \times 10^4\ \text{mg}$$

5) 부피 측정

부피는volume는 물체가 차지하는 공간의 양이며, 부피의 SI 단위는 세제곱미터(m^3, cubic meter)이다. 그러나 리터(L)와 밀리리터(mL)가 대부분의 화학 실험실에서 사용하는 부피의 표준 단위이다. 1리터는 표준 기압하에서 최대 밀도의 온도에 있어서 순수한 물 1 kg의 부피를 말한다.

보통 액체의 부피를 측정하는 장치나 기구들은 그림 2.2에 나타낸 바와 같이 눈금 실린더, 부피 플라스크, 뷰렛, 피펫, 주사기 등이다. 이 같은 기구들은 대부분 유리로 만들어져 있으며 크기가 다양하다.

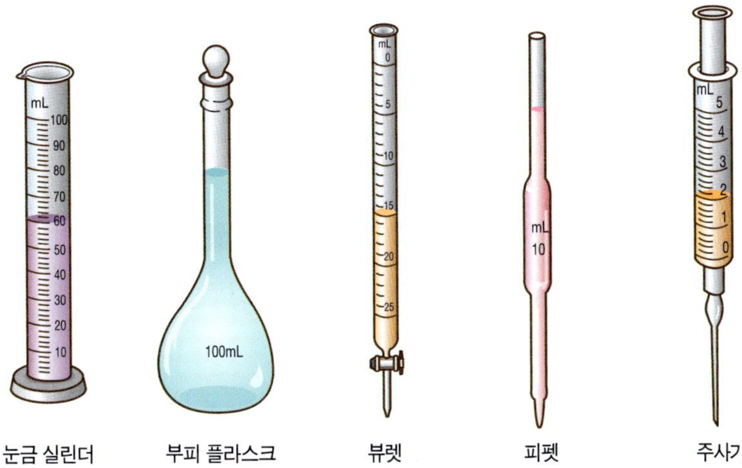

그림 2.2 액체의 부피를 측정하는 눈금이 매겨진 유리 기구

예제 2.3

2.5 리터는 몇 밀리리터인가?

풀이

리터를 밀리리터로 바꾸기 위한 환산 인자는 1,000 mL/L이다.

$$2.5\,\cancel{L} \times \frac{1{,}000\ mL}{1\,\cancel{L}} = 2{,}500\ mL \text{ 또는 } 2.5 \times 10^3\ mL$$

6) 온도

화학에 사용되는 온도 눈금은 두 가지가 있는데 섭씨온도Celsius scale와 켈빈온도Kelvin scale이다. 이들의 단위는 섭씨(℃)와 켈빈kelvin(K, kelvin)이다. 섭씨 눈금은 해수면에서 순수한 물의 어는점(0℃)과 끓는점(100℃)을 사용하여 정의되었다. 두 가지 온도가 모두 과학에서 사용되지만, 공식적인 SI 기본 단위는 켈빈이다. 이론적으로 가능한 최저 온도는 0 K, 즉 '절대영도absolute zero'이므로 켈빈온도는 절대온도absolute temperature scale라고도 부른다. 켈빈 눈금으로 온도를 표현할 때는 '도' 기호를 사용하지 않는다. 즉, 절대영도는 0 K(0 °K가 아님)로 나타낸다.

$$K = {}^{\circ}C + 273$$

미국에서 가장 많이 사용하는 것은 화씨온도(°F)이다. 화씨Fahrenheit 눈금에서 물의 어는점은 32 °F이고 끓는점은 212 °F인데, 어는점과 끓는점 사이는 180 °(212 °F − 32 °F)이다.

$$^{\circ}F\ 온도 = \left[\frac{9\ ^{\circ}F}{5\ ^{\circ}C} \times (^{\circ}C\ 온도)\right] + 32\ ^{\circ}F$$

$$^{\circ}C\ 온도 = (^{\circ}F\ 온도 - 32\ ^{\circ}F) \times \frac{5\ ^{\circ}C}{9\ ^{\circ}F}$$

예제 2.4

정상 체온은 이른 아침에 약 36 ℃이고 오후에는 약 37 ℃이다. 이 두 온도를 절대온도로 변환하라.

풀이

36 ℃ + 273 = 309 K, 37 ℃ + 273 = 310 K

예제 2.5

체온이 39 ℃ 이상이면 고열이다. 이것을 화씨온도로 바꾸어라.

풀이

$$\text{화씨온도} = \frac{9\ ^\circ\text{F}}{5\ ^\circ\text{C}} \times 39\ ^\circ\text{C} + 32\ ^\circ\text{F} = 102.2\ ^\circ\text{F}$$

2. 과학적 표기법

과학 분야에서 사용되는 숫자로 표현되는 측정값measurement은 종종 매우 크거나 매우 작은 수로 표현된다. 예를 들어, 우주의 나이는 13,800,000,000년(138억 년) 정도로 추정되고 있다. 이런 수는 쓰거나 읽기에 너무 커서, 10의 지수를 사용하여 간결하게 표시한다. 1과 10 사이의 수에 10의 지수를 곱해서 수를 나타내는 것을 **과학적 표기법** scientific notation이라고 한다.

과학적 표기법으로 수를 나타내는 방법을 익히기 위해 1486이란 수를 보자. 과학적 표기법으로 이 수를 쓰기 위해서는,

1. 원래 수에 있는 소수점을 첫 번째 0이 아닌 숫자 다음으로 옮기자.
   1486 → 1.486 (소수점이 왼쪽으로 세 자리 이동한다.)

   1.486

2. 이렇게 얻은 새로운 수를 10의 지수만큼 곱해 준다. 10의 지수는 소수점이 이동한 자리의 수와 동일하다.

$$1.486 \times 10^3$$

3. 지수의 부호(+ 또는 −)는 소수점의 이동 방향을 나타낸다.

오른쪽으로 이동 → 음(−)의 지수

왼쪽으로 이동 → 양(+)의 지수

예제 2.6

9402를 과학적 표기법으로 나타내라.

풀이

9 4 0 2.

3

9와 4 사이에 소수점을 놓는다. 소수점이 왼쪽으로 세 자리 이동하였으므로 10의 지수는 3이 되고, 9.402에 10^3을 곱한다.

9.402×10^3

예제 2.7

13,800,000,000을 과학적 표기법으로 나타내라.

풀이

1 3, 8 0 0, 0 0 0, 0 0 0.

10

1과 3 사이에 소수점을 놓는다. 소수점이 왼쪽으로 열 자리 이동하였으므로 10의 지수는 10이 되고, 1.38에 10^{10}을 곱한다.

1.38×10^{10}

예제 2.8

0.000321을 과학적 표기법으로 나타내라.

풀이

0.$\underbrace{0\ 0\ 0\ 3}_{4}$.2 1

3과 2 사이에 소수점을 놓는다. 소수점이 오른쪽으로 네 자리 이동하였으므로 10의 지수는 −4가 되고, 3.21에 10^{-4}를 곱한다.

3.21×10^{-4}

3. 유효 숫자

측정으로 얻은 수는 결코 정확한 값이 아니다. 그 수들은 항상 측정 기구의 한계와 개인의 측정 기술에 대한 한계 때문에 어느 정도의 불확실성을 가지고 있다. 측정값의 수치는 정확한 값을 나타내는 모든 숫자에 어림잡은 숫자 하나를 더 포함하고 있어야 한다. 이 마지막 어림잡은 숫자에서 불확실성이 나타난다. 이와 같은 불확실성 때문에 측정값을 나타내는 모든 수는 제한된 개수의 숫자만을 가질 수 있다. 측정한 양을 나타내기 위해 사용된 이와 같은 숫자를 유효 숫자significant figure라고 한다. 유효 숫자는 측정값이나 계산값의 8차를 고려해도 신뢰할 수 있는 숫자이다.

모든 측정이 불확실성을 가지고 있기 때문에, 측정값에는 유효 숫자를 사용해야 한다. 화학에서는 측정값을 포함한 계산을 자주 하므로, 불확실한 숫자를 가진 수를 계산하는 방법을 알아야 한다. 이번 절에서는 이러한 계산을 하는 여러 규칙을 배울 것이고, 얼마나 많은 유효 숫자가 답에 포함되는지 배울 것이다.

1) 유효 숫자의 개수 세기

첫 번째 규칙은 수 안에 몇 개의 유효 숫자가 있는가를 결정하는 것이다.

유효 숫자를 세는 규칙

1. 0이 아닌 모든 숫자는 유효 숫자이다.
   18.911 (유효 숫자 5개) 1, 8, 9, 1, 1
   4.1 (유효 숫자 2개) 4, 1
   58.63 (유효 숫자 4개) 5, 8, 6, 3

2. 정확한 수
어떤 수는 정확하고 무한한 개수의 유효 숫자를 갖는다. 정확한 수는 단순하게 세는 과정에서 생긴다. 35만 원을 세면 정확히 35만 원이다. 1미터는 100센티미터, 1분은 60초, 1킬로그램은 1000그램처럼 정의된 수도 정확한 수로 간주된다. 정확한 수는 불확실성이 없다.

3. 다음과 같을 때 0은 유효 숫자이다.
   - 0이 아닌 숫자들 사이에 있을 때 :
     101 (유효 숫자 3개) 1, 0, 1
     5002.1 (유효 숫자 5개) 5, 0, 0, 2, 1
     8.05 (유효 숫자 3개) 8, 0, 5
   - 소수점을 포함하는 수의 끝에 있을 때 :
     9.10 (유효 숫자 3개) 9, 1, 0
     0.1500 (유효 숫자 4개) 1, 5, 0, 0
     0.00030100 (유효 숫자 5개) 3, 0, 1, 0, 0

4. 다음과 같을 때 0은 유효 숫자가 아니다.
   - 첫 번째 0이 아닌 숫자 앞(왼쪽)에 있을 때 :
     0.11 (유효 숫자 2개) 1, 1
     0.00006 (유효 숫자 1개) 6
     0.0575 (유효 숫자 3개) 5, 7, 5

5. 다음과 같을 때 0은 유효 숫자일수도, 아닐수도 있다.

- 소수점이 없는 수의 끝에 있을 때 :

1,000의 경우

1×10^3 일때는 1(유효 숫자 1개)

1.0×10^3 일때는 1, 0(유효 숫자 2개)

1.00×10^3 일때는 1, 0, 0(유효 숫자 3개)

1.000×10^3 일때는 1, 0, 0, 0(유효 숫자 14개)

150의 경우

1.5×10^2 일때는 1, 5(유효 숫자 2개)

1.50×10^2 일때는 1, 5, 0(유효 숫자 3개) 각각 다르다.

이러한 0들이 유효 숫자인지를 알려 주는 방법 중 하나는 과학적 표기법을 사용하여 수를 쓰는 것이다. 즉, 150이 3개의 유효 숫자를 가지고 있다면 1.50×10^2로 표기한다. 1,000이 4개의 유효 숫자를 가지고 있다면 1.000×10^3으로 적는다.

예제 2.9

다음 각 측정값은 몇 개의 유효 숫자를 가지고 있는가?

(a) 53개의 귤

(b) 0.02050 cm

(c) 3,800 ft

풀이

(a) 이 수는 실제 측정한 정확한 수이므로 모두 유효하다(규칙 2).

(b) 4개. 2 앞에 있는 0들은 유효 숫자가 아니고 2는 유효 숫자, 2와 5 사이에 있는 0도 유효 숫자, 5도 유효 숫자, 마지막 0도 유효 숫자이다.

(c) 2개. 소수점이 없는 수의 끝에 있는 0 등은 유효 숫자가 아니다.

2) 수의 반올림

화학에서 하는 일 중 일부는 계산이 필요하며, 이 수업에서도 과학용 계산기가 필요하다. 계산기로 계산을 할 때 우리는 종종 타당한 것보다 더 많은 개수의 숫자를 가진 답들을 얻는다. 그러기 때문에 적절한 개수의 유효 숫자를 갖는 답으로 나타내기 위해서는 필요 없는 숫자를 버려야 한다. 수에서 숫자들을 버릴 때, 유지해야 할 마지막 숫자의 값은 수의 반올림이라고 하는 과정으로 결정한다. 수를 반올림하기 위하여 두 가지 규칙을 사용할 것이다.

반올림 규칙

1. 그대로 남겨 두고자 하는 숫자 다음에 있는 첫 번째 숫자가 4 또는 그보다 작을 때는 그 숫자와 그 오른쪽에 있는 나머지 숫자들을 모두 버린다. 그대로 남겨 둔 마지막 숫자는 변하지 않는다. 다음의 예는 4개의 숫자가 되도록 반올림한 것이다.

13.593 = 13.59
이 숫자는 버린다.

2.00618 = 2.006
이 두 숫자는 버린다.

2. 그대로 남겨 두고자 하는 숫자 다음에 있는 첫 번째 숫자가 5 또는 그보다 클 때는 그 숫자와 그 오른쪽에 있는 나머지 숫자들을 모두 버리고 유지해야 할 마지막 숫자에 1을 더한다. 다음의 예는 4개의 숫자가 되도록 반올림한 것이다.

13.593 = 13.59
이 숫자는 버린다.

2.00618 = 2.006
이 두 숫자는 버린다.

1.027979 = 1.028
이 세 숫자는 버린다.
이 숫자는 8로 변한다.

19.03600 = 19.04
이 세 숫자는 버린다.
이 숫자는 4로 변한다.

34.799 = 34.80
이 숫자는 버린다.
이 숫자는 80으로 변한다.

예제 2.10

다음 수를 표시된 개수의 유효 숫자를 갖도록 반올림하라.

(a) 42.265 (4개)　　(b) 0.0728 (2개)

(c) 88.015 (3개)　　(d) 225.3 (3개)

(e) 0.08965 (3개)　　(f) 14.150 (3개)

풀이

반올림 규칙을 이해하고, 유효 숫자의 개수를 맞춰서 반올림한다.

(a) 42.265 (4개) = 42.27　　(b) 0.0728 (2개) = 0.073

(c) 88.015 (3개) = 88.0　　(d) 225.3 (3개) = 225

(e) 0.08965 (3개) = 0.0897　　(f) 14.150 (3개) = 14.2

4. 계산에서의 유효 숫자

측정값을 근거로 한 계산의 답은 최소의 정밀도를 갖는 측정값보다 더 정밀할 수 없다.

1) 곱셈 또는 나눗셈

곱셈이나 나눗셈을 포함하는 계산에서 답은 가장 적은 개수의 유효 숫자를 가지는 측정값과 같은 개수의 유효 숫자를 가져야 한다. 다음의 예를 생각해 보자.

예제 2.11

(181.4)(2.4) = 435.36의 유효 숫자는 얼마인가?

풀이

435.36은 계산기로 얻었다. 정답은 2개의 유효 숫자를 가져야만 한다. 왜냐하면 가장 적은 유효 숫자를 가진 2.4는 단지 2개의 유효 숫자를 갖기 때문이다.

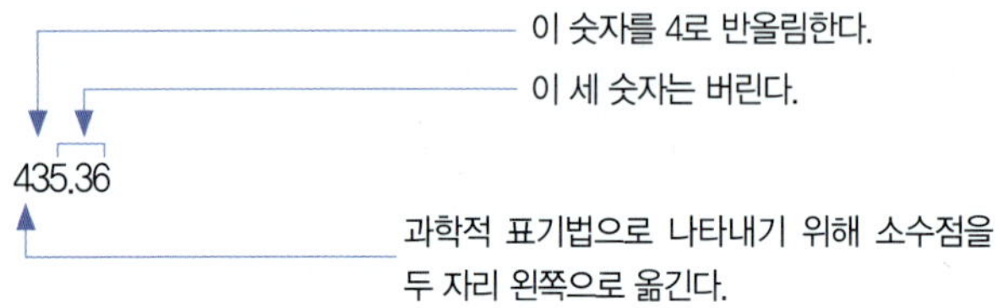

정답은 440 또는 4.4×10^2이다.

예제 2.12

$\frac{(13.59)(6.3)}{12}$ = 7.13475의 유효 숫자는 얼마인가?

풀이

7.13475는 계산기로 얻었다. 6.3과 12는 단지 2개의 유효 숫자를 갖기 때문에 답은 반드시 2개의 유효 숫자를 가져야 한다.

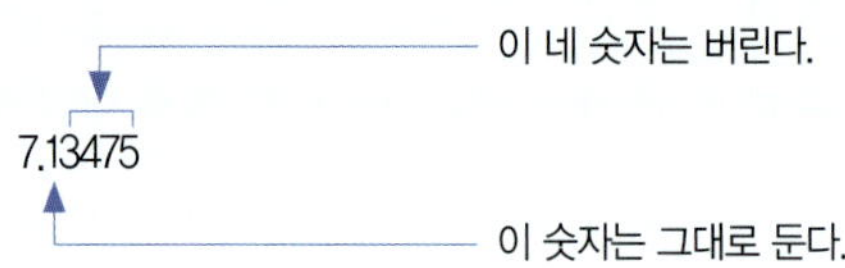

정답은 7.1이다.

2) 덧셈 또는 뺄셈

덧셈이나 뺄셈의 답은 정밀도가 최소인 측정값과 같은 정밀도로 나타내야 한다. 즉, 답을 가장 적은 소수 자리(예제에서 푸른 선)를 가진 수와 같은 소수 자리를 갖도록 반올림해야 한다.

예제 2.13

125.17, 129, 52.2를 더하라.

풀이

```
   125.|17
   129 |
 +  52.|2
 -------------
   306.|37
```

최소의 정밀도를 가진 수는 129이다. 그러므로 정답은 일의 자리까지 반올림한 306이다.

예제 2.14

132.56에서 14.1을 빼라.

풀이

```
   132.5|6
 -  14.1|
 -------------
   118.4|6
```

14.1이 최소의 정밀도를 가진 수이다. 그래서 정답은 소수 첫째 자리까지 반올림한 118.5이다.

예제 2.15

5,672와 0.00063을 더하라.

풀이

$$
\begin{array}{rl}
5672 & \\
+\quad 0. & 00063 \\
\hline
5672. & 00063
\end{array}
$$

최소의 정밀도를 가진 수는 5,672이다. 따라서 정답은 일의 자리까지 반올림한 5,672이다.

계산에서의 유효 숫자 규칙

곱셈 또는 나눗셈

답은 가장 적은 개수의 유효 숫자를 가지는 측정값과 같은 개수의 유효 숫자를 가져야 한다.

덧셈 또는 뺄셈

답은 정밀도가 최소인 측정값과 같은 정밀도를 가져야 한다.

참고문헌

성용길 외(2004). 화학대사전. 세화.

Brdge J., Driessen M.(2017). 일반화학의 기초. 청문각.

Nivaldo J. Tro.(2018). 화학의 이해(6판). 라이프사이언스.

C H A P T E R

3

Chemistry

원소와 주기율표

1. 물질의 분류

우주를 구성하는 요소인 물질은 질량과 공간(부피)를 갖고 있다. 물질은 그 형태와 특성이 매우 다양하며, 우리의 생명 유지를 위해 필요한 공기, 물, 나무, 식품, 의류 등의 다양한 형태로 나타난다.

모든 물질은 이론적으로 고체solid, 액체liquid, 기체gas의 세 가지 상태로 존재한다(그림 3.1). 현대 과학의 발전으로 '제4의 물질 상태'라고 하는 플라즈마plasma와 같은 특수한 상태도 존재하는 것이 밝혀진 바 있다. 우리가 일상에서 흔히 볼 수 있는 고체는 규정된 모양을 가지며, 일반적으로 단단한 성질을 가진 물질이다. 액체는 고체보다는 단단하지 않으며, 유동성을 가진 유체fluid이다. 기체 또한 액체처럼 유동성을 가진 유체이지만 그 부피가 한정되지 않고 팽창할 수 있다는 점에서 액체와는 차이가 있다. 또한 플라스마는 고도로 이온화한 기체로, 높은 온도에서 생긴다. 이들 물질의 상태는 에너지의 상태에 따라 구성하는 입자들의 배열과 입자들 사이에 작용하는 힘의 세기(인력)에 의존한다.

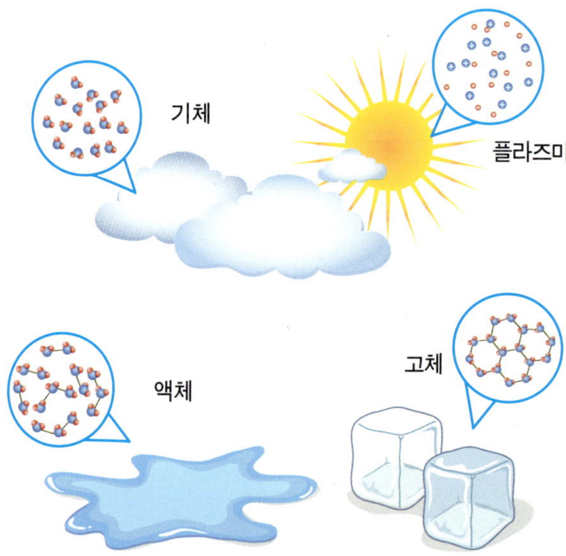

그림 3.1 물질의 네 가지 상태

이러한 물질은 순물질substance 혹은 혼합물mixture의 형태로 존재하며, 순물질은 다시 원소element와 화합물compound로 분류할 수 있다. 은, 금, 구리 등은 원소의 대표적인 예이며, 물, 포도당, 이산화탄소 등은 화합물의 대표적인 예이다. 혼합물은 두 가지 이상의 물질로 이루어진 물질로, 구성 물질이 균일할 경우 균일 혼합물homogeneous mixture이라 하고, 구성 물질이 불균일할 경우 불균일 혼합물heterogenous mixture이라 한다(그림 3.2). 예를 들어, 설탕물 용액이나 공기, 합금 등은 균일 혼합물로 분류되며, 설탕이 녹기 전의 설탕물 용액이나 갈아 놓은 사과주스 등은 불균일 혼합물에 해당된다. 많은 과학자들이 정제purification 기술을 이용하여 혼합물로부터 순물질 분리 방법 연구를 통해 순물질 정제를 시도하고 있다.

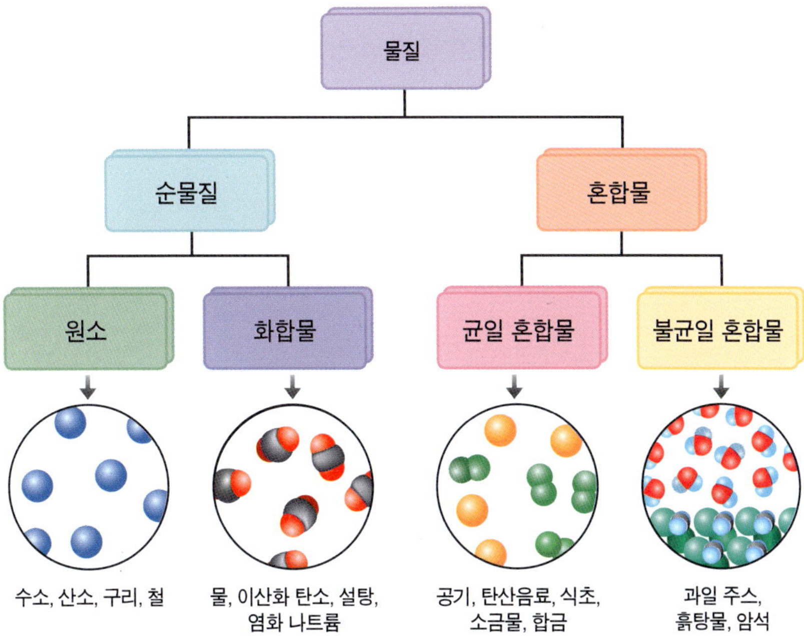

그림 3.2 순물질과 혼합물의 분류

식품을 포함한 우리 주변의 모든 물질들은 냄새, 색, 부피 등 고유의 특성이 있으며,

이를 물리적 성질physical property이라고 한다. 어떠한 물질이 다른 물질과의 반응에서 나타내는 고유의 특성은 화학적 성질chemical property이라고 한다. 물은 100℃에서 끓고 0℃에 어는 물리적 특성을 갖고 있으며, 4℃일 때 밀도 1.00을 갖는다. 이러한 특성을 물의 물리적 특성이라고 한다. 물의 전기 분해, 나무가 타는 과정, 못이 녹스는 것, 우리가 먹는 음식의 소화 과정 등과 같은 화학적 변화를 통해 물질은 다른 물질로 변화될 수 있다.

물질의 예로서 우리가 흔히 마시는 물에 대해 생각해 보자. 물은 2개의 수소 원자와 1개의 산소 원자로 만들어진 분자 화합물이다. 물은 H_2O라고도 표현하며, 기호 H와 O는 수소와 산소 원자를 의미한다.

그림 3.3에서와 같이 물은 가열하면 수증기의 형태로 변화되며, 온도를 낮추면 얼음의 형태로 변화된다. 이 모든 과정은 액체에서 기체, 액체에서 고체로의 상태의 변화일 뿐, 물 분자의 물리적 특성은 변화하지 않는다. 이들 각 상태는 여전히 물(H_2O)이지 어떤 다른 물질이 아니다. 이러한 상태 변화는 물질의 궁극적인 조성에 영향을 주지 않는 물리적 변화physical change라고 볼 수 있다.

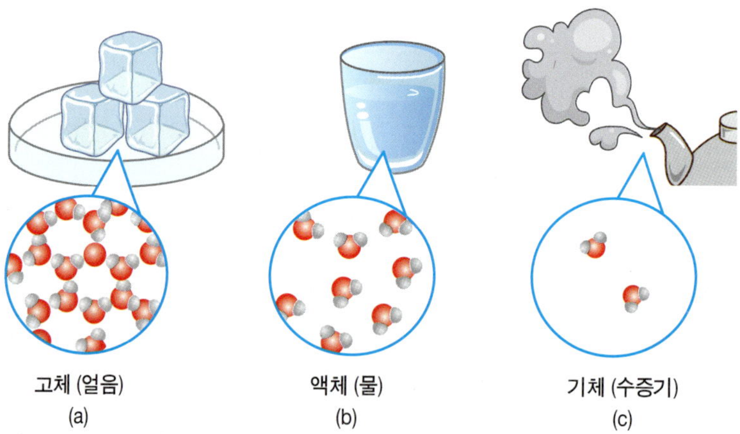

그림 3.3 물 분자의 3가지 상태

그림 3.4와 같이 물에 전류가 흐른다고 생각해 보자. 물이 분해되면서 산소와 수소가 발생할 것이다. 이는 전류로 인해 물이 수소와 산소로 분해된 것이다. 이 과정은 물(H_2O

분자)이 전혀 특성이 다른 물질인 산소(O_2)와 수소(H_2)로 변화된 화학적 변화chemical change의 한 예이다.

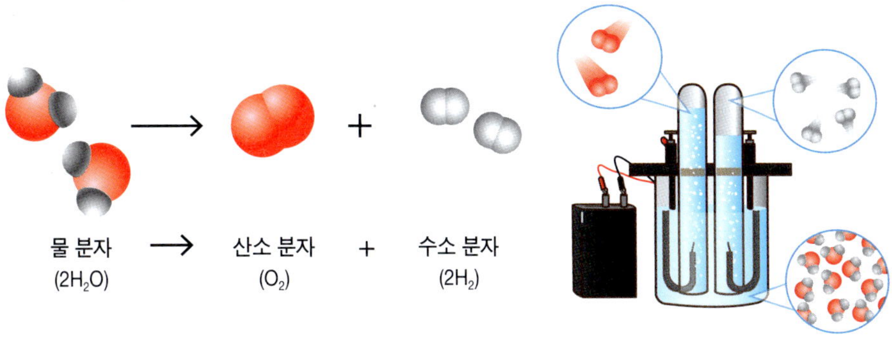

그림 3.4 물 분자의 전기 분해

2. 원소와 화합물

우리의 생명 유지를 위해 꼭 필요한 공기와 같이 우리 주변의 모든 물질은 원소로 이루어져 있으며, 적은 양으로도 중요한 역할을 수행한다. 원소는 물질을 구성하는 가장 작은 성분 또는 구성요소이며 더 이상 쪼개질 수 없다. 예를 들면, 산소, 수소, 철, 알루미늄 등은 원소이다. 원소들은 원소 자체로 발견되기도 하지만, 대부분의 경우 다른 원소와 결합한 화합물의 형태로 발견된다. 순수한 구리 원소는 구리 원자들만으로 구성되어 있다. 반면, 화합물compound은 여러 종류의 원소의 원자들이 특정한 조성을 갖고 결합된 형태로 존재한다. 우리가 매일 호흡하는 공기 중에 있는 산소(O_2), 수소(H_2), 질소(N_2) 등은 같은 물질은 원자가 2개 결합된 화합물이며, 이원자 분자라고도 한다. 물은 산소(O)와 수소(H)가 2 : 1의 조성으로 결합된 화합물이다. 원소와 화합물은 순물질에 해당되며, 고유의 물리적·화학적 특성을 가진다. 이러한 순물질 고유의 성질은 그 물질을 확인하는 결정적인 역할을 한다. 화합물의 성질들은 화합물에 포함된 원소들의 성질과는 전형적으로 매우 다르다. 예를 들어, 물의 성질들은 물(H_2O)을 구성하는 수소(H_2)와 산소(O_2)

의 성질과는 전혀 다른 특성을 가지고 있다.

많은 연구를 통해 모든 물질은 100여 개의 원소로 구성되어 있다고 알려졌으며, 우리 인체를 구성하거나 우리가 먹고 있는 다양한 식품들도 이러한 원소들로 구성되어 있다. 예를 들면, 우리가 먹는 밥의 주된 성분인 탄수화물은 포도당으로 이루어져 있으며, 탄소, 수소, 산소라는 3개의 원소로 구성되어 있다.

원소element는 더 이상 나누어질 수 없는 가장 기본적인 물질이다. 현재까지 118개의 원소가 알려져 있으며, 이 중 88개는 자연에 존재한다. 이러한 원소들은 이 책 표지의 주기율표에 제시되어 있다. 지각, 해수, 대기 질량의 약 99%는 약 열 가지 원소로 이루어져 있다. 이 원소들 중 산소는 대기의 20%를 차지하며, 거의 모든 돌, 흙, 생물체 등에도 존재한다(그림 3.5).

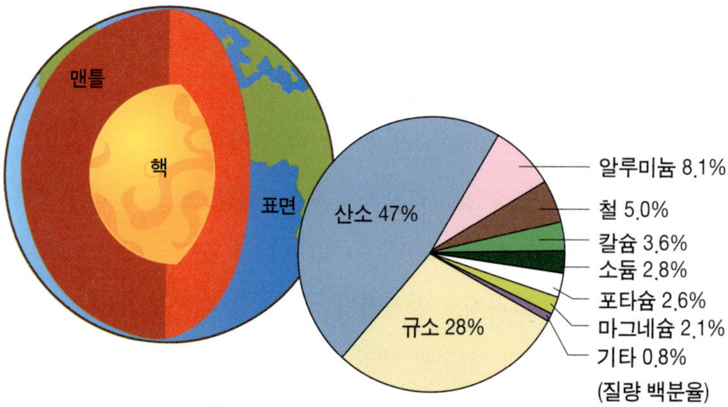

그림 3.5 지구에 존재하는 원소들

인체를 구성하는 원소들은 그림 3.6에서와 같이 주로 산소, 탄소, 수소, 질소 등이다. 인체에서 발견되는 아연(Zn), 구리(Cu), 코발트(Co), 아이오딘(I), 망간(Mn) 등의 원소들은 미량으로도 생명 유지에 매우 중요한 역할을 한다.

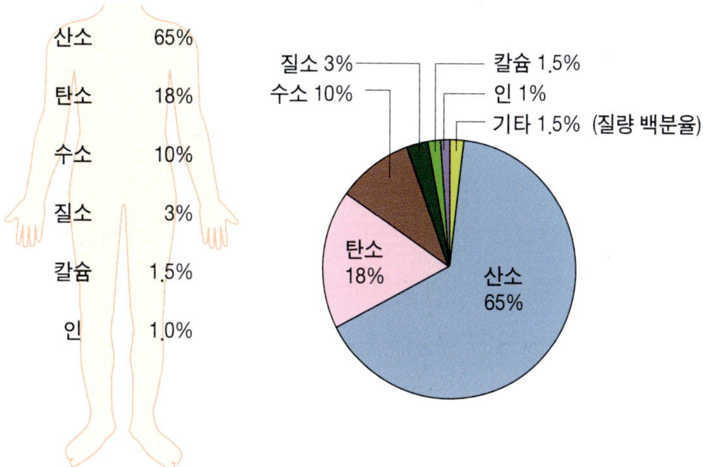

그림 3.6 인체에 존재하는 원소들

3. 원소 기호

그렇다면 원소를 어떻게 표현하는가? 원소들의 이름은 원소의 성질에서 유래하거나 과학자의 이름을 인용한 경우도 있다. 예를 들면, 금(Au)은 라틴어로 aurum(새벽을 빛나게 한다는 뜻)으로부터, 납(Pd)은 무겁다는 의미의 plumbum으로부터 유래되었다. 브로민은 그리스 단어로 '악취'를 의미한다. 혹은 퀴리(M. Curie)의 이름을 딴 퀴륨curium, 멘델레예프(D. Mendeleev)의 이름을 딴 멘델레븀과 같이 어떤 원소들은 과학자의 이름을 따기도 했다.

화학자들은 화학 원소를 간단히 표기하는 방법으로 원소 기호element symbol를 고안하였다. 40개의 원소는 알파벳 하나로 되어 있으며, 나머지는 2개로 이루어져 있다. 첫 번째 철자는 항상 대문자로, 두 번째 철자는 소문자로 표기한다. 일반적으로 많이 사용하는 원소의 목록과 기호는 표 3.1과 같다. 예를 들어 산소Oxygen는 O, 질소Nitrogen은 N, 마그네슘Magnesium은 Mg로 표현한다. 일부의 원소는 초기의 이름에서 유래하여 원소의 이름과 기호가 다른 것이 있다. 그 예로, 구리Copper의 경우 초기 명칭인 Cuprum을 따서

Cu라는 기호가 만들어졌으며, 소듐Sodium의 경우는 원소 기호가 Na인데 이는 초기의 라틴어 이름인 Natrium에서 왔다. 포타슘potassium은 원소 기호로 K인데, 이는 라틴어 칼륨kalium에서 온 것이다. 국제적으로 통용되는 원소의 영어 이름은 국제순수 · 응용화학연합IUPAC, the International Union of Pure and Applied Chemistry이 결정하며, 원소의 한국어 이름은 대한화학회가 결정하는데, 2007년부터는 IUPAC에서 정한 대로 부르고 있다.

여기에서 우리가 혼동하지 말아야 하는 부분은 Co는 코발트의 원소 기호이며, CO는 두 글자 모두 대문자이기 때문에 탄소(C)와 산소(O)가 결합된 화합물인 일산화탄소를 의미한다는 것이다.

표 3.1 가장 일반적인 원소들의 이름과 원소 기호

원소	기호	원소	기호	원소	기호
알루미늄	Al	금	Au	백금	Pt
아르곤	Ar	헬륨	He	포타슘	K
바륨	Ba	아이오딘	I	규소	Si
철	Fe	수소	H	은	Ag
붕소	B	납	Pb	소듐	Na
브로민	Br	리튬	Li	황	S
카드뮴	Cd	마그네슘	Mg	주석	Sn
칼슘	Ca	망가니즈	Mn	타이타늄	Ti
탄소	C	수은	Hg	우라늄	U
염소	Cl	네온	Ne	아연	Zn
크로뮴	Cr	니켈	Ni	제논	Xe
코발트	Co	질소	N	플루오린	F
구리	Cu	산소	O	인	P

4. 돌턴의 원자론

앞에서 제시한 바와 같이 순물질은 원소 혹은 화합물로 구분할 수 있으며, 원소의 가장 작은 입자를 원자atom이라고 부르는데, 이는 화학 반응을 일으킬 수 있는 가장 작은 단위이다. 원소는 반응을 하려는 경향이 있고, 다른 원소와 결합하여 화합물을 형성하기도 한다.

물질을 구성하는 요소로서 원자에 대한 개념은 오랜 기간을 걸쳐 발전해 왔다. 고대 그리스에서는 대부분의 물질은 4개의 원소, 즉 흙, 공기, 불, 물의 조합으로 이루어져 있다고 믿었다. 기원전 5세기 그리스 철학자 데모크리투스(Demokritos)는 물질은 더 이상 나뉘지 않는 작은 입자로 되어 있다고 믿고 이 입자를 atom(더 이상 쪼개지거나 나눌 수 없다는 의미의 'atomos'에서 유래)이라고 하였다. 그러나 그 당시에는 원자론의 개념을 뒷받침하는 과학적 증거를 얻기 어려웠다.

1808년 영국의 과학자이며 교사였던 돌턴(J. Dalton)은 원소 및 화합물과 관련하여 원자론Dalton's atomic theory을 제안하였다. 돌턴의 원자론은 근대 화학의 시작으로 볼 수 있으며, 중요한 네 가지 개념을 요약하면 다음과 같다(그림 3.7).

1. 원소는 원자라고 부르는 더 이상 나눌 수 없는 가장 작은 입자로 구성되어 있다.
2. 같은 원소의 원자는 질량과 크기가 같고, 다른 원소의 원자와는 구별되는 질량과 크기, 특성을 갖는다.
3. 원자들은 2개 이상의 원소의 원자와 간단한 정수비로 결합하여 화합물을 형성한다.
4. 화학 반응에서 원자는 어떤 물질에서 다른 물질로 이동하는데, 이때 어떤 원자도 새롭게 생성되거나 없어지지 않는다.

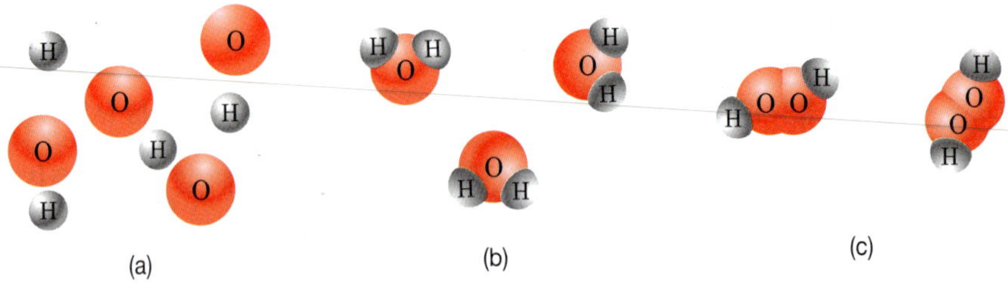

그림 3.7 돌턴의 원자론에 대한 원자의 존재와 화합물의 형성

그 당시 돌턴의 연구 결과는 획기적인 결과였으며, 지금까지도 많은 화학 발전의 기반이 되었다. 그러나 그 후 일부 내용이 수정되었는데, 원자가 더 이상 깨질 수 없는 입자가 아니라, 원자에는 전자, 양성자, 중성자 등의 존재가 있다는 것, 동위원소의 존재를 통해 어떤 원소의 모든 원자가 같은 질량이 아닌 경우가 있다는 것, 특수한 조건에서 원자가 분해될 수 있다는 것 등이다. 이에 대해서는 원자와 아원자 입자에 관한 설명에서 자세히 살펴보기로 하자.

5. 화합물의 화학식 표기법

화합물compound은 2개 이상의 원소가 일정한 질량비로 화학적으로 결합하여 형성된 물질이다. 돌턴의 원자론의 관점에서 화합물은 일정한 정수비로 원소들이 결합되어 있다. 화합물 한 단위에 있는 원자의 종류와 수는 화학식chemical formula으로 표현한다. 화학식에서 원자는 원소 기호로 나타내고, 화합물을 구성하는 각 원자의 개수는 원소 기호의 오른쪽에 아래첨자로 나타낸다. 물에 대한 화학식은 H_2O로 쓰는데, 이는 수소 2개의 원자와 산소 1개의 원자로 구성되어 있음을 나타낸다. 원자가 1개만 존재할 때, 아래첨자 1은 쓰지 않는다. Na_2SO_4는 소듐 원자 2개와 황 원자 1개, 산소 원자 4개로 구성된 화합물로서 총 7개의 원자가 결합하여 형성된 것이다. 만일 화학식에 한 단위로 묶인 원자단이 2개 이상 존재하면, 원자단을 묶어서 괄호를 사용한다. 그 예로는 질산칼슘

$(Ca(NO_3)_2)$, 수산화마그네슘$(Mg(OH)_2)$ 등이다. 그러나 화학식은 화합물에 포함된 원자의 개수와 종류만을 나타낼 뿐 원자 배열이나 어떻게 결합되어 있는지를 보여 주지는 않는다. 그러므로 작용기를 따로 표현하는 시성식으로 화학식을 쓰기도 한다. 예를 들어, 술의 주성분인 에탄올의 화학식은 C_2H_6O 인데, 원자의 배열이나 결합을 알기 쉽도록 작용기인 O−H를 따로 표기하는 시성식을 사용하여 C_2H_5OH라고 더 많이 쓴다. 화학 결합에 대해 배우는 5장에서 우리는 구조식과 분자식이라는 용어도 배우게 될 것이다.

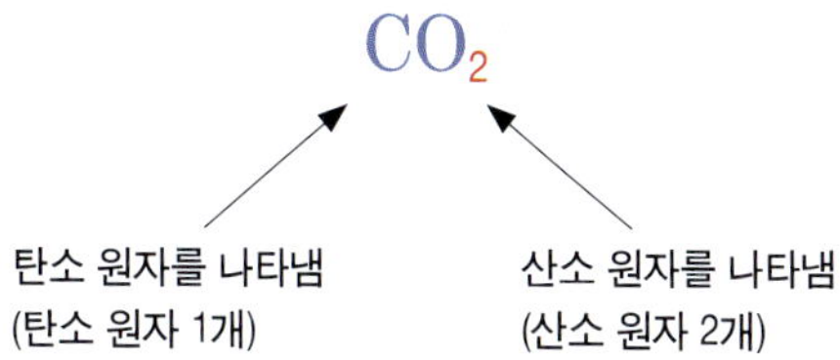

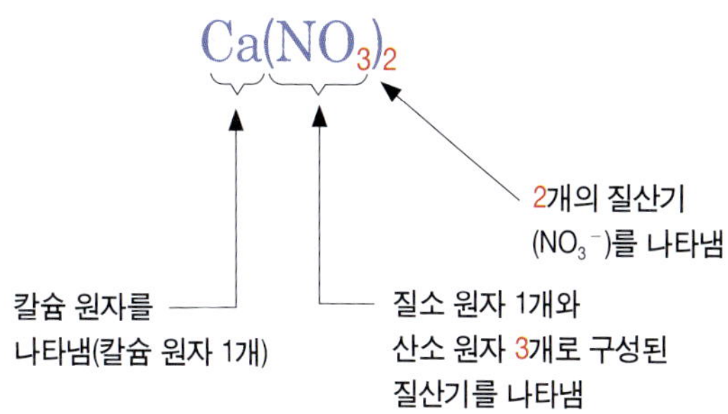

예제 3.1

다음 화학식을 읽고 성분비를 써라.

(a) SO_2 (b) $CaCO_3$

풀이

(a) "S − O − two" 로 읽는다. S 1원자 + O 2원자가 결합한 화합물이다.

(b) "C − A (약간 쉬고) C − O − three"로 읽는다.
Ca 1원자 + 탄소 1원자 + 산소 3원자가 결합한 화합물이다.

6. 원자핵과 아원자 입자의 존재

1808년경에 제시된 돌턴의 원자론을 통해 모든 물질은 원자로 이루어져 있고, 원자는 더 이상 쪼개질 수 없다고 확신되었다. 그러나 원자보다 더 작은 입자subatomic particle가 존재한다는 것이 1897년 영국의 물리학자 톰슨(J. J. Thomson)의 음극선 굴절 연구를 통해 밝혀지게 된다. 그는 음전하를 지닌 입자의 방출 실험을 통해 어떠한 원자가 전기장의 음(−) 부분에 의해서 반발되는 것을 확인하고 음전하를 띄는 입자(전자, electron)의 존재를 발견하였다. 그는 전자가 푸딩에 들어있는 건포도와 같다는 건포도푸딩 모형plum pudding model을 제안했다(그림 3.8). 그 후 1905년에 그의 제자 러더퍼드(E. Rutherford)는 이를 증명하고자 진공 상태에 있는 얇은 금박에 알파 입자(+ charge를 띰) 빔을 쏘는 실험을 실시하였다. 그러나 박막을 통과하는 입자와 원자의 내부를 관통하지 않고 일부가 휘어지거나 튕겨져 나가는 입자가 있음을 확인하고, 전자가 양전하를 띤 밀집된 중심(핵nucleus)의 주위 빈 공간에서 움직인다고 제안하였다(그림 3.9). 그는 입자의 휘어짐 현상을 통해 원자의 중심 핵에는 전자의 음전하와 균형을 이루는 양전하를 가지고 있다고 결론지었다. 1919년에 러더퍼드는 원자의 핵nucleus이 전자와 반대되는 양전하를 띄는 양성자로 구성되어 있으며, 전자와 같은 크기의 전하를 가지고 있다고 결론지었다. 그 후 1932년에 다른 과학자의 연구를 통해 대부분의 핵이 양성자와 중성자neutron를 지니며, 중성자는 양성자보다 약간 더 질량은 크나 (+) 혹은 (−)의 전하를 가지고 있지 않다는 것이 발견되었다. 그 외에도 중간자, 양전자 등을 물리학에서 다루고 있으나, 일반적인 물질의 화학적 성질은 전자, 양성자, 중성자로 대부분 설명이 가능하므로 이 교재에서는 원자를 구성하는 세 가지 아원자 입자에 대해서만 다루기로 한다.

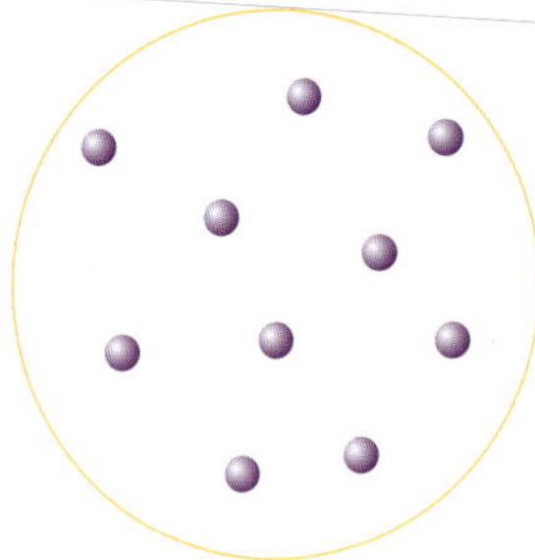

원자의 이 초기 모형에서는 음전하를 띤 입자(전자)가 양전하를 띤 원자구 속에 박혀 있다고 생각했다.

그림 3.8 톰슨의 원자 모형

결론적으로 이러한 많은 연구들을 통해 원자는 양성자와 전자의 개수가 같고, 반대의 전하를 가지고 있으므로 양전하와 음전하가 서로 상쇄되어 전체적으로 중성을 띤다는 점, 원자의 핵에는 양성자와 중성자(양성자와 거의 같은 질량을 지니며, 전하를 띠지 않음)가 있으며, 전자는 원자핵으로부터 멀리 떨어진 공간에 퍼져 있다는 것이 밝혀졌다(그림 3.10).

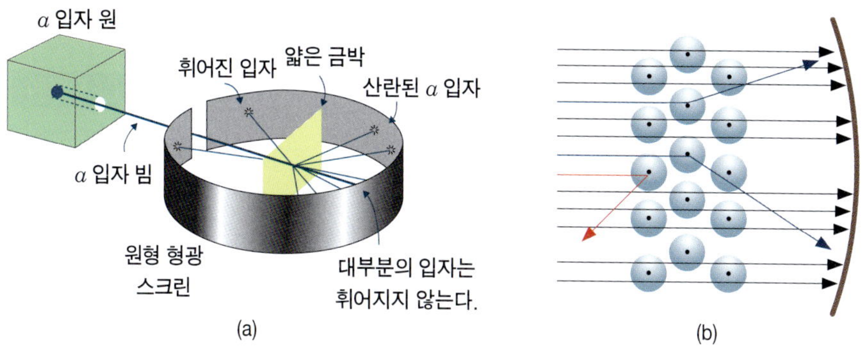

(a) 러더퍼드의 α 입자 산란 실험. 방사능 원으로부터 방출되는 양전하를 띤 α 입자들을 금박으로 흐르게 했다.
(b) 양전하를 띤 금 원자의 핵에 의해 양전하를 띤 α 입자가 휘어져 되돌아오기도 하고(빨간 선) 산란되기도(파란 선) 하는 현상을 관찰했다.

그림 3.9 러더퍼드의 α 입자 산란 실험

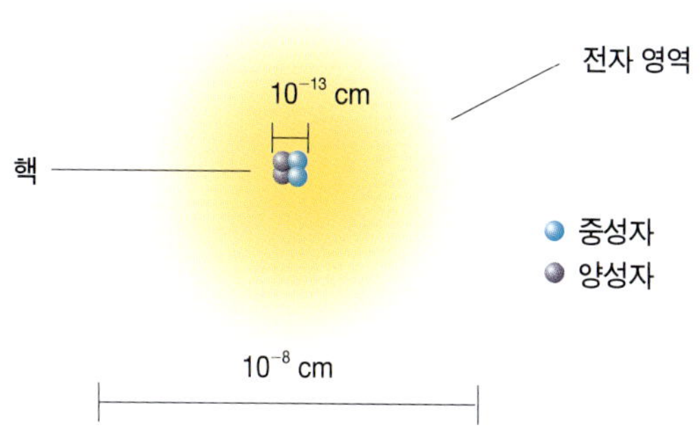

* 원자핵 모형에서 양성자와 중성자는 핵 속에 존재하며, 전자는 비어 있는 공간에서 발견된다.

그림 3.10 원자핵과 전자의 모형

7. 원자를 구성하는 아원자 입자의 질량

원자를 구성하는 입자들의 질량은 얼마일까? 양성자는 양전하를 띠는 입자이며, 전자 질량의 약 1,840배에 달하는 큰 질량을 갖는다. 중성자는 전하를 띠지 않는 입자이며 양성자와 거의 질량이 비슷하다. 전자는 음전하를 띠며, 질량이 양성자와 중성자보다 훨씬 가볍기 때문에 원자 질량의 대부분은 핵에 집중되어 있다. 핵에 있는 양성자와 중성자, 그리고 핵에서 떨어져 있는 전자의 상대 전하와 실제 질량은 표 3.2와 같다.

표 3.2 전자, 양성자, 중성자의 상대 전하와 질량

입자	위치	기호	상대 전하	실제 질량(g)
전자	핵 외부	e^-	−1	9.110×10^{-28}
양성자	핵	p^+	+1	1.673×10^{-24}
중성자	핵	n	0	1.675×10^{-24}

8. 원소의 원자 번호와 동위원소

우리는 원자의 핵이 양전하를 띠는 양성자와 전하를 띠지 않는 중성자로 이루어져 있으며, 핵을 둘러싸고 상대적으로 먼 거리에 전자를 가지고 있다는 것을 알았다. 어떤 원소의 원자 번호(z)atomic number 는 그 원소의 원자핵 속에 들어 있는 양성자의 수와 같다. 예를 들어 탄소 원자의 경우에 탄소 원자의 원자 번호는 6번이고 이는 양성자의 수와 같다. 그러므로 탄소(C)의 핵은 12개의 핵자nucleon, 즉 양전하를 띠는 6개의 양성자와 전하를 띠지 않는 6개의 중성자로 이루어져 있으며, 질량수는 12이다. 소듐(Na) 원자를 보면, 원자 번호는 11이고 핵에는 11개의 양성자가 있음을 알 수 있다. 전하를 띠지 않는 소듐(Na) 중성 원자에서 전자의 수는 양성자의 수와 같으므로 11개의 전자를 지닌다는

것도 알 수 있다. 이때 원자의 질량수는 원자핵에 존재하는 양성자 수와 중성자 수를 합한 값이므로 질량수와 원자의 양성자 수를 안다면 중성자 수를 계산할 수 있을 것이다.

돌턴은 원자론에서 모든 같은 원소의 원자는 질량과 크기가 같다고 하였다. 그러나 후에 양성자의 수는 같지만 질량수가 다른 원자가 있음이 밝혀졌다. 이는 다른 수의 중성자를 갖기 때문이다. 이와 같이 양성자의 수는 같으나 질량 수가 다른, 즉 중성자의 수가 서로 다른 경우에 그 원소의 동위원소isotope라고 한다. 예를 들어, 6번인 탄소($^{12}_{6}C$)와 같은 수의 양성자를 가지나, ^{13}C, ^{14}C 와 같이 중성자의 숫자가 다른 경우에 이를 탄소의 동위원소라고 부른다. 자연계에는 C−12가 98.89%로서 대부분을 차지한다. 원소의 동위원소는 다음과 같이 표기한다.

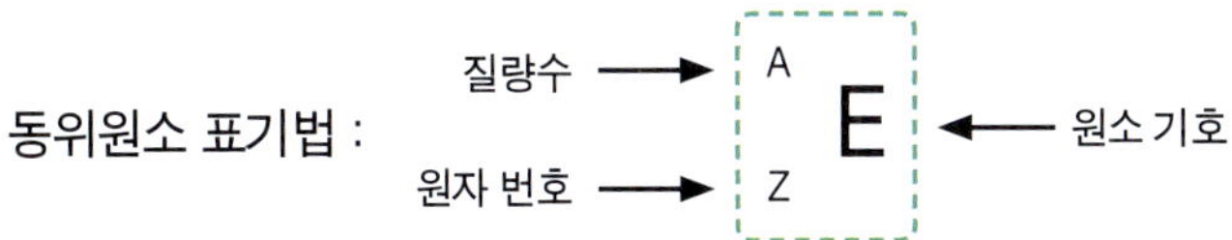

질량수 = 양성자 수 + 중성자 수

원자 번호 = 양성자 수 = 중성 원자의 전자수

예를 들어, 원자 번호가 1인 수소(H)의 동위원소는 세 가지가 알려져 있다(그림 3.11). 이들은 모두 1개의 전자를 갖고 있으며 핵 속에 1개의 양성자를 갖고 있다. 가장 흔한 수소($^{1}_{1}H$)는 중성자가 없으며 질량수가 1이다. 핵 속에 1개의 중성자를 가진 중수소($^{2}_{1}H$)는 질량수가 2이고, 2개의 중성자를 가진 삼중수소($^{3}_{1}H$)는 질량수가 3이다. 수소의 동위원소는 수소−1, 수소−2, 수소−3으로 불리기도 한다.

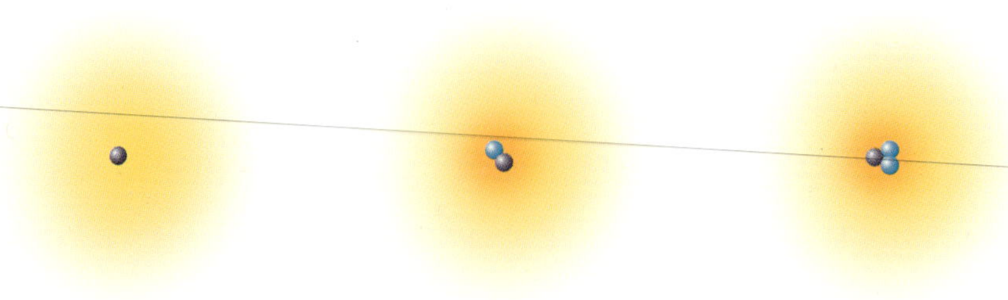

$^{1}_{1}H$ 경수소 $^{2}_{1}H$ 중수소 $^{3}_{1}H$ 삼중 수소

*양성자(자주색)와 중성자(파란색)는 핵 속에, 전자(e−)는 핵 바깥에 존재한다.

그림 3.11 수소의 동위원소

예제 3.2

다음 동위원소에 있는 양성자, 중성자, 전자의 개수는 몇 개인가?

(a) $^{16}_{8}O$ (b) $^{64}_{29}Cu$

풀이

(a) 이 원소는 원자 번호 8번의 산소이며, 원자 번호와 양성자의 수는 같기 때문에 양성자는 8개이다. 중성 원자에서 양성자의 수는 전자의 수와 같으므로 전자는 8개이다. 중성자의 수는 질량수에서 양성자의 수를 뺀 값이므로 16 − 8 = 8이다.

(b) 이 원소는 원자 번호 29번의 구리이며, 원자 번호와 양성자의 수는 같기 때문에 양성자는 29개이다. 양성자와 전자의 수와 같으므로 전자는 29개이다. 중성자의 수는 질량수에서 양성자의 수를 뺀 값이므로 64 − 29 = 35이다.

9. 원자의 질량

원자 1개의 크기와 질량이 매우 작기 때문에 저울로 측정할 수 없다. 수소 원자 1개의 질량은 1.673×10^{-24}g이다. 그러나 원자들의 실제 질량을 비교하는 것은 불편하고 실용

적이지 못하다. 따라서 화학자들은 원자 질량 단위(u)atomic mass unit를 사용하여 상대 원자 질량을 나타낸다. 최근 국제 순수 및 응용 화학 연맹IUPAC은 원자 질량 단위의 약자로 u를 사용할 것을 결정하였다. 이 교재에서는 이 단위를 사용할 것이다. 현대의 원자 질량 척도는 탄소를 기준으로 탄소 원자의 질량을 12.00u로 정하고, 다른 원소의 원자 질량은 이에 대한 상대적인 값으로 계산한다. 탄소-12 원자 1개의 질량은 1.9927×10^{-23}g이므로 1u는 탄소 원자($^{12}_{6}C$) 1개 질량의 1/12로서 실제로는 1.6606×10^{-24}g이다. 이와 같이 탄소 원자의 질량에 대한 상대적 척도에서 보면 수소 원자는 1.00794u(주기율표에는 1.008u로 4개의 유효 숫자로 나타냄)의 평균 상대 원자 질량을 가진다. 이때 대부분의 원소는 질량이 다른 동위원소의 혼합물이므로 원소의 원자 질량은 자연에 존재하는 동위원소의 존재비isotopic abundances를 계산하여 평균 상대 원자 질량average atomic mass으로 나타낸다. 원자 질량은 이 책의 앞표지에 있는 주기율표의 원소기호 밑에 제시되어 있다.

예를 들어, 염소의 동위원소는 34.97u의 질량을 가진 원자가 75.53%, 36.95u의 질량을 가진 원자가 24.47%로 이루어져 있으므로 평균 상대 질량을 계산하면 35.45가 나오며 계산방법은 다음과 같다.

동위원소	원자의 질량(u)	존재비(%)	평균 원자 질량(u)
Cl-35	34.97	75.53	35.45
Cl-37	36.97	24.47	

계산식 :

$$\text{Cl의 원자 질량} = \left(34.97\text{u} \times \frac{75.53}{100.0}\right) + \left(36.95\text{u} \times \frac{24.47}{100.0}\right) = 35.45\text{u}$$

위의 염소(Cl)에서도 볼 수 있듯이 주기율표에서 원소 기호 아래에 표시되어 있는 원자 질량은 탄소 원자에 대한 평균 상대 질량을 계산한 값이다.

10. 원소와 주기율표

모든 원자가 원자핵과 전자로 구성되어 있다면 서로 다른 원자들은 어떻게 서로 다른 화학적 성질을 가지는가? 서로 다른 원소의 원자는 전자의 수와 배치가 다르므로 다른 원소의 원자와 결합하여 화합물을 형성할 때 다른 화학적 거동을 보인다. 이와 관련하여 주기율표와 전자의 배치와의 연관성을 살펴보고자 한다.

1869년에 멘델레예프(D. Mendeleev)라는 러시아 과학자는 지구상에 있는 모든 원소를 원자 번호(양성자 수)가 증가하는 순서로 처음 정렬하였고, 이를 주기율표periodic table로 나타내었다. 멘델레예프는 화학적인 성질의 유사성에 따라 원소를 정렬하고, 수직적으로 같은 열에 있는 원소의 집단, 즉 같은 '족group'은 주기적인 경향이 같다는 것을 확인했다. 족 번호는 왼쪽에서 오른쪽까지 1~18까지 있으며, 많은 족들이 특별한 이름을 가지고 있다. 족 번호를 붙이는 방법에는 두 가지 체계가 있다. 그중 한 가지는 세로열을 왼쪽에서 오른쪽으로 1~18의 숫자로 번호를 붙이는 방법이며, 국제 순수 및 응용 화학 연맹IUPAC에서 1985년 제정하였다. 다른 한 가지는 주족 원소representative element의 경우에는 숫자와 A 문자를 쓰고, 전이 원소transition element의 경우는 숫자와 B 문자로 족 번호를 붙이는 것이다. 여기서는 주족 원소 위주로 설명할 것이므로 두 번째 방법으로 족 번호를 붙이고자 한다.

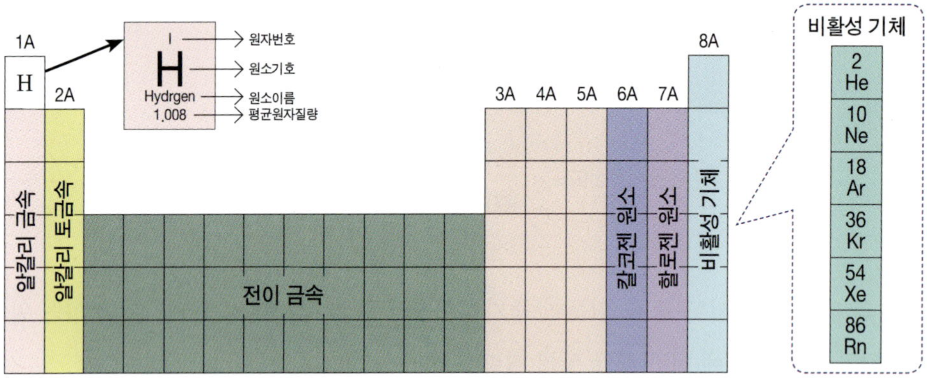

그림 3.12 주기율표상에서 족의 명칭

주기율표에서는 특정한 족의 이름을 붙인다. 예를 들면, 첫 번째 열의 원소(1A족)들은 알칼리 금속alkali metal이라 하고, 2A족 원소는 알칼리 토금속alkaline earth metal이라고 한다. 7A족 원소는 할로젠halogen 원소, 그리고 8A족 원소는 비활성 기체noble gas라고 한다. 1A~8A족까지의 원소 집단은 주족 원소 혹은 전형 원소main-group element라 한다. 3B~2B족까지의 원소 집단은 전이 금속transition metal이라 한다(그림 3.12).

같은 족에 속하는 주족 원소들은 매우 비슷한 화학적 성질을 보여준다. 알칼리 금속족(1A족)에 해당하는 소듐(Na), 포타슘(K)는 항상 하나의 전자를 잃어 1가 양이온을 형성하고, 알칼리 토금속 족(2A족)은 항상 2가 양이온을, 그리고 3A족의 알루미늄은 항상 3가 양이온을 만든다. 비금속 원소에 해당하는 7A족의 F, Cl, Br 등은 항상 1가 음이온을, 6A족은 항상 2가 음이온을 형성한다. 비활성 기체(헬륨, 네온, 아르곤, 크립톤, 제논, 라돈)는 모두 화학적 활성이 매우 낮고 안정하기 때문에 자연계에서 결합되지 않은 상태로 존재한다. 앞으로 원자의 전자 배치에서 배우게 되는 것처럼 원자가 이온을 형성할 때는 모두 비활성 기체인 8A족의 전자 배치를 가지려는 경향을 보인다. 즉, 주족 원소의 금속 원소는 바로 앞의 비활성 기체(즉, 주기율표상에서 해당 금속 앞의 주기에 해당하는 비활성 기체)와 동일한 전자 배치가 되도록 전자를 잃어버리고 양이온이 된다. 반면, 비금속에 속하는 원소는 같은 주기에 있는 비활성 기체(즉, 주기율표상에서 해당 원소 직후에 나타나는 비활성 기체)와 동일한 전자 배치가 되도록 전자를 얻어 음이온을 형성한다.

주기율표는 같은 주족 원소들이 비슷한 화학적 성질을 보여 주므로 원소의 물리적 · 화학적 성질을 예측할 수 있게 도와준다. 또한 같은 족 원소들이 유사한 화학적인 성질을 지닌다는 점은 원자 구조 모형과도 연결된다는 것을 알게 될 것이다.

11. 현대 원자 이론과 전자 배치

1) 보어의 원자 모형

앞에서 우리는 주족 원소로 이루어진 화합물들이 비활성 기체의 전자 배치를 갖도록 전자들이 이동하며, 주기율표에서 같은 족 원소들의 화학적 유사성은 전자 배치와 관련이 있음을 제시하였다. 여기에서는 원자의 구조와 원자의 화학적 성질을 설명해 줄 수 있는 전자의 배치에 관해 배울 것이다.

1913년에 덴마크의 과학자인 보어(N. Bohr)는 하나의 전자를 포함하는 수소 원자의 전자 구조 모델을 세우는 데 크게 기여하였다. 보어는 전자가 핵 주변의 여러 개의 정해진 에너지 준위를 갖는 원 궤도를 움직이고 있다고 가정했다. 보어의 원자 모형solar system model에 의하면 수소 원자의 전자는 어떤 특정한 에너지 준위energy level를 갖고, 태양계와 같이 원심력에 의해 전자가 원자핵 주변을 일정한 궤도로 돌고 있다고 보았다. 그의 모델에 의하면 원자가 에너지를 흡수하면 특정한 준위의 전자가 들뜬 상태excited state가 되어 핵으로부터 멀리 떨어진 더 높은 준위로 이동하며, 들뜬 상태의 전자가 에너지를 광자(전자기 복사의 입자)로 방출하면 전자는 낮은 에너지 상태, 즉 바닥 상

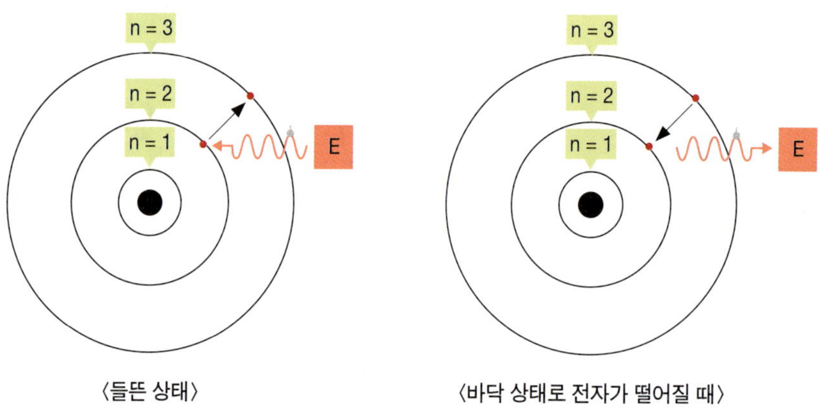

그림 3.13 보어의 수소 원자 모형

태ground state로 된다(그림 3.13). 정상적인 수소 원자에서 전자는 n = 1의 바닥 상태에 있으며 에너지를 흡수하면 n = 2 혹은 n = 3의 들뜬 상태로 도약한다고 주장하였다. 이것은 원자가 특정한 불연속적인 에너지 준위들을 갖고 있으며, 에너지 준위들이 양자화quantized되어 있다는 것을 의미한다. 그러나 보어의 이론은 전자가 핵으로부터 고정된 거리의 일정한 궤도로 핵 주위를 돈다고 한 점이나 수소보다 전자가 많은 원자에 적용이 어려운 점으로 인해 한계가 있었다.

1926년 오스트리아의 물리학자 슈뢰딩거(E. Schrödinger)는 빛과 같이 전자도 입자와 파동의 두 가지 성질을 보인다고 하였고, 전자를 파동 방정식으로 설명하는 파동 역학wave mechanical model을 구체화하였다. 전자에 대한 파동 역학wave mechanics은 후에 양자 역학quantum mechanics으로 발전하였다. 입자로서의 전자는 일정한 질량, 전하와 스핀을 가지지만, 파동으로서 전자는 파장도 가진다. 파동 역학적 모형에서 전자는 핵 주변에서 전자를 발견할 수 있는 확률만을 예측할 수 있으며, 궤도함수 또는 오비탈orbital이라고 표현되는 곳에 위치한다고 하였다.

이때 보어가 제시한 것처럼 전자가 핵 주변의 일정한 원 궤도를 도는 것이 아니라, 퍼져 있어서 정확한 위치를 알기는 어렵다. 전자를 발견할 확률probablility은 양전하를 띤 핵의 중심에 가까울수록 크고 핵으로부터 멀어질수록 전자가 있을 확률이 낮아진다. 따라서 오비탈은 전자가 발견될 확률이 높은 핵 주위의 공간 영역이라고 볼 수 있다.

2) 오비탈

핵 주변의 공간에서 전자를 발견할 확률이 높은 공간 영역인 오비탈orbital의 존재에 대해서 알아보기 위해 주 양자수principal quatum number라고 하는 개념을 알아보는 것이 필요하다. 양자 역학에 따르면 전자는 핵 주위를 파장의 정수배로 돌고 있으며, n = 1, 2, 3, 4 등 주 양자수라고 하는 불연속적인 특정 궤도를 돌다가 빛의 형태로 주어지는 에너지를 흡수할 수 있다. 이때 전자의 에너지가 양자화되어 있어 어떤 특정한 불연속의 주 에너지 준위(principal energy level, 주 껍질 혹은 주 양자수, 주기율표에서 주기에 해당)에

머물게 되며, 각 주 에너지 준위는 다시 에너시 부준위(energy sublevel, 부껍질 혹은 오비탈이라고도 함)를 가진다.

즉, 주 에너지 준위는 기호 n으로 나타내며, n = 1, 2, 3, 4 ……의 숫자로 표시한다. 각 주 에너지 준위는 하나 이상의 부준위를 포함한다(그림 3.14). 부준위는 s, p, d, f 등의 궤도함수(오비탈)라는 전자들이 들어갈 공간들로 이루어져 있다. 궤도함수(오비탈)는 전자를 2개까지 가질 수 있으며, 반대의 스핀을 갖는다. 이때 오비탈의 모양은 전자가 그곳에서 발견될 확률의 분포를 나타낸다. 각 전자는 축을 중심으로 자전하는데, 이를 스핀을 갖는다고 하며, 두 전자의 스핀은 반대가 되어야 한다. 이것을 파울리의 배타 원리 Pauli exclusion principle라고 한다.

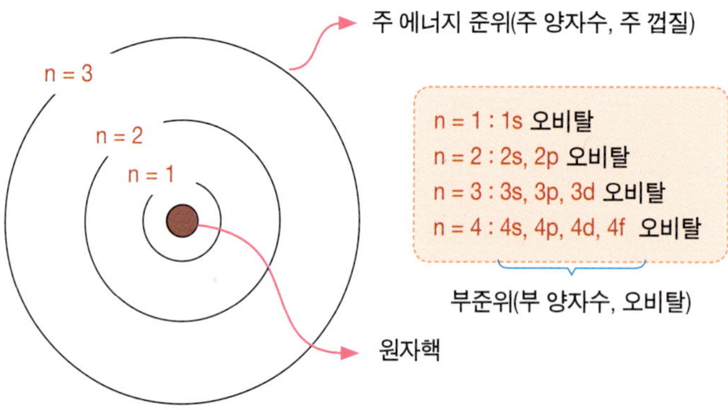

그림 3.14 원자핵 주변의 에너지 준위 및 오비탈

주 에너지 준위에서 에너지 부준위의 수는 n과 같다. 즉, n = 1이면 1개의 부준위, 즉 1개의 구형 오비탈s orbital만을 가진다. 첫 번째 껍질에 있는 오비탈이므로 이를 1s 오비탈이라고 한다. 여기서 숫자 1은 주 에너지 준위를 뜻하며 s는 특정한 부준위를 나타낸다.

두 번째 주 에너지 준위인 n = 2는 2개의 부준위를 갖는다. 이 부준위들은 2s와 2p이다. 부준위 2s는 1개의 오비탈2s orbital로 되어 있고, 부준위 2p는 3개의 오비탈($2p_x$, $2p_y$, $2p_z$)로 구성되어 있다. s 오비탈은 1s 오비탈과 같이 구형이지만 그 크기가 크다. 2p 오비탈에 주어진 x, y, z의 표시는 아령 모양인 p 오비탈이 x, y, x 축을 따라 놓여 있음을 나타낸다.

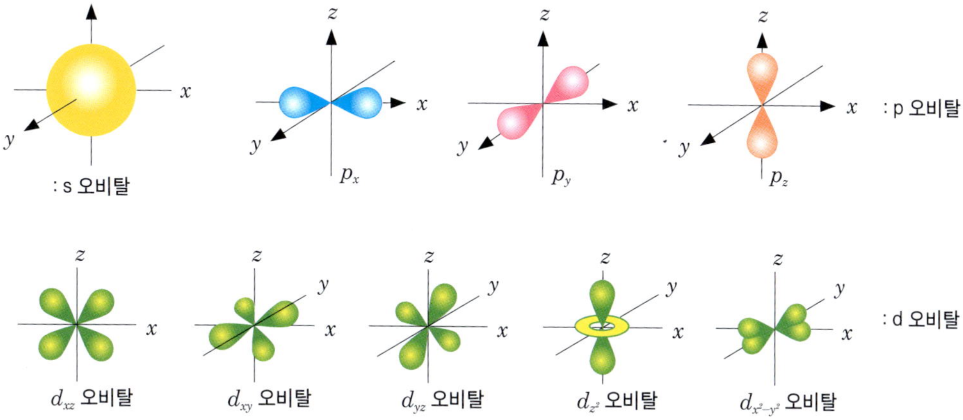

그림 3.15 s, p, d 오비탈의 모양

세 번째 주 에너지 준위 n = 3은 3s, 3p, 3d의 3개의 부준위를 갖는다. 3d 부준위는 5개의 d 오비탈을 포함하는데, 그 모양과 표시법은 그림 3.14에 나타내었다. 주 에너지 준위에 따라 궤도함수의 수도 증가하며, 핵으로부터 거리가 멀어질수록 전자가 들어갈 공간은 점점 넓어지는 것을 알 수 있다.

네 번째 주 에너지 준위 n = 4는 4s, 4p, 4d, 4f라고 표시되는 4개의 부준위를 가진다. f 오비탈은 7개인데, 이 책에서는 4f 궤도함수의 모양은 제시하지 않기로 한다.

그림 3.15에서 각 오비탈의 모양과 표시법을 제시하였으며, 정리하면 다음과 같다. 즉, s 오비탈은 구형이고, 2개의 전자를 가질 수 있으며, 전자를 발견할 확률(전자의 밀도)은 핵 주위에서 가장 높다. p 오비탈은 3개의 유형이 있으며, 각 유형별로 2개의 전자를 가질 수 있으므로 총 6개의 전자를 수용할 수 있다. d 오비탈은 5개의 유형을 가지고 있고, 각 유형별로 2개의 전자를 가질 수 있으므로 총 10개의 전자를 수용할 수 있다.

3) 1~20번까지 원자의 전자 배치

원자 내 전자에 대한 현대적 모형은 오비탈에서의 전자 배치를 통해 원소의 주기율표에서 나타나는 같은 족의 유사성에 대한 이유를 설명할 수 있도록 해준다.

원자에서 핵의 인력을 가장 크게 받고 있는 궤도함수는 n = 1인 1s오비탈이다. 1s 오비탈은 핵과 가장 가까운 공간에 위치하며, n 값이 증가함에 따라 전자가 점유하고 있는 공간인 오비탈이 증가하며, 핵으로부터 멀어지게 된다.

이제 원자 번호 1에서 20번까지의 원소들을 궤도함수에서 전자 배치가 어떻게 되는지를 살펴보겠다. 원소의 전자 배치에 대한 표기는 오비탈을 에너지의 순으로 나열하고 각 오비탈, 즉 부준위상에 들어가는 전자의 수를 위 첨자 숫자로 표기하는 방법으로 다음과 같다.

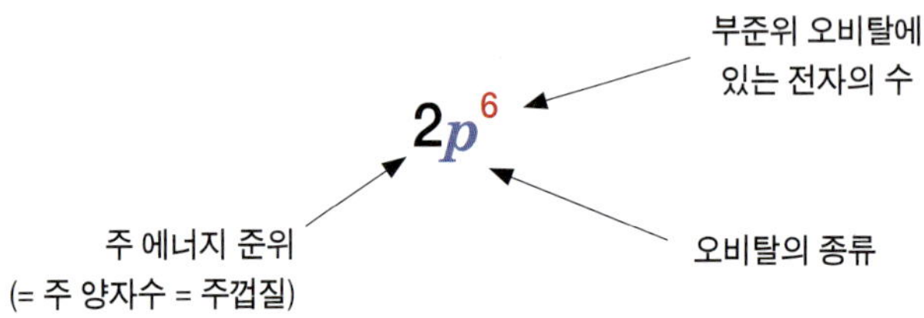

전자가 오비탈에 채워질 때는 다음과 같은 간단한 규칙이 적용된다.

1. 전자는 가장 낮은 에너지의 오비탈을 먼저 채운다.
2. 1개의 오비탈은 최대 2개의 전자를 가질 수 있다.
3. 같은 오비탈을 채우는 두 전자는 스핀을 가지고 있으며, 반대 방향으로 회전한다. 이것을 파울리의 배타 원리라고 한다.
4. 같은 에너지의 오비탈은 두 번째 전자를 가지기 전에 각각 1개의 전자를 채운다. 이것은 훈트의 법칙Hund's rule이라고 한다.

바닥 상태에 있는 수소 원자는 1개의 전자가 있으며, 첫 번째 껍질 1s 오비탈에 전자가 채워져 있으므로 $1s^1$라고 적는다.

원자 번호 2번인 헬륨은 핵에 2개의 양성자가 있고, 2개의 전자를 갖고 있다. 2개의 전자는 1s 궤도함수에 채워지며, 서로 반대 방향으로 회전하는 스핀을 갖는다. 이것으로부터 헬륨의 전자 배치는 $1s^2$라고 적을 수 있다.

다음 원소인 리튬은 3개의 전자를 갖고 있으므로 첫 번째 껍질 1s 오비탈에 채우고 남는 1개의 전자는 두 번째 껍질의 s 오비탈(2s)을 채운다. 그러므로 리튬의 전자 배치는 $1s^2 2s^1$라고 적을 수 있다.

다음은 4개의 전자를 가진 베릴륨이다. 첫 번째 1s 오비탈에 2개의 전자가 들어가고, 두 번째 2s 오비탈에 나머지 2개의 전자가 들어가면서 1s와 2s 오비탈이 완전히 채워진다. 그러므로 베릴륨의 전자 배치는 $1S^2 2S^2$라고 표시한다.

원자 번호 5번인 붕소는 5개의 전자를 가지는데, 1s에 2개 2s에 2개, 나머지 1개는 2p 오비탈에 채워진다. 전자 배치는 $1s^2 2s^2 2p^1$ 로 표시한다.

이러한 방식으로 전자는 1s, 2s, 2p, 3s, 3p, 4s, 3d, 4p의 에너지 준위에 순서대로 들어간다. 여기서 3p 오비탈 뒤에 3d 오비탈이 아닌 4s 오비탈이 채워지는 것에 대해서는 잠시 후에 언급하기로 한다.

원자 번호 6번인 탄소는 6개의 전자를 가지는데, 2개는 1s에, 2개는 2s에, 나머지 2개는 2p에 채워진다. 2p 궤도함수는 3개의 유형이 있으므로, 서로 반발력을 보이는 2개의 전자는 서로 다른 2p 궤도함수를 점유한다. 보통 $1s^2 2s^2 2p^2$ 라고 전자 배치를 표시할 수 있다.

7개의 전자를 가지는 질소의 전자 배치는 $1s^2 2s^2 2p^3$이다. 이때 2p 오비탈에 있는 3개의 전자는 각자 다른 궤도함수(p_x, p_y, p_z)에 각각 하나씩 들어가며 같은 스핀을 갖는다.

8개의 전자를 가지는 산소의 전자 배치는 $1s^2 2s^2 2p^4$이다.

원자 번호 10번인 네온의 전자 배치는 $1s^2 2s^2 2p^6$이며, 네온에서는 n = 1과 n = 2의 s, p 오비탈 모두가 채워지는 것을 볼 수 있다.

소듐은 11개의 전자를 가지며 소듐의 전자 배치는 $1s^2 2s^2 2p^6 3s^1$ 이다. 우선 10개의 전자는 1s, 2s, 2p 오비탈에 들어간다. 11번째 전자는 n = 3인 3s 오비탈에 들어간다. 내부 준위의 전자 배치를 간략히 [Ne]$3s^1$로 쓰기도 하는데, 여기서 [Ne]는 $1s^2 2s^2 2p^6$인 네온의 전자 배치를 나타내며, 바로 위의 주기의 비활성 기체인 Ne을 표기하면 간단히 축약이

가능하다.

원자 번호 12번인 마그네슘의 전자 배치는 $1s^2 2s^2 2p^6 3s^2$, 즉 $[Ne]3s^2$이다.

다음에 나오는 알루미늄에서 아르곤까지 6개의 원소들은 3p 궤도함수에 전자가 1개씩 채워진다. 지금까지 살펴본 18개 원소의 전자 배치를 표 3.3에 나타내었다.

원자 번호 19번인 칼륨의 전자 배치를 살펴보기 전에 앞에서 전자가 에너지가 낮은 에너지 준위부터 들어간다는 것을 살펴 본 바 있다. 주 에너지 준위에서 상대적인 오비탈 에너지의 순서는 s<p<d<f의 순서이다. 그러나 흥미로운 것은 세 번째 주 에너지 준위에 있는 3d 오비탈의 에너지가 네 번째 주 에너지 준위에 있는 4s 오비탈의 에너지보다 높다. 그러므로 칼륨의 마지막 전자는 3d가 아니라 4s 오비탈을 먼저 채우게 되는 것을 볼 수 있다. 이로 인해 19번인 칼륨의 전자 배치는 $1s^2 2s^2 2p^6 3s^2 3p^6 \underline{4s}^1$ 가 된다. 비활성 기체를 사용하여 축약하면 $[Ar]4s^1$로 나타낼 수 있다. 이 점은 칼륨이 1A족에 해당하는 다른 원소들과 같이 S오비탈에 1개의 전자를 포함하는 것과도 일치한다.

이상과 같이 1번에서 20번까지 원소의 전자 배치를 살펴보았고, 그림 3.16에도 제시하였다. 이와 같은 전자의 배치에서 가장 마지막 껍질의 전자는 원자가 전자라고도 하며, 원자의 반응에 관련되므로 잘 기억하는 것이 좋을 것 같다.

표 3.3 1~20번까지 원소의 전자 배치

원자 번호	원소 기호	전자 배치
1	H	$1s^1$
2	He	$1s^2$
3	Li	$1s^2 2s^1$
4	Be	$1s^2 2s^2$
5	B	$1s^2 2s^2 2p^1$
6	C	$1s^2 2s^2 2p^2$
7	N	$1s^2 2s^2 2p^3$

원자 번호	원소 기호	전자 배치
8	O	$1s^22s^22p^4$
9	F	$1s^22s^22p^5$
10	Ne	$1s^22s^22p^6$
11	Na	$1s^22s^22p^63s^1$
12	Mg	$1s^22s^22p^63s^2$
13	Al	$1s^22s^22p^63s^23p^1$
14	Si	$1s^22s^22p^63s^23p^2$
15	P	$1s^22s^22p^63s^23p^3$
16	S	$1s^22s^22p^63s^23p^4$
17	Cl	$1s^22s^22p^63s^23p^5$
18	Ar	$1s^22s^22p^63s^23p^6$
19	K	$1s^22s^22p^63s^23p^64s^1$
20	Ca	$1s^22s^22p^63s^23p^64s^2$

4) 원자가 전자와 주기율표

원자가 전자valence electron란 원자의 가장 바깥쪽에 있는 주 에너지 준위의 전자들을 말하며, 최외각 전자라고도 한다. 예를 들어, 질소의 전자 배치는 $1s^22s^22p^3$로 전자들이 채워져 있는 주 에너지 준위는 1과 2이다. n = 2인 주 에너지 준위(2s와 2p 오비탈)가 질소의 최외각 준위이므로 2s와 2p의 전자들이 원자가 전자이다. 산소 원자의 전자 배치는 $1s^22s^22p^4$ 혹은 $[He]2s^22p^4$이며, 원자가 전자는 두 번째 껍질의 2s와 2p 오비탈에 있는 전자 6개이다. 이는 산소의 족 번호(6A족)와 같다. 이와 같이 원자가 전자는 원자의 족 번호와 같으며, 원자 간의 결합 반응에 참여하는 전자이기 때문에 매우 중요하다. 이와 같이 같은 6족에 속하는 원소들의 원자가 전자의 오비탈 내 배치가 ns^2np^4라는 사실을

족 번호

비활성 기체

주기	1A	2A	3B	4B	5B	6B	7B	8B	8B	8B	1B	2B	3A	4A	5A	6A	7A	8A
1	1 H $1s^1$																	2 He $1s^2$
2	3 Li $2s^1$	4 Be $2s^2$											5 B $2s^22p^1$	6 C $2s^22p^2$	7 N $2s^22p^3$	8 O $2s^22p^4$	9 F $2s^22p^5$	10 Ne $2s^22p^6$
3	11 Na $3s^1$	12 Mg $3s^2$											13 Al $3s^23p^1$	14 Si $3s^23p^2$	15 P $3s^23p^3$	16 S $3s^23p^4$	17 Cl $3s^23p^5$	18 Ar $3s^23p^6$
4	19 K $4s^1$	20 Ca $4s^2$	21 Se $4s^23d^1$	22 Ti $4s^23d^2$	23 V $4s^23d^3$	24 Cr $4s^13d^5$	25 Mn $4s^23d^5$	26 Fe $4s^23d^6$	27 Co $4s^23d^7$	28 Ni $4s^23d^8$	29 Cu $4s^13d^{10}$	30 Zn $4s^23d^{10}$	31 Ga $4s^24p^1$	32 Ge $4s^24p^2$	33 As $4s^24p^3$	34 Se $4s^24p^4$	35 Br $4s^24p^5$	36 Kr $4s^24p^6$
5	37 Rb $5s^1$	38 Sr $5s^2$	39 Y $5s^24d^1$	40 Zr $5s^24d^2$	41 Nb $5s^14d^4$	42 Mo $5s^14d^5$	43 Tc $5s^24d^5$	44 Ru $5s^14d^7$	45 Rh $5s^14d^8$	46 Pd $4d^{10}$	47 Ag $5s^14d^{10}$	48 Cd $5s^24d^{10}$	49 In $5s^25p^1$	50 Sn $5s^25p^2$	51 Sb $5s^25p^3$	52 Te $5s^25p^4$	53 I $5s^25p^5$	54 Xe $5s^25p^6$
6	55 Cs $6s^1$	56 Ba $6s^2$	57 La* $6s^25d^1$	72 Hf $6s^25d^2$	73 Ta $6s^25d^3$	74 W $6s^25d^4$	75 Re $6s^25d^5$	76 Os $6s^25d^6$	77 Ir $6s^25d^7$	78 Pt $6s^15d^9$	79 Au $6s^15d^{10}$	80 Hg $6s^25d^{10}$	81 Tl $6s^26p^1$	82 Pb $6s^26p^2$	83 Bi $6s^26p^3$	84 Po $6s^26p^4$	85 At $6s^26p^5$	86 Rn $6s^26p^6$
7	87 Fr $7s^1$	88 Ra $7s^2$	89 Ac† $7s^26d^1$	104 Rf $7s^26d^2$	105 Db $7s^26d^3$	106 Sg $7s^26d^4$	107 Bh $7s^26d^5$	108 Hs $7s^26d^6$	109 Mt $7s^26d^7$	110 Ds $7s^26d^9$	111 Rg $7s^16d^{10}$	112 Cn $7s^26d^{10}$	113 Nh $7s^27p^1$	114 Fi $7s^27p^2$	115 Mc $7s^27p^3$	116 Lv $7s^27p^4$	117 Ts $7s^27p^5$	118 Ogo $7s^27p^6$

* 란타넘족
† 악티늄족

그림 3.16 주기율표와 가장 바깥쪽 전자 배치(원자가 전자)

그림 3.16에서도 확인할 수 있다. 원소의 족 번호는 원소의 화학적 성질의 유사성과도 관련이 있음을 설명해 준다.

원소 번호 3~10은 원소 번호 11~18과 비교할 때 원자 번호가 8개 많은 원자들과 같은 수의 원자가 전자를 가진다는 것을 알 수 있다. 주기율표에서 1A~8A족에 속하는 원소들은 모두 최외각 전자가 s나 p 오비탈에 채워진 원소들이다. 비활성 기체에 속하는 8A족 원소들은 가장 바깥쪽 껍질의 s와 p 오비탈이 완전히 채워져 있다(ns^2np^6). 이때 헬륨(He)은 예외인데 이는 2개로서 가장 바깥쪽 껍질(n = 1)의 전자를 다 채웠기 때문에 맨 오른쪽에 위치하는 비활성 기체 족에 들어가 있다. 1A족에 속하는 알칼리 금속족의 원소들은 최외각 전자의 전자 배치가 ns^1을 보여 준다. 7A족에 속하는 할로젠 원소는 최외각 전자가 7개의 전자로 ns^2np^5 오비탈에 전자가 배치되어 있다. 전이 금속은 1B, 2B족과 3B~8B족에 있는 원소로 d 오비탈에 불완전하게 채워져 있으며, 주족 원소와는 달리 전자 배치가 규칙적인 패턴을 보이지 않는다. 란타넘족과 악티늄족 원소들도 불완전하게 f 오비탈에 전자가 채워지는데, 이에 대해서는 여기서 언급하지 않기로 한다.

5) 금속과 비금속

주기율표에서 금속과 비금속, 준금속으로 구분하면 그림 3.17과 같다. 금속 원소들은 열과 전기의 전도성이 있으며, 전성과 연성이 있다. 대표적인 금속은 철, 알루미늄, 금, 구리 등이다. 단지, 수소는 1A족인 알칼리 금속족에 속해 있지만 비금속에 해당한다. 거의 모든 원소는 상온에서 고체인 반면에, 많은 비금속들(질소, 산소, 염소, 네온 등)은 기체이고, 브로민 하나가 액체이다. 몇몇 비금속들(탄소, 인, 황 등)은 고체이다.

그림 3.17과 같이 계단 선에 가까이 있는 원소는 종종 금속성과 비금속성을 혼합한 성질을 보인다. 준금속(metalloid 또는 semimetal)이라고 불리는 이 원소들은 규소, 저마늄, 비소, 안티모니, 그리고 텔루륨을 포함한다.

자연에서 다른 원소와 결합하지 않은 순수한 형태의 원소들을 발견하기가 쉽지 않다. 금, 은, 백금은 상대적으로 반응성이 없기 때문에 순수한 물질로 발견된다. 또한 8족에

□ 금속
□ 준금속
□ 비금속

1 H																	2 He
3 Li	4 Be											5 B	6 C	7 N	8 O	9 F	10 Ne
11 Na	12 Mg											13 Al	14 Si	15 P	16 S	17 Cl	18 Ar
19 K	20 Ca	21 Se	22 Ti	23 V	24 Cr	25 Mn	26 Fe	27 Co	28 Ni	29 Cu	30 Zn	31 Ga	32 Ge	33 As	34 Se	35 Br	36 Kr
37 Rb	38 Sr	39 Y	40 Zr	41 Nb	42 Mo	43 Tc	44 Ru	45 Rh	46 Pd	47 Ag	48 Cd	49 In	50 Sn	51 Sb	52 Te	53 I	54 Xe
55 Cs	56 Ba	57 La*	72 Hf	73 Ta	74 W	75 Re	76 Os	77 Ir	78 Pt	79 Au	80 Hg	81 Tl	82 Pb	83 Bi	84 Po	85 At	86 Rn
87 Fr	88 Ra	89 Ac†	104 Rf	105 Db	106 Sg	107 Bh	108 Hs	109 Mt	110 Ds	111 Rg	112 Cn	113 Nh	114 Fi	115 Mc	116 Lv	117 Ts	118 Og

* 란타넘족
† 악티늄족

그림 3.17 금속, 비금속, 준금속의 분류

있는 원소인 헬륨, 네온, 아르곤, 크립톤, 제논, 라돈은 다른 원소와 쉽게 결합하지 않기 때문에 비활성 기체noble gas라고 말한다. 반면, 대부분의 원소들은 반응성이 높아서 다른 원소의 원자와 결합하여 화합물을 형성한다. 금속의 공통적인 특징은 적은 에너지로도 전자를 쉽게 잃어 양이온이 되려는 경향이 있고, 비금속은 비활성기체를 제외하고는 전자를 얻어 음이온이 되려는 경향을 보인다.

참고문헌

Burdge J., Driessen M.(2017). 일반화학의 기초. 청문각.

Hein M., Arena S., Willard C.(2016). 대학화학의 기초(15판). 자유아카데미.

Hill J. W., McCreary T. W., Kolb D. K.(2011). 화학의 세계. 라이프사이언스.

Zumdahl S. S., DeCoste D. J.(2011). 기본 일반화학. 사이플러스.

C H A P T E R

4

Chemistry

화학 결합

1. 이온 결합 화합물과 분자 화합물의 소개

화합물은 두 가지 이상의 원소가 일정한 질량비로 화학적으로 결합하여 이루어진 물질이다. 그림 4.1과 같이 화합물은 분자 화합물과 이온 결합 화합물로 나눌 수 있으며 대표적인 예로서, 분자 화합물로는 CO_2, H_2O 등이 있으며, 이온 결합 화합물로는 NaCl, KCl 등이 있다.

생명체 내에서 일어나는 반응들은 대개 반응에 참여하는 분자들의 구조에 아주 민감하다. 실제로 아주 미세한 구조의 차이에 의해서도 반응의 형태가 바뀌게 된다. 우리가 먹는 대부분의 식품들은 화합물이 혼합되어 있다. 예를 들어, 우리가 마시는 우유는 당, 수분, 단백질, 지방 등의 여러 가지 화합물이 혼합되어 있는 식품이다.

그러므로 자연에 존재하는 물질들의 반응을 이해하기 위해서는 반드시 화학 결합의 본질과 화합물의 구조를 결정하는 요인을 이해하여야 한다. 이 장에서는 서로 다른 방식의 결합 형태를 보여 주는 여러 종류의 화합물을 살펴볼 것이다.

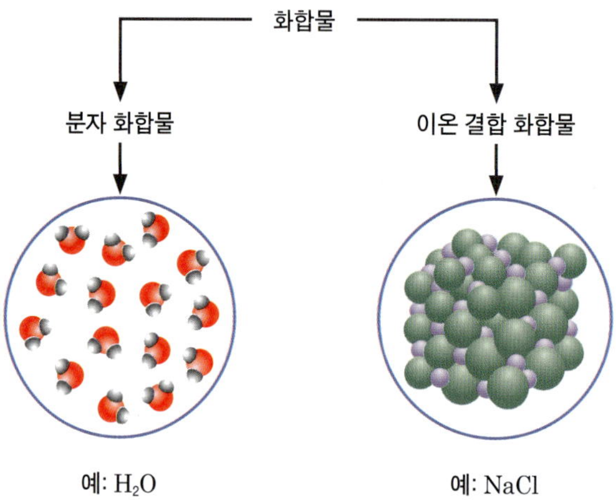

화합물은 분자 화합물과 이온 결합 화합물로 분류된다. 분자 화합물은 공유 결합에 의해 결합되고, 이온 결합 화합물은 양전하와 음전하 간의 인력에 의하여 결합된다.

그림 4.1 분자 화합물과 이온 결합 화합물

2. 원자가 전자와 루이스 구조

우리는 3장에서 원자들의 전자 배치를 살펴보았고, 이를 정리하면 다음과 같다. 원소의 해당 족 번호와 최외각 전자, 즉 원자가 전자의 수는 같으며, 이는 화학 결합에 관여하는 전자이다. 1A족인 알칼리 금속족은 ns^1의 최외각 전자를 가지며, 유사한 화학적 거동을 한다. s 오비탈에 1개의 전자를 갖는 1A족은 전자를 잃으려는 경향이 강하고 이로 인해 1가 양이온을 잘 형성하려는 경향을 갖는다. 반면 7A족에 속하는 할로젠 원소는 ns^2np^5의 전자 배치를 갖으며, 8A족에 속하는 비활성 기체와 같은 전자 배치를 위해 전자를 얻으려는 경향이 강하다. 원자가 전자의 배치가 불활성 기체의 전자 배치와 같은 ns^2np^6개, 즉 8개를 다 채우면 안정한 상태가 된다. 이와 같이 안정한 비활성 기체의 전자 배치를 갖기 위해 금속과 비금속 간의 이온 결합을 통해 전자를 주거나 받으며, 비금속과 비금속 간의 공유 결합을 통해 원자가 전자를 서로 공유하는 것을 볼 수 있다.

원자의 원자가 전자들이 어떻게 배치되는가를 점으로 표현한 것이 루이스 구조Lewis structure이며, 고안한 루이스(G. N. Lewis)의 이름을 따서 지어졌다. 루이스 구조는 원자의 가장 바깥쪽 껍질에 있는 전자(원자가 전자)를 점으로 표시하는 방식이다. 즉, 원소 기호 둘레에 위치한 점의 개수는 원자의 가장 바깥쪽 껍질에 있는 s 오비탈과 p 오비탈의 전자 개수와 같다. 원자가 전자는 화학 반응과 직접 관련이 있는 전자들이므로 루이스 구조는 결합의 상태를 표현하기에 매우 유용한 표기법이라고 할 수 있다. 예를 들어 수소 H는 $1s^1$의 전자 배치를 갖고 있고 이를 H · 으로 표현한다. :B · 는 $2s^22p^1$의 원자가 전자를 가진 붕소 원자의 루이스 구조이다. 그림 4.2는 1에서 20번까지의 원소에 대한 루이스 점 구조를 나타낸 것이다. 점의 개수는 족 번호와 일치(헬륨 예외)하는 것을 볼 수 있다.

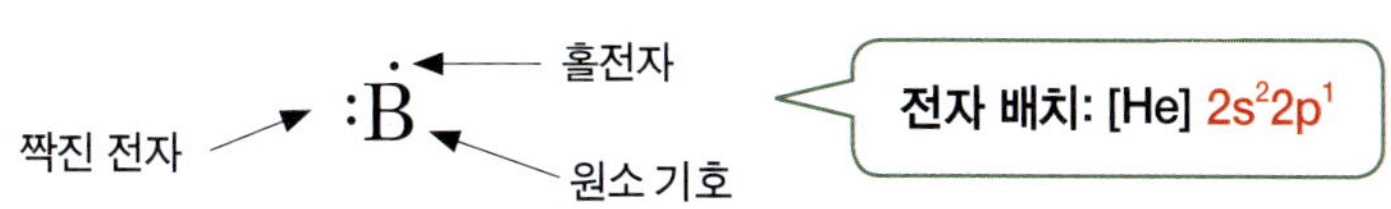

붕소 원자(B)의 루이스 구조

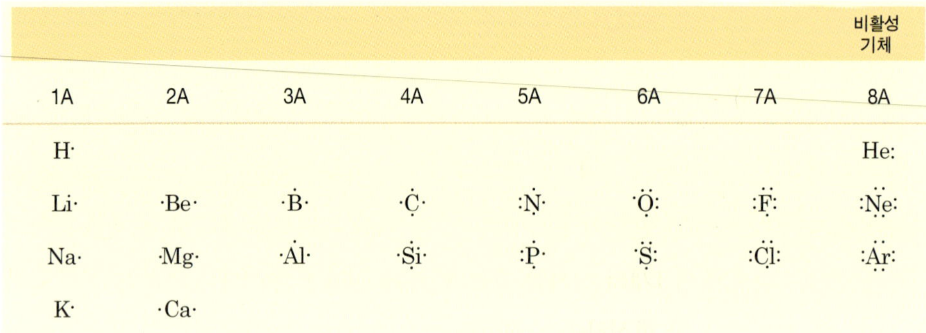

그림 4.2 원자 번호 1번에서 20번까지 주족 원소의 루이스 구조

3. 전기 음성도

앞에서 살펴본 바와 같이 두 원자가 결합할 때에 원자 사이에 인력이 작용한다. 그 인력의 차이에 따라 이온 결합과 공유 결합이 구분되는데, 두 원자 간에 전자를 불균등하게 공유하는 정도와 관련이 있다. 전기 음성도electronegativity는 분자 내 공유된 전자를 끌어당기는 상대적 능력이라고 볼 수 있다.

폴링(L. Pauling)은 원자들의 극성을 측정하여 원소들의 상대적인 전기 음성도 척도를 개발하였다(그림 4.3). 주기율표상 주족 원소들의 전기 음성도는 같은 주기에서는 왼쪽에서 오른쪽으로 갈수록 증가하고, 같은 족에서는 위에서 아래로 내려갈수록 감소한다. 주기율표상에서 오른쪽 윗부분에 위치하는 플루오린의 전기 음성도는 4.0로서 가장 높으며, 가장 왼쪽, 아랫부분에 위치하는 세슘과 프란슘은 0.7로 가장 낮다. 이러한 전기 음성도 양상은 금속 원자들이 비금속 원자들보다 전자를 잃으려는 경향이 더 크고, 비금속은 금속보다 전자를 얻으려는 경향이 더 크다는 것을 의미한다.

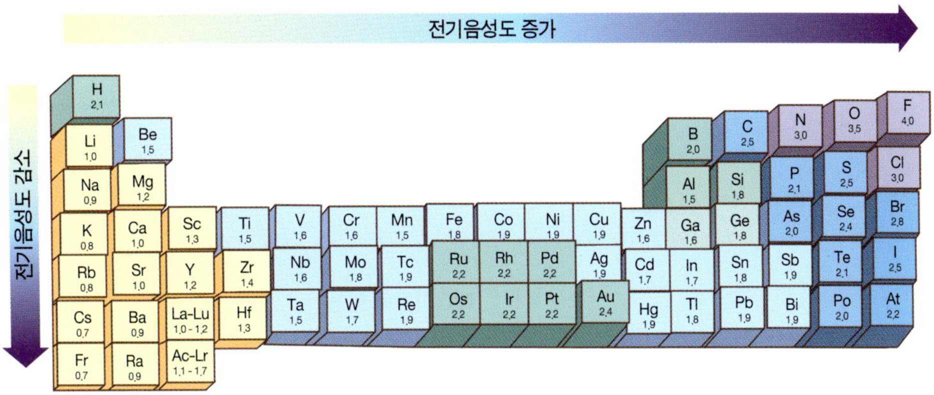

그림 4.3 원소들의 전기 음성도

일반적으로 두 원자가 결합할 때 전기 음성도의 차이에 따라 형성된 결합의 특성을 결정한다. 만약 두 원자의 전기 음성도의 차이가 2.0 이상이면 그 결합은 이온 결합으로 간주한다. 전기 음성도 차이가 0.5 이상 2.0 미만인 경우는 극성 공유 결합으로 간주하며, 0.5 미만인 경우는 비극성 공유 결합으로 간주한다.

4. 이온

3장에서 중성 원자의 경우 핵에 특정한 수의 양성자와 같은 수의 전자를 가지고 있는 것을 배웠다. 이것은 양전하와 음전하가 정확히 균형을 이루고 있음을 의미한다. 이때 원자는 알짜 전하net charge가 영(0)이고 중성 원자의 상태라고 한다. 중성 원자가 하나 이상의 전자를 얻거나 잃은 상태를 이온ion이라고 한다. 전자를 얻은 경우는 음이온anion, 전자를 잃은 경우는 양이온cation이 된다.

예를 들면, 소듐 원자는 핵에 11개의 양성자와 핵 주위에 11개의 전자를 가지고 있다. 소듐(Na)은 $1s^2 2s^2 2p^6 3s^1$의 전자 배치를 가지며 비활성 기체와 같은 최외각 전자의 전자

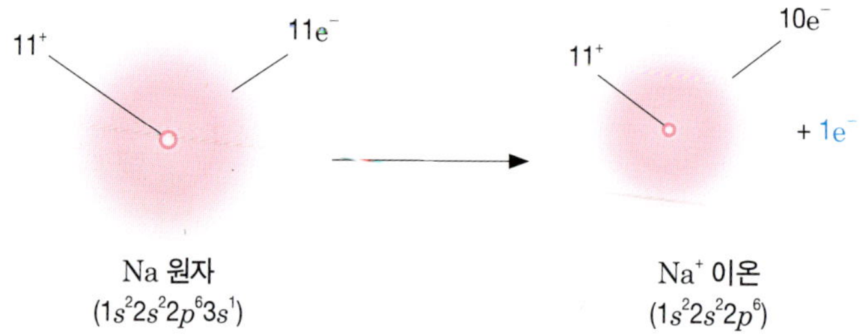

그림 4.4 Na^+ 이온의 형성

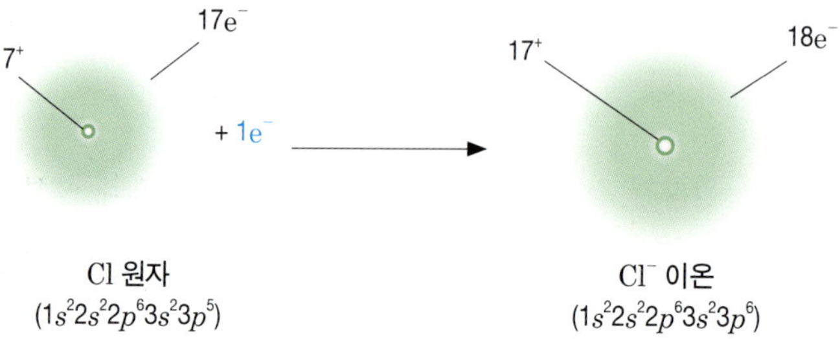

그림 4.5 Cl^- 이온의 형성

구조를 갖기 위해 하나의 전자를 잃어 양이온이 되려 하는 경향을 가진다. 전자 중 하나를 잃으면, 1개의 양성자가 더 많게 되므로 Na^+ 이온의 상태로 될 것이다. Na와 같이 1A족에 해당하는 금속들은 모두 1개의 전자를 잃고 안정한 비활성 기체의 전자 배치를 가지려 하므로 1가 양이온을 형성하려는 경향을 띤다.

그렇다면 2A족의 경우는 어떠한가? 2A족은 2개의 원자가 전자(최외각 전자)를 갖고 있고, 이 2개의 전자를 잃으면 비활성 기체의 최외각 전자 배치(ns^2np^6)와 같아지므로 2개의 전자를 잃고 2가 양이온을 형성하려는 경향을 보인다. 예를 들어, Mg은 2A족이며, Mg^{2+} 형태의 이온을 형성한다.

그림 4.4를 간략하게 $Na \rightarrow Na^+ + e^-$로 표기할 수 있다.

중성 원자가 하나 이상의 전자를 얻으면 원자는 (−) 전하를 지닌 음이온을 형성한다. 예를 들어, 염소의 경우 17개의 양성자와 17개의 전자를 가진 중성 원자에 전자가 하나가 들어오면, 염화 이온(Cl^-)이 된다. 염소(Cl)는 $1s^22s^22p^63s^23p^5$의 전자 배치를 가지며 비활성 기체와 같은 최외각 전자의 전자 배치를 갖기 위해 하나의 전자를 얻어 음이온이 되려 하는 경향을 띤다. 염소(Cl) 원자로부터 생성된 Cl^- 이온은 원자 이름 염소의 어근 '염–'에 접미사 '–화'를 더하여 염화chloride 이온이라고 부른다(이온의 명명은 뒤에 명명법에서 자세히 다루기로 한다).

금속 원소는 항상 전자를 잃어 양이온을 형성하고, 반대로 비금속들은 전자를 얻어 음이온을 형성한다. 그림 4.6은 원자의 이온 형태를 주기율표에 나타낸 것이다. 1A족인 알칼리 금속 족은 모두 1+ 이온을, 2A족인 알칼리 토금속 족은 모두 2+ 이온을, 3A족의 금속 원소는 3+ 이온을 만드는 것을 알 수 있다. 반면, 비금속 원소인 7A족의 할로젠 원소는 모두 1– 이온을 만드는 것을 알 수 있다. 대부분의 전이 금속transition metal은 다양한 양전하를 갖는 양이온을 형성한다.

금속 원자가 잃은 1개 이상의 전자는 비금속 원자에 의해서 받아들여진다. 이렇게 형성된 양이온과 음이온이 정전기적 인력에 의해 결합하여 생성된 화합물이 이온 결합 화합물이다. 이온 결합 화합물의 대표적인 예는 염화소듐(NaCl)이라고 할 수 있다.

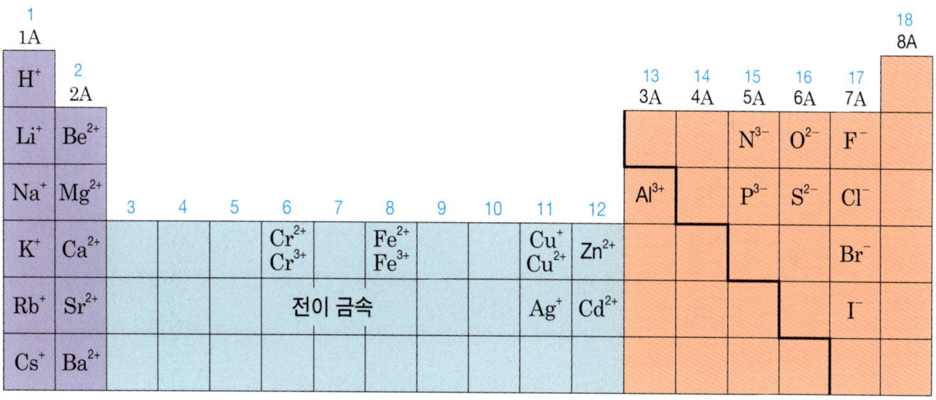

그림 4.6 원소들에 의해 생성된 이온의 형태

5. 이온 결합

아래와 같이 반대 전하를 띤 이온들이 서로 작용하는 인력에 의해 형성된 것이 이온 결합ionic bonding이다. 이온 결합 화합물ionic compound은 금속의 양이온과 비금속의 음이온이 반응할 때 형성되는 화합물이다. 안정한 비활성 기체의 전자 배치를 갖기 위해 금속은 전자를 쉽게 내어 주고 양이온이 되며, 비금속은 전자를 받아서 음이온이 된다.

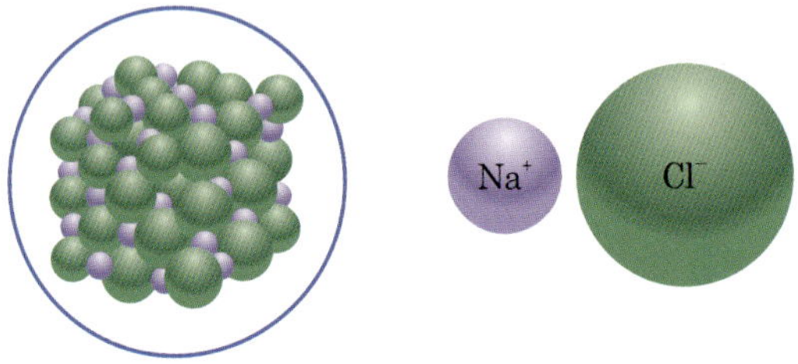

예: NaCl

비금속과 1, 2, 3족 금속이 반응하여 이온 결합 화합물을 형성할 때 원소의 전자 배치를 살펴보면 다음과 같다. 예를 들어, 칼슘과 산소가 이온 결합 화합물을 형성하는 경우, 산소의 최외각 전자의 배치인 $2s^2 2p^4$를 안정하게 채우려면 2개의 전자가 더 필요하므로 두 전자를 받아들여 O^{2-}가 된다. 칼슘은 최외각의 전자 배치인 $4s^2$에서 2개의 원자가 전자를 버리고 Ca^{2+}가 되면 그 앞에 위치한 안정한 비활성 기체인 아르곤의 전자 배치를 가지게된다. 따라서 두 이온이 결합하여 생성된 이온 결합 화합물의 화학식은 CaO가 된다. 전기 음성도의 차원에서 살펴보면, 산소의 전기 음성도(3.5)가 칼슘의 전기 음성도(1.0)보다 훨씬 더 커서 전기 음성도의 차이가 2.5이므로 칼슘에서 산소로 전자들이 이동하여 칼슘 양이온(Ca^{2+})과 산소 음이온(O^{2-})이 만들어져서 이온 결합을 형성한다.

이온 결합 화합물은 화학식chemical formula으로 표기한다. 이때 중요한 사실은 이온 결합 화합물은 전기적으로 중성이며, 알짜 전하net charge가 0이 되어야 한다는 것이다. 즉, 화합물에서 양이온과 음이온의 전체 전하 값의 합이 0이 되어야 한다.

예를 들면, 염화소듐의 화학식은 NaCl이다. 이 화학식은 Na^+ 이온과 Cl^- 이온을 포함하며 총 전하의 합은 $(Na^+) + (Cl^-) = 0$으로서 알짜 전하는 0임을 알 수 있다.

만일 전하의 크기가 같지 않은 이온이 결합하여 이온 결합 화합물을 형성할 때는 화합물이 중성이 되도록 화학식의 아래첨자를 결정하여야 한다. 즉, 알짜 전하를 0으로 만들기 위해 화학식에서 아래첨자로 원자의 개수를 표시한다.

예를 들어, $CaCl_2$의 경우는 $(Ca^{2+}) + 2(Cl^-) = 0$, $(2+) + 2(-1) = 0$이 되므로 화학식은 $CaCl_2$라고 적는다. 또한 산화알루미늄(Al_2O_3)은 산화 이온(O^{2-})과 알루미늄 이온(Al^{3+})이 결합하여 중성이 되기 위해서 두 이온의 최소 공배수인 6으로 만들기 위해 $2(3+) + 3(-2) = 0$이 되므로 2개의 알루미늄 이온(Al^{3+}) 이온과 3개의 산화 이온(O^{2-})을 포함되는 화학식 Al_2O_3으로 나타낼 수 있다. 그러므로 화학식의 아래첨자는 임의로 변경할 수 있는 것이 아니라는 점을 꼭 기억해야 할 것 이다.

예제 4.1

다음 원소들이 결합하여 형성되는 이온 결합 화합물의 화학식을 적어라.

(a) Mg과 F　　(b) Ca과 O

풀이

(a) 이온 결합 화합물을 만들기 위해 두 원자가 이온의 형태로 구성됨을 알 수 있다. 그러므로 이들 원소를 이온의 형태로 쓰면 Mg^{2+}, F^-로 쓸 수 있다. 이온 결합 화합물의 화학식을 쓰기 위해서 두 전하의 합이 0이 되도록 한다. 이 경우 전하의 최소 공배수는 2이며, $(2+) + 2(1-) = 0$이 된다. 따라서 알짜 전하가 0이 되도록 아래첨자를 써서 화학식을 완성한다. 그러므로 화학식은 MgF_2이다.

(b) 이온 결합 화합물을 만들기 위해 두 원자는 Ca^{2+}, O^{2-} 이온의 형태로 구성됨을 알 수 있다. 이온 결합 화합물의 화학식을 쓰기 위해서 두 전하의 합이 0이 되도록 한다. 이 경우 $(2+) + (2-) = 0$이 된다. 따라서 알짜 전하가 0이 되도록 작성한 화학식은 CaO이다.

예제 4.2

산화 이온(O^{2-})과 철(Fe^{3+})이 결합하여 형성된 이온 결합 화합물의 화학식을 써라.

풀이

1. 산소는 O^{2-}의 형태, 철은 Fe^{3+} 이온의 형태임을 확인한다.
2. 두 이온의 합, 즉 알짜 전하가 0이 되기 위해서는 아래의 그림과 같이 각 이온의 개수가 필요하다. 즉, 철은 2개의 이온, 산소는 3개의 이온이 필요하다. 즉, 2(3) + 3(−2) = 0
3. 필요한 이온의 개수를 아래첨자로 적으면 화학식이 완성된다.
4. 완성된 화학식은 Fe_2O_3이 된다. 단, 이때 이온의 형태는 화학식에 쓰지 않는다.

산화철(III)

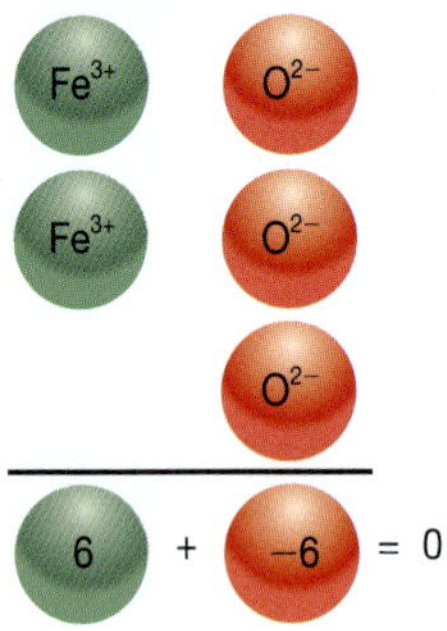

6. 이온 결합 화합물의 루이스 구조

이온 결합 화합물의 원자가 전자를 점 구조로는 어떻게 표현할까?

우리는 앞에서 S 오비탈 2개, p 오비탈에 6개를 채움으로써 8개의 최외각 전자를 채우면 비활성 기체의 전자 배치와 같아져서 안정해지는 것을 배웠다. 예를 들어, K^+ 이온은 안정한 비활성 기체인 [Ar]의 전자 배치를, Br^- 이온은 [Kr]의 전자 배치를 갖게 된다. 루이스 구조를 그릴 때 원자가 전자만을 점으로 표시하여 KBr의 루이스 구조를 그리면 다음과 같다. 즉, K^+ 이온은 4s'의 전자를 잃어 표시된 점이 없고, Br^-는 전자를 1개 받아서 8개의 전자를 모두 채운 것을 점으로 나타낼 수 있다.

$$K^+ \qquad [:\ddot{\underset{..}{Br}}:]^-$$

K^+	$[:\ddot{\underset{..}{Br}}:]^-$
비활성 기체 전자 배치[Ar]	비활성 기체 전자 배치[Kr]

이온 결합 화합물 NaCl에 대한 전자의 이동과 루이스 점 구조는 다음의 그림과 같다.

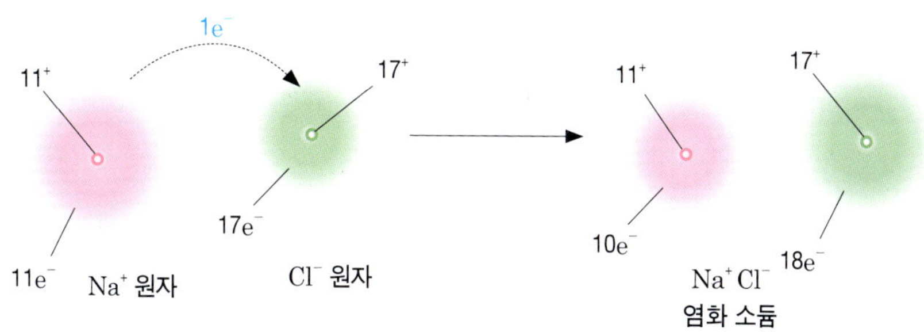

$$Na\cdot + \cdot\ddot{\underset{..}{Cl}}: \longrightarrow [Na]^+ + [:\ddot{\underset{..}{Cl}}:]^-$$

7. 공유 결합

이온 결합 화합물은 금속 원자와 비금속 원자의 결합에서 원자들 간에 전자의 이동으로 생긴 이온의 결합으로 형성되는 반면, 분자 화합물은 비금속과 비금속 원소의 두 원자 간에 공유된 궤도에 전자가 들어가 전자쌍을 이루어 형성된다. 이 전자쌍은 양쪽의 원자핵을 모두 끌어당겨서 두 원자가 함께 공유하므로 공유 전자쌍이라고 한다. 이와 같이 두 원자 사이에 똑같이 전자를 공유하여 결합하는 화학 결합을 공유 결합covalent bond이라고 한다. 수소(H_2), 산소(O_2), 물(H_2O) 등은 비금속과 비금속 원자가 공유 결합하여 생성

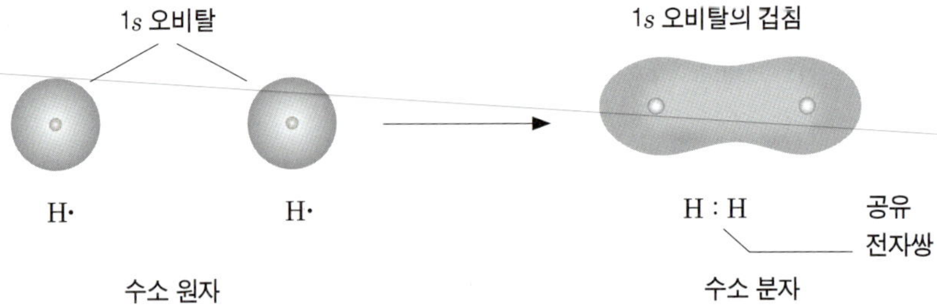

그림 4.7 2개의 수소 원자로부터 형성된 수소(H_2) 분자 화합물

된 분자 화합물이다. 수소(H_2), 산소(O_2), 질소(N_2)와 같이 2개의 원자가 결합하여 하나의 분자 화합물이 만들어졌을 때 이원자 분자라고도 한다. 수소(H_2)의 경우 2개의 수소로부터 s 오비탈이 겹치면서 첫 번째 껍질 s 오비탈에 전자 2개가 차게 되어 그 결과로 수소 분자 H_2는 안정한 분자 화합물을 이룬다(그림 4.7). 이온 결합에 의해 생성된 화합물에는 분자라는 용어를 사용하지 않는다. 수소를 제외한 비금속들은 양쪽 원자가 p오비탈을 채울 수 있게 전자를 공유함으로써 모두 비활성 기체의 전자 배치를 이룬다.

비금속과 비금속의 결합의 예로서 Cl_2 염소의 예를 들어 보자. 염소는 7족에 속하고 원자가 전자는 7개이다. 염소의 전자 배치는 $1s^22s^22p^63s^23p^5$이며, 비활성 기체와 같은 원자가 전자의 전자 배치 즉 $3s^23p^6$와 같이 8개를 다 채우려면 1개의 전자가 필요하다. 이때 결합하는 Cl 원자의 전자를 공유함으로써 8개의 최외각 전자가 가능해진다. Cl_2를 루이스 점 구조로 나타내면 다음과 같다.

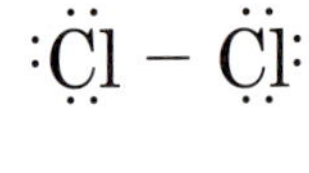

염소와 염소 사이에 존재하는 2개의 전자를 공유 전자쌍shared electron pair이라고 하며, 결합에 참여하지 않은 전자쌍을 고립 전자쌍lone pair 또는 비공유 전자쌍unshared pair이라 부른다.

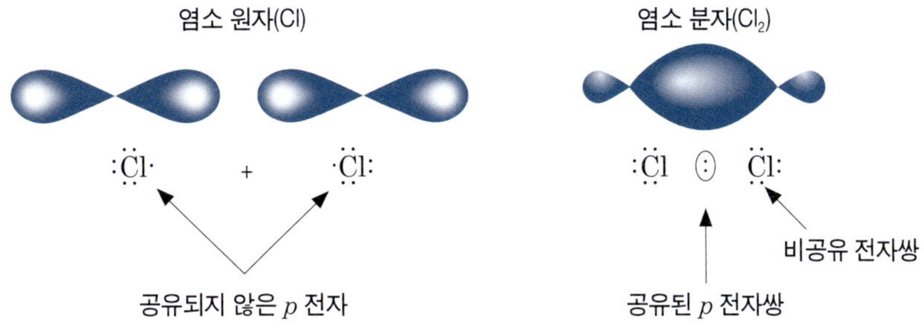

그림 4.8 염소와 염소의 공유 결합

8. 결합의 극성과 쌍극자

이온 결합은 이온과 이온 사이의 인력에 의해 이루어진다. 공유 결합에서는 2개의 원자 사이에 공유된 전자들과 원자핵 간의 상호 인력에 의해 결합이 이루어진다. 이온 결합과 비극성 공유 결합의 중간 형태로서 전자가 한 원자에서 다른 원자로 완전히 이동할 만큼 전기 음성도의 차이가 크지는 않으나 전자가 약간 한쪽으로 치우친 상태의 부분 전하를 갖는 극성 공유 결합이 있다. 예를 들어, 그림 4.9와 같이 HCl의 경우 중앙의 전자는 약간 Cl 쪽으로 치우쳐 있어서 부분적인 음전하(δ^-)가 생기는 것을 볼 수 있다. 이러한 결합된 원자들 간의 전자가 균등하게 분포하지 않는 이유는 무엇일까? 이는 원자들 간의 전자를 잡아당기는 힘, 즉 인력이 다르기 때문이다.

예를 들어, 물 분자(H_2O)를 생각해 보자. 산소는 전기 음성도가 3.5이고 수소는 2.1이다. 여기서 산소가 더 전기 음성도가 크므로 O−H 결합에 참여하는 전자는 산소 원자 쪽으로 좀 더 가까이에서 떠돌아다닌다. 이로 인해 수소와 산소는 양성과 음성의 부분 전하를 가지게 된다. 물 분자는 O−H 사이에 쌍극자가 형성되며, 물 분자의 부분적인 극성으로 인해 인력에 의해 이온성 물질이 물에 녹게 된다. 또한 이러한 극성 결합으로 인해서 물 분자 간의 수소 결합이 형성되며, 물의 끓는점이 높은 것과 같은 물리적 성질을 갖게 된다.

쌍극자dipole은 전기적으로 비대칭이어서 분자 안에 있는 두 원지가 서로 반대의 전하를 띠는 분자를 말한다. 쌍극자는 흔히 (δ+, δ−)로 표시한다. 예를 들어 염화수소 분자(HCl)는 전기 음성도의 차이가 0.9로서 쌍극자를 형성하며 H +⟶ Cl로 표시한다. HBr, HF 등도 분자에 극성 결합을 가지고 있으므로 극성 분자이다. 그러나 CO_2는 분자에 극성 결합을 가지고 있음에도 불구하고 비극성 분자이다. 이에 대해서는 다음 절에서 자세히 살펴보도록 한다.

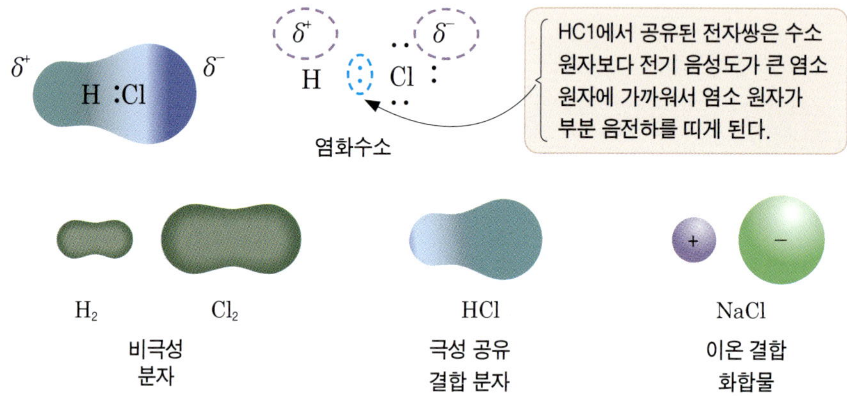

그림 4.9 원자 간의 공유 결합, 이온 결합

결합의 극성은 결합을 형성하는 원자들의 전기 음성도 값의 차이에 의해 결정된다. 전기 음성도가 같은 두 원자가 결합할 때 결합은 비극성 공유 결합nonpolar covalent bond이고, 전자들은 균등하게 공유된다. 만약 원자들의 전기 음성도 차이가 매우 크다면 결합은 큰 극성polar을 띠게 될 것이다. 전기 음성도에 대해 앞에서 언급한 바와 같이 전기 음성도의 차이가 2.0 이상으로 매우 크면 하나 이상의 전자들이 실제로 이동하여 이온 결합을 형성한다.

9. 극성 결합과 비극성 분자

극성 결합과 극성 분자를 어떻게 구분할까? 다른 종류의 원자들 간의 공유 결합은 전기 음성도의 차이에 의해 항상 극성을 띤다. 그러나 다른 종류의 원자들을 포함하는 분자는 분자의 모양이나 기하 구조에 따라 극성 분자일 수도 또는 아닐 수도 있다. HF, HC1, HBr, HI, ICl 분자들은 오직 하나의 극성 결합만 가지고 있기 때문에 모두 극성이다. 그러나 CO_2, CH_4, CCl_4 분자들은 모두 극성 공유 결합을 하고 있음에도 불구하고 비극성 분자들이다. 이산화탄소 분자(CO_2)의 경우 C = O는 극성 공유 결합이지만 분자 모양이 직선형이므로 서로 반대 방향의 탄소-산소의 쌍극자가 상쇄되기 때문에 비극성 분자이다.

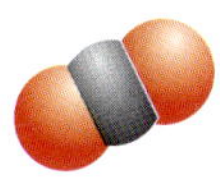

$$\overset{\longleftarrow\!+}{O = C}\overset{+\!\longrightarrow}{= O}$$

메테인(CH_4)는 4개의 C-H 결합이 각각 극성 결합이고, 이 결합들이 분자의 정사면체 중심에서 각 꼭짓점으로 퍼져 나가서 그 극성이 서로 상쇄되기 때문에 비극성 분자이다. 이 분자들의 모양은 그림 4.10과 같다.

우리는 물을 극성 분자라고 말한다. 만약 물 분자의 분자 모양이 이산화탄소의 경우처럼 직선형이라면, 2개의 0-H 쌍극자가 서로 상쇄될 것이고 분자는 비극성이 될 것이다. 그러나 물은 2개의 0-H 결합 간에 105°의 각을 가진 굽은 형 구조이므로 극성 분자이다.

10. 분자 화합물의 루이스 구조

루이스 구조는 많은 분자의 공유 결합을 나타내는 데 편리하다. 이때 원자들이 비활성 기체의 전자 배치를 이루어야 한다는 것이 중요하다. 분자 화합물의 루이스 구조를 그리는 방법을 요약하면 다음과 같다.

루이스 구조 그리기 전략

1. 분자나 이온에 있는 모든 원자들의 원자가 전자의 수를 합하여 루이스 구조에 쓰는 총 원자가 전자의 수를 구한다. 음전하의 경우 전자의 수를 더하고 양전하의 경우는 전자를 빼서 계산한다.
2. 원자들을 단일 공유 결합의 형태로 배치하고 원자와 원자 사이에 일단 2개의 점을 배치한다. 이때 수소(H)는 오직 단일 결합만 가능하며, 산소(O)는 과산화물의 경우를 제외하고는 일반적으로 서로 결합하지 않는다.
3. 단계 1에서 계산한 총 전자의 수에서 단계 2에서 사용한 단일 결합당 2개의 전자를 뺀다. 결과 값은 루이스 구조를 완성하기 위해 분배해야 하는 전자의 수이다.
4. 각 원자가 비활성 기체의 전자 구조를 갖도록 각각 원자(수소는 제외) 주위에 전자쌍을 배치한다.
5. 이 원자들에 팔전자 규칙(octet rule)에 따라 전자를 배분하고 비활성 기체의 전자 구조를 갖는지 확인한다. 만일 전자의 수가 충분하지 않다면 필요한 만큼 비공유 전자쌍을 이동시켜 원자들 간에 이중 결합 또는 삼중 결합으로 바꾼다.

예제 4.3

물 분자의 루이스 구조를 그려라.

풀이

1. 원자가 전자의 총 개수는 8개이다. 수소 원자에서 2개, 산소 원자에서 6개가 왔다.
2. 2개의 수소 원자는 산소 원자에 연결되도록 골격 구조를 쓴다.

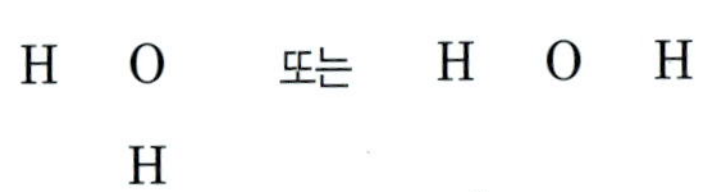

3. 공유 결합을 형성하도록 수소 원자와 산소 원자 사이에 2개의 점을 배치한다.

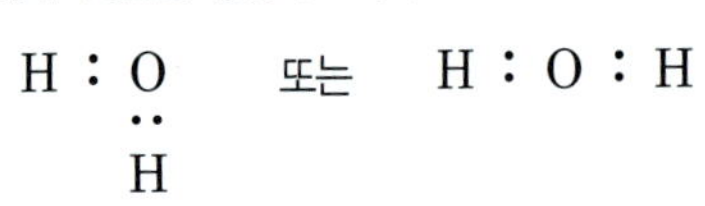

4. 8개의 총 원자가 전자에서 3번 단계에서 사용한 4개의 전자를 뺀 나머지 4개의 전자를 산소 원자 주위에 분배한다.

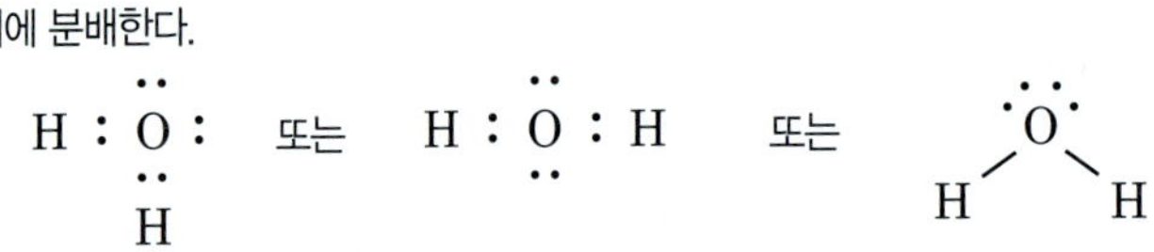

예제 4.4

메테인(CH_4) 분자의 루이스 구조를 그려라.

풀이

1. 원자가 전자의 총수를 구한다. 4 + 4(1) = 8

※ 주족 원소의 경우 원자가 전자수가 족 번호와 같다는 것을 기억하라.

2. 중심에 탄소 원자를 위치시키고 주변에 수소 원자가 배열되도록 골격 구조를 그린다.
3. 전체 전자수에서 결합 전자의 수를 뺀다 : 8 – 8 = 0
4. 따라서 루이스 구조는 아래와 같다.

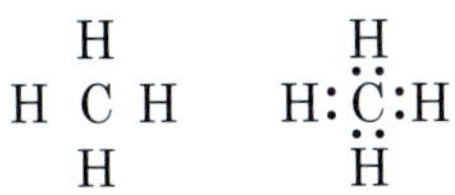

이상에서와 같이 팔전자 규칙을 만족시키기 위해 전자를 배치할 때는 먼저 단일 결합으로 가정하고 필요하면 이중이나 삼중 결합을 도입한다. 루이스 구조를 그리는 과정은 위의 규칙을 사용하여 반복적인 연습이 필요한 과정이다.

루이스 구조를 그리는 규칙을 사용하여 나타낼 때 예외의 경우도 있다. 예를 들어, 붕소 화합물의 붕소는 그 주변에 8개보다 적은 전자를 가지는 경향이 있다. BF_3는 실험에 의해 단일 결합으로 구성되어 있다는 것이 밝혀졌으며, 물이나 암모니아 같은 비공유 전자쌍을 가진 분자와 매우 격렬하게 반응한다. BF_3의 점 구조는 다음과 같다.

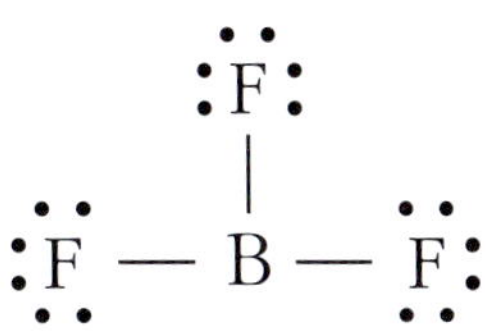

이중 결합을 형성하는 분자의 루이스 점 구조를 살펴보자. 예를 들어 산소(O_2)는 플루오린 다음으로 전기 음성도가 큰 원소인데, 6개의 최외각 전자를 갖는다. 2개의 산소가 가까워지면 4개의 전자를 서로 공유하여 이중 결합을 형성한다. 4개의 전자를 공유(즉, 2쌍의 공유 전자쌍)하므로 O=O로 표시한다. 질소(N_2)는 5개의 최외각 전자를 갖고 있으므로 8개의 팔전자 규칙을 형성하기 위해 3쌍의 전자를 공유하여 삼중 결합을 형성한다. 루이스 구조로는 N≡N 의 형태로 표시한다.

몇 개의 분자나 다원자 이온은 루이스 구조에서 한 가지 형태의 점 구조로 나타낼 수 없는 경우가 있다. 예를 들어, 다원자 이온인 질산 이온(NO_3^-)에 대해 살펴보자. 다음의 단계를 통해 질산 이온의 루이스 구조를 살펴보았을 때와 같이 여러 개의 루이스 구조가 가능한 경우 이러한 구조를 공명 구조resonance structure 라고 한다.

1. 원자가 전자의 총 개수는 24개이다. 질소 원자의 원자가 전자 5개, 각각의 산소 원자에서 6개, −1의 전하에서 1개의 전자가 왔다.
2. 3개의 O 원자는 중심 원자 N에 결합된다. 골격 구조를 쓰고 각각의 접해 있는 원자들 사이에 2개의 전자를 배치한다. 이 이온은 전체 전하가 −1이므로 그림처럼 원자들을 괄호로 묶고 − 전하 표시를 한다.

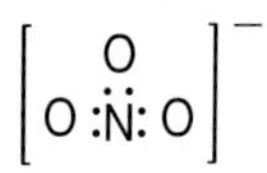

3. 단계 1에서 계산한 24개의 전자에서 단계 2에서 사용한 6개의 전자를 빼면 18개의 전자가 남는다. N과 O 원자 주위에 나머지 18개의 전자들은 분배한다.

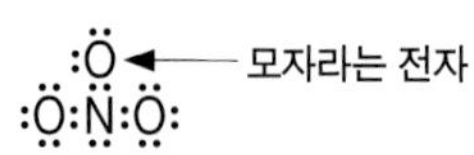

4. 모든 N과 O 원자들이 비활성 기체의 전자 구조를 갖게 하려면 아직도 1쌍의 전자가 필요하므로 N 원자에서 비공유 전자쌍을 이동시켜 N 원자와 전자가 모자라는 O 원자 사이에 배치하여 이중 결합을 만든다.

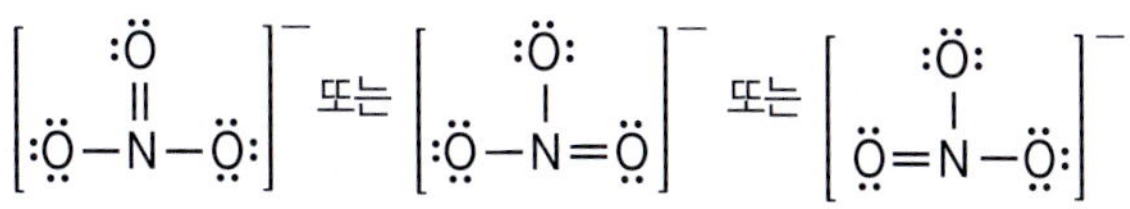

위 구조에서와 같이 NO_3^- 이온에 대해 3개의 가능한 루이스 구조가 존재한다.

11. 분자의 모양(분자 모형)

분자 구조molecular structure 혹은 분자의 기하학적 구조geometric structure는 분자의 특성을 나타내는 중요한 근거가 된다. 많은 자연계의 물질의 특성은 분자의 구조와 직접적인 관계가 있다. 생체 분자의 분자 구조는 특히 더욱 중요하다. 그러므로 여기서는 분자 내에서 원자atoms들이 삼차원적으로 배열된 형태를 알아보고자 한다.

그림 4.10에서와 같이 어떤 분자는 선형 구조linear structure라 하며, 모든 원자가 직선상에 놓인 형태이다. 이산화탄소는 선형 구조를 나타내며, 구조의 특성으로 인해 비극성 분자에 해당된다.

그림 4.10에서 두 번째 유형의 분자 구조는 BF_3로서, 120°의 결합각을 가진 평평한(모든 원자가 동일 평면상에 놓인) 형태이다. 이런 구조를 보통 삼각 평면 구조trigonalplanar structure라 부른다.

물 분자의 구조는 흔히 '굽은 형' 또는 'V형'이라고 부른다. 이는 산소에 존재하는 비공유 전자쌍으로 인해서 O−H 결합이 각을 이루고 굽은 형태를 보이게 된다.

또 다른 형태의 분자 구조로 메테인(CH_4) 분자는 사면체 구조tetrahedral structure의 분자 구조를 하고 있다.

분자 모형에는 두 가지 모델(공–막대 모델)과 공간–채움 모델이 사용된다. 공–막대 모델은 원자 사이의 결합을 막대로 표시하고, 공간–채움 모델은 결합에 의해 서로 겹쳐서 연결된 원자를 표시한다. 그림 4.10은 이 두 모델로 표현하여 분자 모형을 나타낸 것이다.

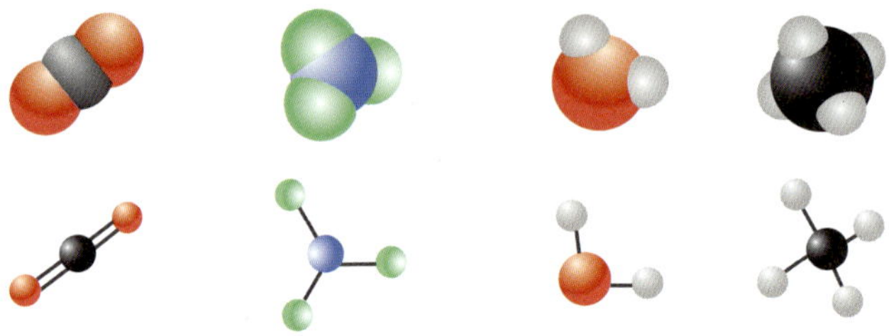

이산화탄소 CO_2 (선형) | 삼플루오린화 붕소 BF_3 (삼각 평면) | 물 H_2O (V형) | 메테인 CH_4 (사면체)

그림 4.10 화합물의 분자 모형

12. 입체적 분자 모형 : 전자쌍 반발 모형

원자가 껍질 전자쌍 반발 모형VSEPR model, valence shell electron pair repulsion model은 비금속 원소로 이루어진 분자의 구조를 예측하는 데 유용하다.

이 모형의 주된 개념은 분자의 입체 구조가 중심 원자 주변의 전자쌍의 반발을 최소화하는 구조로 결정된다는 것이다. 분자의 입체 구조에서 중심 원자 주변의 공유 전자쌍과 비공유 전자쌍들이 가능한 한 정전기적 반발력을 최소화하기 위해 최대한 멀리 떨어져 위치한다는 것을 의미한다.

중심 원자 주위에 단지 2개의 전자쌍만을 가지는 $BeCl_2$를 살펴보자. 원자 주위에 2쌍의 전자쌍이 존재할 때는 언제나 서로 180° 떨어져 선형 구조linear structure를 이룬다.

중심 탄소 원자에 4개의 전자쌍을 공유하는 메테인(CH_4) 분자를 살펴보자(그림

4.11). 중심 탄소 원자는 비활성 기체의 전자 구조를 가진다. 이들 전자쌍 간의 정전기적 반발력을 최소화하기 위해 삼차원 구조를 고려하면 90°보다 더 큰 약 109.5°의 각을 이룬다. 입체상에 놓인 원자들을 선으로 연결하면 정사면체를 이루므로 이러한 전자쌍 배치 구조를 사면체 구조tetrahedral stucture이라 부른다. 한 중심 원자 주위에 4쌍의 전자쌍이 존재할 때는 중심 원자인 탄소가 사면체의 중심에 위치한다. 즉, VSEPR 모형의 주된 포인트는 중심 원자 주위에 있는 전자쌍 간의 반발력을 최소화하는 배치를 갖는다는 것이다.

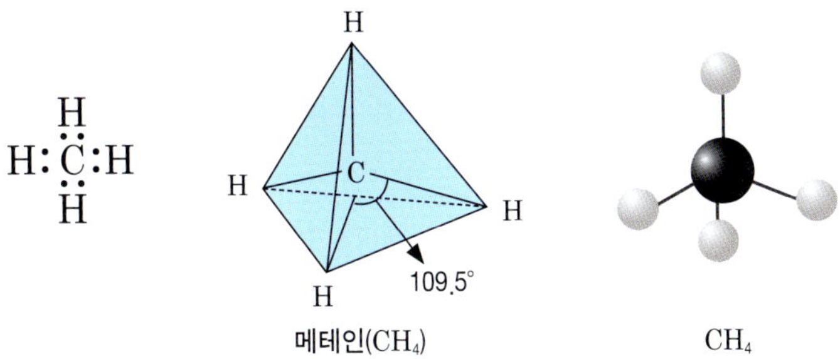

그림 4.11 메테인의 루이스 구조와 분자 모형

암모니아는 5개의 원자가 전자를 갖는 N와 1개의 원자가 전자를 갖는 H 원자가 3개 공유 결합하여 생성된 분자 화합물이다. 암모니아(NH_3)는 N을 중심으로 3쌍이 공유 전자쌍이고 1쌍은 비공유 전자쌍을 갖는다. 그러므로 암모니아의 분자는 삼각뿔 구조를 나타내며 루이스 구조와 분자 구조는 그림 4.12와 같다.

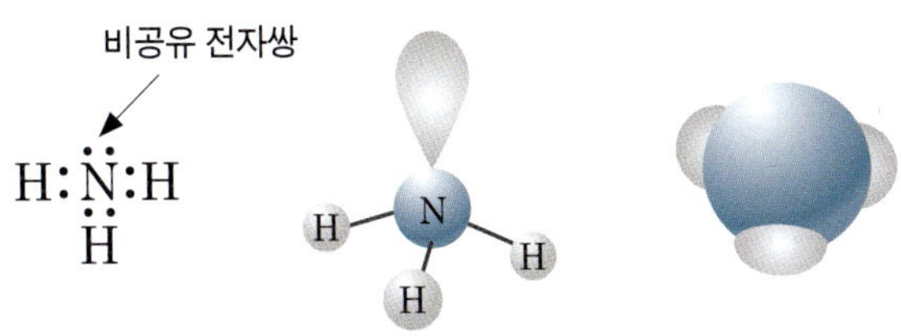

그림 4.12 NH_3 분자의 루이스 구조와 분자 모형

다음은 물 분자의 분자 구조를 살펴보자. 물은 6개의 원자가 전자를 갖는 O와 1개의 원자가 전자를 갖는 H 원자가 2개 공유 결합하여 생성된 분자 화합물이다. 4개의 전자쌍이 있는 물(H_2O)은 O을 중심으로 2쌍이 공유 전자쌍이고 2쌍은 비공유 전자쌍을 갖는다. 물 분자는 4개의 전자쌍 중 2개의 비공유 전자쌍이 반발하기 때문에 굽은 형의 분자 구조를 가지며 루이스 구조와 분자 모형은 그림 4.13과 같다.

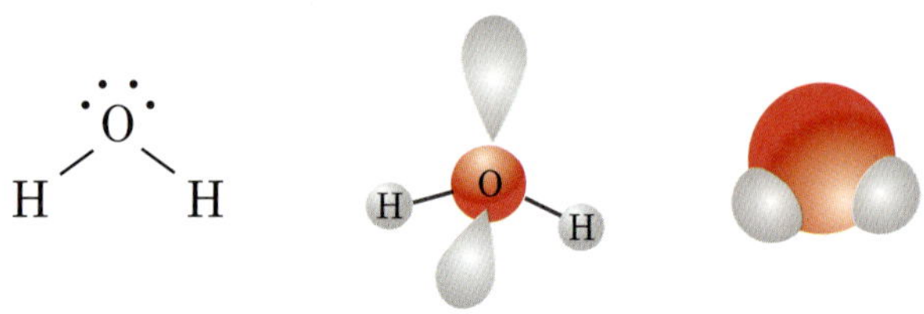

그림 4.13 H_2O 분자의 루이스 구조와 분자 모형

13. 화합물의 명명

화합물의 명명에 대한 구체적인 체계가 없던 시기에 물질의 특징 등에 따라 부른 이름을 관용명이라고 한다. 그러나 많은 화합물이 알려지면서 명명을 위한 규칙이 필요해지게 되었다. 국제 순수 및 응용 화학 연맹IUPAC에서 정한 화합물을 체계적으로 명명하는 방법을 알아보기로 하자.

1) 원소와 이온의 명명

양이온들은 어미 원자와 같은 이름을 가진다. 음이온은 양이온과 다르게 원소 이름의 어간을 사용하고 끝 부분에 '−화(−ide)'를 붙인다. 예를 들어, 염소의 이온 형태인 Cl^- 이온은 염화 이온chloride ion이라고 명명한다. 그 예는 표 4.1과 같다.

표 4.1 원소와 이온의 종류와 명명법

원소	원소 이름	양이온	이름
K	포타슘	K^+	포타슘 이온
Mg	마그네슘	Mg^{2+}	마그네슘 이온
Al	알루미늄	Al^{3+}	알루미늄 이온
H	수소	H^+	수소 이온

원소	원소 이름	음이온	이름
F	플루오린(fluorine)	F^-	플루오린화 이온(fluoride ion)
Cl	염소(chlorine)	Cl^-	염화 이온(chloride ion)
Br	브로민(bromine)	Br^-	브로민화 이온(bromide ion)
I	아이오딘(Iodine)	I^-	아이오딘화 이온(Iodide ion)
O	산소(oxygen)	O^{2-}	산화 이온(oxide ion)
N	질소(nitrogen)	N^{3-}	질화 이온(nitride ion)
H	수소(hydrogen)	H^-	수소화 이온(hydride ion)

2) 이온 결합 화합물의 명명

(1) 1개의 양이온을 형성하는 금속의 이온 결합 화합물

소듐과 같이 1개 이상의 전자를 잃고 양이온으로 된 Na^+ 이온과 염소와 같은 비금속이 전자를 얻어 형성된 음이온이 결합하여 생성된 이성분 이온 결합 화합물binary ionic compound을 명명할 때는 항상 음이온 먼저 쓰고 양이온을 쓴다. 먼저 비금속인 염소의 염(Chlor−)에 어미 −화(−ide)를 붙이고, 금속 이름 '소듐'은 나중에 변형하지 않고 그대로 적는다. 예를 들어, 염화소듐이라고 하며 영어로 표기할 때는 양이온을 먼저 쓰고 음이온을 나중에 쓴다.

이때 아래첨자는 알짜 전하가 0이 되도록 하기 위해 표시한 숫자이므로 따로 명명하지 않는 것을 명심하자.

1. 음이온을 항상 먼저 쓰고 양이온을 나중에 쓴다(영어에서는 양이온을 먼저 쓰고 음이온을 나중에 쓴다.
2. 양이온은 원소 이름을 그대로 쓴다. 예를 들어, Na는 이온을 포함하는 화합물의 명명에서 소듐(sodium)이라고 한다.
3. 음이온은 원소의 이름의 어근에 '–화(–ide)'를 붙여 명명한다. 따라서 Cl^-는 염화(chloride) 이온이라고 한다.

Na Cl
염화소듐
(sodium chloride)

(2) 2개 이상의 양이온을 형성하는 전이 금속과의 이성분 이온 결합 화합물

앞 절에서 설명한 것처럼 주족 원소에서 1A족 금속은 항상 1+ 양이온을 만들고, 2A족 금속은 2+ 양이온을 만든다는 것을 분명히 예측할 수 있다. 그러나 전이 금속에 해당하는 금속들은 두 가지 이상의 양이온을 형성할 수 있다. 예를 들면 Cu는 Cu^+와 Cu^{2+}를 형성할 수 있고, Fe은 Fe^{2+}와 Fe^{3+}를 형성할 수 있다. 예를 들어, 염소와 구리로 이루어진 화합물의 경우 CuCl과 $CuCl_2$의 두 가지 화합물을 형성할 수 있다. 따라서 두 가지 이상의 양이온을 형성할 수 있는 금속을 포함하는 화합물에서는 몇 가의 양이온인지를 나타내는 방법이 필요하다(표 4.2). 아래와 같이 금속의 이름 바로 다음 괄호 안에 전하를 로마숫자로 표시한다.

표 4.2 몇 가지 양이온을 만드는 금속들

화학식	체계적 명명법*	고전적 명명
Cu^+	구리(I), Copper(I)	제일 구리, Cuprous
Cu^{2+}	구리(II), Copper(II)	제이 구리, Cupric
Fe^{2+}	철(II), Iron(II)	제일 철, Ferrous
Fe^{3+}	철(III), Iron(III)	제이 철, Ferric

* IUPAC의 명명 체계

예를 들어 화합물 CuCl를 표기할 때 염화 구리(I)[copper(I) chloride]라고 하는데, 여기서 I는 구리 양이온의 전하를 말한다.

2개의 양이온을 형성하는 금속을 포함하는 이온 결합 화합물을 명명하는 고전적인 명명법이 있다. 더 높은 전하를 갖는 이온이 '제이'라는 접두어를 갖고, 더 낮은 전하를 갖는 이온은 '제일'이라는 접두어를 갖는다. 영어명으로는 더 높은 전하의 이온에는 '–ic', 더 낮은 전하의 이온에는 '–ous'이라는 어미를 붙인다. 혼란을 막기 위하여 이 책에서는 체계명만을 사용할 것이다.

1. 음이온을 먼저 명명하고 양이온을 명명한다(영어는 양이온을 항상 먼저 명명하고 음이온을 명명한다).
2. 음이온 원소 이름의 어간에 어미 –화(–ide)를 붙인다.
3. 양이온의 이름을 적는다.
2. 양이온은 두 가지 이상의 전하를 가질 수 있기 때문에 괄호 안에 로마숫자((I or II)로 전하값을 표시한다.

CuCl
염화구리(I)
(copper(I)
chloride)

예제 4.5

다음 각 화합물의 이름을 체계명을 이용하여 써라.

(a) $CuCl_2$ (b) Fe_2O_3

풀이

(a) 염화 구리(II), copper(II) chloride
(b) 산화 철(III), iron(III) oxide

3) 분자 화합물의 명명

비금속과 비금속이 결합하는 경우 공유 결합에 의해 분자 화합물을 형성하며, 이와 같이 형성된 이성분 화합물은 이성분 이온 결합 화합물의 규칙과 비슷한 방법으로 명명하지만, 다음과 같이 약간의 차이점들이 있다. 명명 방법은 다음과 같다.

1. 두 번째 원소의 어간을 쓰고 접미사 –화를 더한다(영어명에서는 첫 번째 원소를 먼저 명명한다). 원자의 수를 나타내기 위해 접두사(일, 이, 삼 등)를 사용한다. 영어명에서는 그리스어의 접두사(mono–, dir, tri– 등)가 사용된다.
2. 첫 번째 원소의 이름을 쓴다. 이 원소의 원자 수가 둘 이상일 때 접두사를 사용한다(접두사 '일–'은 사용하지 않는다).

N_2O_3(삼산화 이질소)

di nitrogen — 2개의 질소 원자를 나타낸다.

tri oxide — 3개의 산소 원자를 나타낸다.

CO_2(이산화탄소)

CO(일산화탄소)

표 4.3 흔히 사용하는 접두사의 명명

접두사	숫자	접두사	숫자
mono	1	hexa	6
di	2	hepta	7
Tri	3	octa	8
tetra	4	nona	9
penta	5	deca	10

4) 다원자 이온으로 이루어진 화합물의 명명

(1) 다원자 이온의 명명

다원자 이온은 두 가지 이상의 원자들이 서로 결합하여 이온을 형성한 물질이다. 행동은 단원자 이온(Cl^-, Br^- 등)과 똑같이 전체 구조가 전하를 띤 하나의 개체처럼 행동한다. 여러 개의 산소를 포함한 다원자 음이온들을 산소 음이온oxyanion이라 부른다. 대표적인 예는 황산 이온(SO_4^{2-})인데 이것은 칼슘과 결합하여 석고의 성분인 황산칼슘($CaSO_4$)을 만든다. 다원자 이온은 이성분 화합물을 명명할 때와 같이 하나의 음이온처럼 명명한다.

황산 이온이나 아황산 이온과 같이 다원자 이온에 두 종류 이상의 음이온이 존재한다면, 산소가 많은 것은 '–산' 혹은 '–산 이온(–ate)', 산소가 작은 것은 '아–산 이온'으로(–ite) 명명한다. 다원자 이온과 결합한 화합물을 명명하기 위하여 일반적인 다원자 이온의 조성과 전하, 명명법을 아는 것이 필요하다. 다원자 이온의 예는 표 4.4에 제시되었다.

표 4.4 다원자 이온의 이름, 화학식, 전하

이름	화학식	전하	이름	화학식	전하
아세트산 이온	CH_3COO^-	-1	사이안화 이온	CN^-	-1
암모늄 이온	NH_4^+	+1	다이크로뮴산 이온	$Cr_2O_7^{2-}$	-2
탄산수소 이온	HCO_3^-	-1	수산화 이온	OH^-	-1
황산수소 이온	HSO_4^-	-1	질산 이온	NO_3^-	-1
브로민산 이온	BrO_3^-	-1	아질산 이온	NO_2^-	-1
탄산 이온	CO_3^{2-}	-2	과망가니즈산 이온	MnO_4^-	-1
염소산 이온	ClO_3^-	-1	인산 이온	PO_4^{3-}	-3
아염소산 이온	ClO_2^-	-1	황산 이온	SO_4^{2-}	-2
크로뮴산 이온	CrO_4^{2-}	-2	아황산 이온	SO_3^{2-}	-2

(2) 산의 명명

수소를 포함하는 어떤 물질은 물에 녹으면 H^+ 이온(양성자)을 내고 산으로 활동한다. 이러한 물질을 '–산acid'이라 한다. 산의 화학식에서 수소(H)는 항상 먼저 표기한다. 레몬과 라임의 시큼한 맛을 내는 성분인 시트르산(구연산)은 유기산에 해당된다. 주요 산에 대한 명명법은 표 4.5와 같다.

1. 음이온이 산소를 포함하지 않는 산의 경우 :
   1) 두 번째 원소의 어간을 쓰고 접미사 '–화'를 쓰고, 첫 번째 원소의 이름인 '수소'를 적는다.
   2) 마지막에 '–산'을 붙인다(영어는 원소의 어근에 접두어 'hydro–'와 접미어 '–ic'를 붙인다).
   예를 들면, 기체 HCl(염화 수소, hydrogen chloride)가 물에 용해되면 염산(hydrochloric acid) 혹은 염화수소산이 형성된다.

2. 음이온이 산소를 포함하는 산의 경우 :
   1) 산의 이름은 음이온의 이름을 따른다(영어명은 음이온의 중심 원소나 음이온의 어근에 '–ic'이나 '–ous'를 붙인다). 음이온의 이름이 '–rate'로 끝나면 '–ic acid'를 붙인다. 음이온의 이름이 '–ite'로 끝나면 산의 이름에 '–ous acid'붙인다.
   예를 들면 H_2SO_4는 H^+와 SO_4^{2-} 이온 결합한 화합물이며, '황산'이라고 명명한다.

표 4.5 산소산의 이름과 음이온 이름

이름	영문명	화학식	음이온	화학식
아세트산	Acetic acid	CH_3COOH	아세트산 이온	$C_2H_3O_2^-$
황산	Sulfuric acid	H_2SO_4	황산 이온	SO_4^{2-}
질산	Nitric acid	HNO_3	질산 이온	NO_3^-
탄산	Carbonic acid	H_2CO_3	탄산 이온	CO_3^{2-}
인산	Phosphoric acid	H_3PO_4	인산 이온	PO_4^{3-}
아질산	Nitrous acid	HNO_2	아질산 이온	NO_2^-

참고문헌

Burdge J., Driessen M.(2017). 일반화학의 기초. 청문각.

Hein M., Arena S., Willard C.(2016). 대학화학의 기초(15판). 자유아카데미.

Zumdahl S. S., DeCoste D. J.(2011). 기본 일반화학. 사이플러스.

C H A P T E R

5

Chemistry

화합물의 조성

물질을 이루는 원자들은 너무 작아서 개별적으로는 셀 수가 없다. 그러면 어떻게 작은 원자의 질량을 측정할까? 이 장에서는 무게를 측정할 수 있을 만큼 충분한 양이 될 때까지 원자 수를 증가시켜 원자를 측정하는 것을 배우게 될 것이다. 물질의 정량적 개념에 대해 공부하기 전에 3장에서 다룬 원자의 질량에 대한 개념을 간단히 정리해 보기로 하겠다.

탄소 원자 하나의 질량은 1.99×10^{-23} g이다. 원자는 매우 작기 때문에 보통 질량 단위로 사용하는 그램이나 킬로그램 단위는 너무 커서 사용할 수 없다. 원자 질량을 나타낼 때 10^{-23}과 같은 단위를 피하기 위하여 과학자들은 아주 작은 질량 단위인 원자 질량 단위u, atomic mass unit의 기준으로 원자 번호 6번인 탄소 C의 평균 원자 질량을 12 u로 정하였다고 3장에서 배운 바 있다. 이 값으로부터 상대적인 질량을 계산하면, 1 u = 1.66×10^{-24} g이다. 이 책의 맨 앞 장 안쪽에 있는 주기율표의 기호 아래에 있는 숫자도 이와 같은 방법으로 환산한 원소들의 평균 상대 원자 질량이다. 원소들의 평균 상대 원자 질량 원자들의 개수를 세기 위해서는 원소로 이루어진 시료의 질량과 원소의 평균 질량을 알면 가능할 것이다.

우리가 귤을 살 때 낱개로 사기보다는 귤 한 상자를 사는 경우가 많으며, 쌀을 살 때 쌀 10 kg짜리 1포대를 사는 경우 쌀 하나하나를 세지 않아도 무게를 측정함으로써 묶음 구매 단위를 활용한다. 만일, 귤 10 kg 한 상자를 사려고 할 때 귤의 무게를 알면 귤 한 상자에 몇 개의 귤이 있는지 쉽게 가늠이 가능할 것이다. 원자를 셀 때도 원자 하나하나를 세기 어려우므로 이와 같이 측정이 가능한 개수의 원자를 넣은 다음 질량을 측정하는 방법을 적용하는 것이 가능할 것이다(그림 5.1).

그림 5.1 달걀 한 판, 굴비 한 두름 같이 한 묶음의 개념

1. 몰의 개념

실험실에서는 그램이 질량 단위로 편리하게 쓰인다. 그렇다면 원자와 같이 질량이 작은 물질을 그램의 단위로 잴 수 있는 방법이 있을까? 이를 위하여 귤 상자의 경우와 같이 주어진 질량에 들어 있는 원자 수를 세어 넣는 것은 어떨까? 이러한 관점에서 화학자들은 몰mole, mol이라는 개념을 사용한다.

어떤 원소 시료의 질량이 그램 단위로 표시되어 있고, 그 값이 원소의 원자 질량과 같을 때 아보가드로의 수(6.022×10^{23}개)만큼 원자의 개수를 가지며, 이러한 단위를 몰mole이라고 한다. 이 시료들에 존재하는 원자 수는 화학에서 특별한 중요성을 갖는다(그림 5.2). 12 g의 ^{12}C에 존재하는 탄소 원자의 수는 정확히 6.022×10^{23}개이며, 어떤 물질 1mol은 이와 같은 수의 원자를 포함하는 물질의 양이다. 이 수를 발견한 아보가드로(A. Avogadro)의 이름을 따서 아보가드로의 수Avogadro's number라고 한다. 즉 어떤 원소 1mol이란 탄소 12 g에 존재하는 탄소 원자 수와 동일한 개수인 6.022×10^{23}개를 포함하는 물질의 양이다. 즉, 이는 달걀 한 판에 달걀 30개가 들어 있는 것처럼 묶음 단위를 사용하여 물질의 양을 측정하는 단위라고 할 수 있다. 수소의 평균 원자 질량은 1.008 u이고 수소 1몰인 1.008 g은 6.022×10^{23}개의 수소 원자를 포함한다. 수소 1 mol은 결론적으로 원소들의 평균 원자 질량을 u 대신 그램(g)으로 표시한 것과 같은 질량을 갖는 것을 알 수 있다.

그러므로 어떤 원자이든 다음과 같은 식이 성립한다.

$$1 \text{ mol} = 6.022 \times 10^{23} \text{ 개}$$

2. 몰질량

1) 원소의 몰질량

그램 단위로 표시한 어떤 원소의 1몰의 질량은 아보가드로의 수의 원자를 포함하고 있으며, 이를 물질의 몰질량molar mass이라고 한다. 즉, 물질 1몰mol에 해당하는 질량을 몰질량이라고 할 수 있다(그림 5.2). 예를 들어, 헬륨의 경우 헬륨 1 mol은 6.022×10^{23}개의 헬륨 원자를 포함하고 있으며, 헬륨의 평균 원자 질량은 주기율표에 의하면 4.003 u이다. 따라서 헬륨 1 mol의 질량은 4.003 g이다. 즉, 어떤 원소의 몰질량을 결정하기 위해서는 주기율표에 있는 원자 질량의 단위를 u에서 그램(g)로 바꾸면 된다.

기호명	C(탄소)	Sulfur(황)	Iodine(아이오딘)	Iron(철)
원소				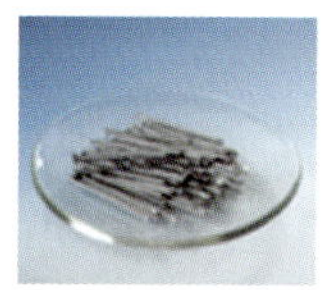
평균 원자 질량	12.01 u	32.07 u	126.9 u	55.85 u
시료의 질량	12.01 g	32.07 g	126.9 g	55.85 g
시료에 있는 원자 수	6.022×10^{23}개	6.022×10^{23}개	6.022×10^{23}개	6.022×10^{23}개
	↓	↓	↓	↓
몰질량	12.01 g	32.07 g	126.9 g	55.85 g

그림 5.2 원소의 몰질량

예제 5.1

구리(Cu) 35.0 g에는 몇 몰의 구리가 들어 있는가?
참고로 구리(Cu)의 원자량은 63.55 u이다.

풀이

문제 풀이의 요점 : g Cu → Cu의 몰수

1 mol Cu = 63.55 g Cu, 필요한 환산 인자 : $\dfrac{1\text{mol Cu}}{63.55\text{ g Cu}}$

그러므로 Cu의 몰수를 얻기 위한 식은 다음과 같다.

$$35.0\ \text{g Cu} \times \frac{1\text{mol Cu}}{63.55\ \text{g Cu}} = 0.551\ \text{mol Cu}$$

2) 화합물의 몰질량

화합물은 기본적으로는 원자의 집합체이다. 화합물 1 mol에는 그 화합물의 화학식 단위formula unit가 아보가드로의 수만큼 존재한다. 만약 화합물의 화학식을 안다면 이 화합물의 몰질량은 화학식에 있는 모든 원자의 몰질량을 더함으로써 결정할 수 있다. 즉, 화합물의 몰질량은 그램 단위로 쓴 화학식량formular mass 또는 분자량molecular mass과 같다. 예를 들어, 메테인(CH_4)은 탄소 원자 하나와 4개의 수소 원자로 구성된 분자들로 이루어진 분자 화합물이다. 메테인 1 mol의 질량은 얼마일까? 메테인 분자는 하나의 탄소 원자와 4개의 수소 원자로 이루어져 있으므로 1 mol의 메테인 분자는 1 mol의 탄소 원자와 4 mol의 수소 원자로 구성되어 있다(그림 5.3). 메테인 1 mol의 질량은 메테인 속에 들어 있는 탄소와 수소의 몰질량으로부터 구할 수 있다.

메테인(CH_4) 1 mol의 질량
= C 원자 1 mol의 질량 + (H 원자 1 mol의 질량 × 4)
= $(1 \times 12.01\ \text{g}) + (1.008\ \text{g} \times 4) = 12.01\ \text{g} + 4.032\ \text{g}$
$= 16.04\ \text{g}$

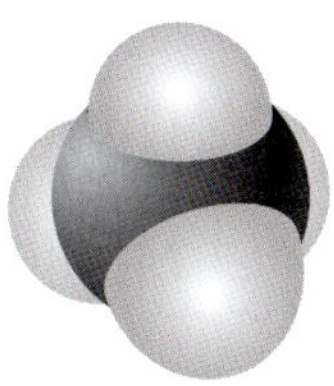

그림 5.3 메테인의 분자 모형

이러한 개념은 이온 결합 화합물에서도 동일하게 적용할 수 있다. 이온 결합 화합물의 대표적인 예인 염화소듐(NaCl)의 몰질량을 예로 살펴보자. 염화소듐의 몰질량(g 단위)은 1 mol의 소듐 이온의 질량과 1 mol의 염화 이온의 질량을 합한 것이다.

Na 1 mol 질량 = 22.99 g
Cl 1 mol 질량 = 35.45 g
NaCl 1 mol 질량 = (Na 1 mol 질량) + (Cl 1 mol 질량) = 22.99 g + 35.45 g = 58.44 g

이상의 내용을 정리하면 어떠한 물질의 몰질량은 그 물질을 구성하는 원자들의 질량을 더함으로써 얻을 수 있다. 몰질량(그램 단위)은 물질 1 mol의 질량을 뜻한다. 화합물의 몰질량을 안다면 질량을 알고 있는 시료의 몰수를 계산할 수 있다.

예제 5.2

아세트산(CH_3COOH)의 1 mol의 질량은 얼마인가?

풀이

풀이의 요점 : CH_3COOH의 몰질량 계산
몰질량은 화학식에 있는 원자들의 원자 질량을 사용한다.

1 mol CH_3COOH = 2(C 1 mol의 질량) + 4(H 1 mol의 질량) + 2(O 1 mol의 질량)
= 2(12.01 g) + 4(1.008 g) + 2(16.00 g)
= 24.02 g + 4.032 g + 32.00 g
= 60.05 g

예제 5.3

염화마그네슘($MgCl_2$) 1.00kg에는 몇 몰의 $MgCl_2$가 들어 있는가?

풀이

풀이의 요점 : $MgCl_2$의 몰질량 계산

화학식에 있는 원자들의 원자 질량을 사용한다.

Mg Cl

24.31 g + 2(35.45 g) = 95.21 g $MgCl_2$ = $MgCl_2$의 몰질량

1kg이라는 질량을 알려주었으므로 kg $MgCl_2$ → g $MgCl_2$ → mol $MgCl_2$

필요한 환산 인자 : $\frac{1000\ g}{1\ kg}$ 과 $\frac{1\ mol\ MgCl_2}{95.21\ g\ MgCl_2}$

계산식 $(1.00\ kg\ \cancel{MgCl_2})\left(\frac{1000\ g\ \cancel{MgCl_2}}{1\ kg\ \cancel{MgCl_2}}\right)\left(\frac{1\ mol\ MgCl_2}{95.21\ g\ \cancel{MgCl_2}}\right)$

$= 10.5\ mol\ MgCl_2$

그러므로 1.00 kg $MgCl_2$ = 10.5 mol $MgCl_2$

3. 화합물의 조성 백분율

백분율percent은 100 부분 중의 몇 부분인지를 의미한다. 피자 한 조각이 전체 피자 중의 얼마에 해당하는지를 백분율(%)로 나타낼 수 있는 것과 같이 화합물에 들어 있는 각 원소는 전체 화합물의 백분율(%)로 나타낼 수 있다. 화합물의 조성 백분율percent composition of a compounds은 화합물에서 각 원소에 대한 질량 백분율mass percent composition이라고 할 수 있다.

화합물 1 mol의 총 질량을 화합물 1 mol에 존재하는 각 원소별 질량과 비교하면 화합물의 조성을 구할 수 있다. 각 원소별 질량 백분율은 다음과 같이 구할 수 있다. 예를 들면, 염화소듐(NaCl)에서 염소의 질량 백분율은 염소의 질량을 염화소듐 1 mol의 총 질량으로 나누고 100을 곱함으로써 계산할 수 있다. 먼저, 염화소듐의 몰질량을 구하고, 구

하고자 하는 염소의 질량을 염화소듐의 몰질량으로 나눈 다음 100을 곱하면 염화소듐 중 염소의 조성 백분율을 구할 수 있다.

NaCl 1 mol 중 Cl의 질량 백분율(조성 백분율)

$$= \frac{1\ \text{mol 중 Cl의 질량}}{1\ \text{mol의 NaCl 질량}} \times 100$$

$$= \frac{35.45\ g}{22.99\ g + 35.45\ g} \times 100$$

= 60.66 %

즉, 염화소듐 중 염소의 질량은 60.66%를 차지한다. 반올림의 영향으로 약간의 편차가 있지만 화합물 내 모든 원소들의 질량 백분율을 모두 합하면 100 %가 된다.

예제 5.4

물(H_2O)의 조성 백분율을 계산하라.

풀이

풀이의 요점 : H_2O의 몰질량 계산 → 각 원소의 총 질량을 화합물의 몰질량으로 나누고 100을 곱한다.

$$\overset{H}{2(1.008\ g)} + \overset{O}{16.00\ g} = 2.016\ g + 16.00\ g = 18.02\ g\ H_2O$$

H_2O의 몰질량 = 18.02 g H_2O

H의 조성 백분율 : $\frac{2.016\ g}{18.02\ g} \times 100 = 11.19\%\ H$

O의 조성 백분율 : $\frac{16.00\ g}{18.02\ g} \times 100 = 88.79\%\ O$

합계 : 100.00%

4. 화합물의 실험식과 분자식

1) 실험식

화합물의 화학식은 존재하는 여러 가지 원소들과 원소의 개수를 나타낸다. 분자 화합물의 경우 분자식이라고도 하지만 이온 결합 화합물은 분자식이라고 하지 않는다. 분자식 CO_2는 이산화탄소 1분자에 탄소 원자 하나와 산소 원자 2개가 있다는 것을 의미한다. 이는 또한 CO_2 1 mol의 분자는 탄소 원자 1 mol과 산소 원자 2 mol이 결합되었음을 말해 준다.

실험식empirical formula은 화합물에 존재하는 원자들의 가장 작은 정수비를 나타낸 것이며, 화합물에 있는 원소의 상대적인 원자 수를 나타내는 것으로, 가장 간단한 화학식이라고 할 수 있다. 우리는 화합물에 함유되어 있는 원소와 각 원소의 원자 질량, 각 원소의 질량비 또는 질량 백분율을 알면 그 화합물의 실험식을 계산할 수 있다. 예를 들어, H_2O는 H 원자 2 mol과 O 원자 1 mol이 결합하여 생성된 분자 화합물이다. 만일 우리가 수소와 산소로 결합되어 있는 미지의 화합물에서 수소(H)가 11.19%, 산소(O) 88.79%의 비율로 결합되어 있다는 것을 안다면 다음의 방법에 의해 몰비를 계산함으로써 실험식을 구할 수 있다.

1. 미지의 화합물이 100 g이라고 할 때 수소(H) 11.19 g, 산소(O) 88.79 g이라고 볼 수 있다.

2. 각 원소의 그램 수를 mol 수로 변환한다(이때 수소와 산소의 몰질량을 이용한다).
   H : (11.19 g의 H) × (1 mol의 H 원자 / 1.008 g H) = 11.10 mol의 H 원자
   O : (88.79 g의 O) × (1 mol의 O 원자 / 16.00 g O) = 5.549 mol의 O 원자

3. 미지의 화합물이 수소와 산소가 결합하여 형성된 물질이며, H와 O는 11.10 mol : 5.549 mol의 비율로 결합되어 있으므로 $H_{11.10}O_{5.549}$의 비율로 결합한 화합물임을 알 수 있다. 이때 아래첨자를 가장 간단한 정수비로 만들면 2 : 1이 되고 미지의 물질의 실험식은 H_2O가 됨을 알 수 있다.

예제 5.5

C 52.14%, H 13.12%, O 34.73%를 함유하는 화합물의 실험식을 구하라.

풀이

1. 미지의 화합물이 100.0 g 이라고 가정하면 탄소(C) 52.14 g, 수소(H) 13.12 g, 산소(O) 34.73 g 이라고 볼 수 있다.

2. 각 원소의 그램 수를 몰수로 변환하면 다음과 같다.

$$C:\ 52.14\ g\ C \times \frac{1 mol\ C}{12.01\ g\ C} = 4.34\ mol\ C$$

$$H: 13.12\ g\ H \times \frac{1\ mol\ H}{1.008\ g\ H} = 13.02\ mol\ H$$

$$O: 34.73\ g\ O \times \frac{1\ mol\ O}{16.00\ g\ O} = 2.17\ mol\ O$$

3. C : H : O의 가장 간단한 비는 2 : 6 : 1 이다.

그러므로 실험식은 C_2H_6O이다.

2) 실험식으로부터 분자식 구하기

앞에서 우리는 존재하는 원자들의 가장 작은 정수비로 나타낸 화학식을 실험식 empirical formula이라고 하였다. 분자식molecular formula은 화합물의 분자 1개에 존재하는 각 원소의 원자의 총수를 나타내는 화학식이다. 예를 들면, 분자식 C_2H_2(아세틸렌)와 C_6H_6(벤젠)는 C와 H의 가장 간단한 정수비인 1:1의 비율로 결합하고 있으며, 실험식은 둘 다 CH이다. 그리고 모두 92.3%의 C와 7.7%의 H를 함유한다. 그러나 아세틸렌과 벤젠은 실험식은 같지만 분자식이 다르며, 두 화합물의 성질도 매우 다르다. 실험식은 같지만 분자식이 다른 또 다른 예는 표 5.1과 같다.

표 5.1 몇 가지 실험식과 분자식

물질	실험식	분자식
아세틸렌	CH	C_2H_2
벤젠	CH	C_6H_6
에틸렌	CH_2	C_2H_4
폼알데하이드	CH_2O	CH_2O
아세트산	CH_2O	$C_2H_4O_2$
글루코스	CH_2O	$C_6H_{12}O_6$
이산화탄소	CO_2	CO_2

실험식이 똑같은 물질은 조성 백분율도 동일하다. 그러나 실험식은 같다고 할지라도 분자식이 다르면 화합물의 성질은 다르다. 분자식이 실험식과 동일하지 않다면 실험식의 정수배일 것이다. 예를 들면 아세틸렌(C_2H_2)과 벤젠(C_6H_6)의 경우 두 물질의 실험식은 CH로 같지만 분자식은 각각 아세틸렌은 $(CH)_2$, 벤젠은 $(CH)_6$이라고 할 수 있다. 이 두 화합물의 물질량과 질량 백분율의 관계를 요약해 보면 표 5.2와 같다. 이와 같은 방법에 의해 몰질량과 실험식을 알면 화합물의 분자식을 알 수 있다.

아세틸렌 $C_2H_2 = (CH)_2$

벤젠 $C_6H_6 = (CH)_6$

이상에서와 같이 몰질량을 알면 실험식으로부터 분자식을 구할 수 있다. 분자식은 실험식과 같거나 정수배일 것이다. 예를 들어 실험식 CH인 경우 (CH)n일 때 아세틸렌은 $(CH)_2$이므로 n = 2이며, 벤젠은 $(CH)_6$이므로 n = 6이다. 그러므로 분자식을 결정하기 위해서는 n값을 구해야 한다.

$$n = \frac{\text{몰질량}}{\text{실험식의 몰질량}}$$

표 5.2 탄소와 수소의 비가 1:1인 실험식을 가진 두 화합물의 조성 백분율과 몰질량

화학식	조성 백분율		몰질량
	% C	% H	
CH(실험식)	92.3	7.7	13.02
C_2H_2(아세틸렌)	92.3	7.7	26.04 (2 × 13.02)
C_6H_6(벤젠)	92.3	7.7	78.12(6 × 13.02)

예제 5.6

질소(N)와 산소(O)로 이루어진 화합물의 실험식이 NO_2이고 몰질량이 92.00 g이라고 할 때 이 화합물의 분자식을 구하라.

풀이

1. 미지의 화합물의 실험식은 NO_2이며, 몰질량은 92.00 g이다.

2. (실험식)n = 분자식 = $(NO_2)n$
   NO_2의 몰질량 = 14.01 g + 2(16.00 g) = 46.01 g

$$n = \frac{92.00\ g}{46.01\ g} = 2$$

그러므로 분자식은 $(NO_2)_2$이므로 N_2O_4이다.

참고문헌

Hein M., Arena S., Willard C.(2016). 대학화학의 기초(15판). 자유아카데미.

Zumdahl S. S., DeCoste D. J.(2011). 기본 일반화학. 사이플러스.

CHAPTER 6

Chemistry

화학 반응

1. 화학 반응의 이해

화학 반응이 일어나고 있거나 일어났을 때 어떻게 알 수 있는가? 예를 들어, 철의 녹스는 과정과 케이크나 쿠키를 굽는 과정을 살펴보자. 그림 6.1(a)에서 보는 것처럼 쇠못과 같은 철이 녹이 슬면 색깔과 표면 질감이 모두 크게 변한다. 새 못은 회색이며 촉감이 부드럽다. 비교적 광택이 있고 단단한 표면을 가지고 있다. 반면, 녹슨 못은 갈색으로 변하며 표면이 거칠고 벗겨지기 쉽다. 새 못의 철과 달리 녹슨 못 표면의 일부는 쉽게 긁어낼 수 있다. 못의 표면을 구성하는 물질은 화학적 변화를 겪는다. 못은 철에서 녹슨 철로 정체성이 변했다. 이 변화는 철, 산소 및 물과 관련된 화학 반응chemical reaction 때문이다. 그림 6.1(b)는 케이크 반죽을 굽기 전과 후를 보여 준다. 반죽에 있는 베이킹소다는 수많은 작은 기포를 생성하는 화학 반응을 유발하며 케이크를 부풀어오르게 한다. 이런 예들은 화학 반응을 인식할 수 있는 몇 가지 방법을 설명한다. 색과 질감의 변화를 포함하여 물질의 성질이 변하거나 서로 다른 종류의 물질이 결합할 때 기체가 생성되면 화학 반응이 일어났음을 알 수 있다.

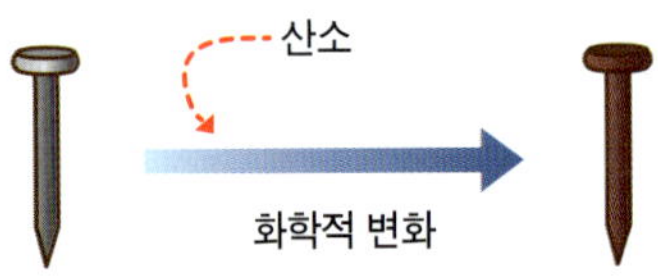

(a) 철의 녹

(b) 베이킹소다를 넣은 케이크를 구울 때 부풀어오르는 현상

그림 6.1 실생활에서 친숙한 화학 반응의 예

화학 반응의 다른 증거로는 화염과 같은 열과 빛의 생성도 포함된다. 예를 들어, 나무를 태우는 것도 화학 반응이다. 3장에서 돌턴의 원자 이론에 대한 두 가설을 다음과 같이 배웠다.

1. 물질은 원자라 물리는 작은 입자들로 구성되어 있으며, 한 원소의 원자들은 동일하여 크기, 질량 및 화학적 성질이 같다. 한 원소의 원자들은 다른 모든 원소의 원자와 서로 다르다.
2. 화합물은 하나 이상의 원소로 이루어진 원자로 이루어져 있으며, 어떤 화합물이든지 존재하는 어느 두 원소의 원자의 수 사이에는 간단한 정수비가 성립한다.

이제 돌턴의 세 번째 가설을 추가한다.

3. 화학 반응은 오직 원자의 분리·결합·재배열로 일어난다. 다시 말해서, 원자는 화학 반응에 의해서 새롭게 원자의 생성되거나 없어지지 않는다.

다른 말로 표현하자면, 반응 전 존재하는 원자는 반응 후에도 같은 원자로 존재한다는 것이다. 또한 원자는 특정 질량을 가지므로 화학 반응에 관련된 모든 원자의 질량은 반응 전후에 동일하다. 이것이 **질량 보존의 법칙**law of conservation of mass이다.

2. 화학 반응식

화학 반응은 항상 변화를 동반한다. **화학 반응식**chemical equation은 화학 반응에서 일어나는 현상을 나타내기 위해 화학 기호를 사용한다. 이제 화학자들이 화학 반응식을 사용하여 화학 반응을 어떻게 표현하는지 살펴보자.

$$A + B \rightarrow C + D$$

이 반응은 'A와 B가 반응하여 C와 D를 생성한다'라고 읽는다. 화학 반응에서 반응에 들어가는 물질을 **반응물**reactant이라고 하고, 반응에 의해 형성되는 물질을 **생성물**product이라고 한다. 화학 반응식의 화살표를 중심으로 왼쪽에는 반응물을, 오른쪽에는 생성물을 표시한다.

화학 반응식chemical equation은 화학적 상태를 나타내며 화학 변화나 화학 반응을 요약하여 나타낸 것이다. 화학 반응식은 화학 반응을 표현하기 위하여 반응물과 생성물을 화학 기호와 화학식으로 나타내며, 다른 상징적인 용어들도 사용한다. 반응식은 다음과 같은 일반적인 형식에 따라 쓴다. 알루미늄 금속과 산화 철(III)의 반응에서 반응물과 생성물로 화학 반응식을 자세히 공부해 보자.

1. 반응물과 생성물은 반응의 진행 방향을 나타내는 화살표(→)에 의해 분리되어 있다. 화학 반응식의 화살표를 중심으로 왼쪽에는 반응물을, 오른쪽에는 생성물을 표시한다. 더하기 기호(+)는 필요할 때마다 반응물들 사이, 그리고 생성물들 사이에 쓴다.

$$\underbrace{Al + Fe_2O_3}_{\text{반응물}} \rightarrow \underbrace{Fe + Al_2O_3}_{\text{생성물}}$$

2. 계수(정수)는 물질들 앞에 쓰는데, 이것은 반응식의 균형을 맞추고 반응물이나 생성물의 단위(원자, 분자, 몰, 이온) 수를 나타낸다. 계수가 없을 때는 한 단위의 물질을 나타내는 것으로 간주한다.

$$2Al + Fe_2O_3 \rightarrow 2Fe + Al_2O_3$$

3. 반응이 진행되기 위해 요구되는 조건이 있다면, 화살표나 등호의 위나 아래에 표

시한다. 예를 들어 화살표 위에 델타 기호가 있으면(△) 반응을 일으키기 위해 열의 공급이 필요하다는 것을 나타낸다.

$$2Al + Fe_2O_3 \xrightarrow{\triangle} 2Fe + Al_2O_3$$

4. 물질의 물리적 상태는 다음과 같은 기호로 표시한다. (s)는 고체 상태solid, (l)은 액체 상태liquid, (g)는 기체 상태gas, (aq)는 수용액aq 임을 나타낸다. 물리적 상태 표시가 항상 화학 반응식에 나타나는 것은 아니다.

$$2Al(s) + Fe_2O_3(s) \xrightarrow{\triangle} 2Fe(l) + Al_2O_3(s)$$

예제 6.1

다음 화학 반응식에 포함된 화학식을 반응물과 생성물로 각각 분류하라.

(a) $CaCO_3(s) \rightarrow CaO(s) + CO_2(g)$ (b) $3H_2(g) + N_2(g) \rightarrow 2NH_3(g)$

풀이

(a) 반응물 : $CaCO_3$, 생성물 : CaO, CO_2 (b) 반응물 : H_2, N_2, 생성물 : NH_3

3. 화학 반응식 쓰기와 균형 맞추기

반응의 정량적인 관계를 표현하기 위해서 화학 반응식의 균형을 맞추어야 한다. **균형 맞춘 반응식**balanced equation에서 식의 양쪽에 있는 각 원소의 원자 수는 같다. 그러므로 균형 맞춘 반응식은 질량 보존의 법칙을 만족시킨다. 수소 기체와 산소 기체가 반응하여 물을 형성하는 화학 반응식을 쓰면 다음과 같다.

$$H_2(g) + O_2(g) \rightarrow H_2O(l)$$

그러나 이 반응식은 4개의 원자(2개의 H와 2개의 O)가 반응하여 단지 3개의 원자(2개의 H와 1개의 O)를 생성하니까 질량 보존의 법칙을 위반한다.

반응식은 각 종류의 원자가 반응 화살표의 양쪽에 나타나도록 균형을 이루어야 한다. 균형은 적절한 화학량론적 계수stochiometric coefficeient(계수coefficient 라고도 함)를 화학식의 왼쪽에 쓰면 된다. 이 경우 $H_2(g)$와 $H_2O(l)$의 왼쪽에 계수 2를 쓴다.

$$2H_2(g) + O_2(g) \rightarrow 2H_2O(l)$$

화살표의 양쪽에는 4개의 H 원자와 2개의 O 원자가 있다. 화학 반응식의 균형을 맞출 때, 화학식 아래첨자가 아닌 화학식 앞에 오는 계수만 변경할 수 있다. 아래첨자의 숫자를 변경하면 반응과 관련된 식이 변경된다. 예를 들어, 생성물을 H_2O에서 H_2O_2로 바꾸면 반응식의 양쪽에 있는 원자의 개수는 같아지지만, 균형을 맞추기 위해 정한 반응식은 수소 기체와 산소 기체의 조합으로 물(H_2O)을 형성하는 것이 아니라 과산화수소(H_2O_2)가 된다. 또한 화학 반응식에 균형을 맞추기 위해 다른 반응물이나 다른 생성물을 추가할 수 없다. 이렇게 되면 잘못된 반응을 나타내는 반응식이 된다. 화학 반응식은 정성적인 화학적 상태를 변경하지 않고 정량적으로 정확해야 한다.

화학 반응식의 균형을 잡으려면 시행 착오적인 접근이 필요하다. 특정 반응물 또는 생성물의 계수를 변경하고 나중에 변경해야 하는 경우도 있다. 일반적으로 다음과 같은 과정을 수행하면 균형을 맞추는 과정이 수월하다.

다음 예제 6.2를 통해 화학 반응식을 작성하고 균형을 맞추는 것을 연습해 보자.

화학 반응식 쓰기와 균형 맞추기에 대한 풀이 전략

1. 무슨 반응인지 파악한다. 반응을 서술하거나 단어로 된 반응식을 쓴다. 예를 들어, 산화 수은이 분해되어 수은과 산소를 만드는 반응을 살펴보자.

$$\text{산화 수은(II)} \xrightarrow{\Delta} \text{수은} + \text{산소}$$

2. 균형이 맞지 않은 반응식(골격 반응식)을 쓴다. 각 물질의 화학식이 맞는지 확인하고, 반응물은 화살표의 왼쪽에, 생성물은 오른쪽에 적는다.

$$HgO \xrightarrow{\Delta} Hg + O_2$$

올바른 화학식은 알려져 있거나 주기율표나 이온들의 목록, 또는 실험 자료들을 활용하여 결정한다.

3. 반응식의 균형을 맞춘다. 필요하면 다음 과정을 이용한다.
   (1) 양쪽에 있는 각각의 원소들의 원자 수를 비교한다. 균형을 맞추어야 할 원소를 정한다.
   수은(Hg)은 균형이 맞음 (양쪽에 1개씩 존재)
   산소(O)는 균형을 맞추어야 함 (반응물 쪽에 1개, 생성물 쪽에 2개 존재)
   (2) 균형이 맞지 않는 원소를 포함하고 있는 화학식 앞에 정수(계수)를 써서 각 원소별로 한 번에 하나씩 균형을 맞춘다. 보통 금속을 먼저 맞추고, 그 다음에 비금속, 그 다음에 수소와 산소의 순서로 맞추는 것이 가장 좋다. 양쪽에 있는 원소의 원자 수가 같아지게 만드는 가장 작은 계수를 고른다. 화학식 앞에 오는 계수는 화학식 안에 있는 각 원자를 그 숫자로 곱하게 한다(예를 들어, $2H_2SO_4$는 황산이 두 단위 있다는 뜻도 되고, H 원자가 4개, S 원자가 2개, O 원자가 8개 있다는 뜻도 된다). 산소(O)의 균형을 맞추기 위해서 HgO 앞에 계수 2를 붙인다.

$$2HgO \xrightarrow{\Delta} Hg + O_2$$

   (3) 각각의 원소의 균형을 맞추었으면, 다른 모든 원소들의 균형이 맞는지 확인해 보아야 한다. 이것은 한 원소의 균형을 맞출 때 다른 원소의 균형이 깨질 수도 있기 때문이다. 필요하면 다시 조정한다. 이제 Hg의 규형이 깨졌다. 이를 조정하기 위해서 Hg 앞에 계수 2를 붙인다.

$$2HgO \xrightarrow{\Delta} 2Hg + O_2 \quad \text{(균형이 맞음)}$$

(4) 마지막으로, 각각의 원소나 다원자 이온의 균형이 맞는지, 가장 작은 정수들로 계수를 사용하였는지 검토한다.

$$2HgO \xrightarrow{\Delta} 2Hg + O_2 \quad \text{(옳은 형태)}$$

$$4HgO \xrightarrow{\Delta} 4Hg + 2O_2 \quad \text{(옳지 않은 형태)}$$

예제 6.2

마그네슘 금속이 공기 중에서 연소하여 산화 마그네슘을 생성하는 반응에 대하여 균형 맞춘 반응식을 써라.

풀이

1. 단어로 된 반응식

마그네슘 + 산소 → 산화 마그네슘

반응물(R) 생성물(P)

2. 골격 반응식

$Mg + O_2 \rightarrow MgO$ (균형이 맞지 않음)

1 − Mg − 1

2 − O − 1

3. 균형 맞추기

(1) Mg는 균형이 맞는다.

산소는 균형이 맞지 않는다. 2개의 산소 원자가 화살표 왼쪽에 있고, 오른쪽에는 1개의 산소 원자가 있다.

(2) 산소의 균형을 맞추기 위해 MgO 앞에 계수 2를 붙인다.

$Mg + O_2 \rightarrow 2MgO$ (균형이 맞지 않음)

1 − Mg − 2

2 − O − 2

(3) 이제는 Mg가 균형이 맞지 않는다. 화살표 왼쪽에는 1개의 Mg 원자가 있는데, 오른쪽에는 2개가 있다. Mg 앞에 계수 2를 붙인다.

$2Mg + O_2 \rightarrow 2MgO$

2 – Mg – 2

2 – O – 2

(4) 확인 : 양쪽 모두 2개의 Mg 원자와 2개의 O 원자가 있다.

예제 6.3

메테인(CH_4)이 완전 연소를 하면, 산소와 반응하여 이산화탄소와 물을 생성한다. 이 반응에 대하여 균형 맞춘 반응식을 써라.

풀이

1. 단어로 된 반응식

메테인 + 산소 → 이산화탄소 + 물

반응물(R)　　생성물(P)

2. 골격 반응식

$CH_4 + O_2 \rightarrow CO_2 + H_2O$ (균형이 맞지 않음)

1 – C – 1

4 – H – 2

2 – O – 3

3. 균형 맞추기

(1) 탄소(C)는 균형이 맞는다.

수소(H)와 산소(O)는 균형이 맞지 않는다.

(2) H_2O 앞에 계수 2를 붙여서 H 원자의 균형을 맞춘다.

$CH_4 + O_2 \rightarrow CO_2 + 2H_2O$ (균형이 맞지 않음)

1 – C – 1

4 – H – 4

2 – O – 4

양쪽에 4개의 H 원자가 있다. 산소는 아직도 균형이 맞지 않는다. O_2 앞에 계수 2를 붙여서 산소 원자의 균형을 맞춘다.

$CH_4 + 2O_2 \rightarrow CO_2 + 2H_2O$ (균형이 맞음)

1 − C − 1

4 − H − 4

4 − O − 4

(3) 다른 원자들은 균형이 맞추어진 상태로 남아 있다.

(4) 확인 : 반응식은 정확하게 균형이 맞는다. 양족 모두 1개의 C 원자, 4개의 O 원자, 4개의 H 원자가 있다.

예제 6.4

염소산 포타슘을 가열하였더니 염화포타슘과 산소가 생성되었다. 이 반응에 대하여 균형 맞춘 반응식을 써라.

풀이

1. 단어로 된 반응식

염소산 포타슘 $\xrightarrow{\Delta}$ 염화포타슘 + 산소

2. 골격 반응식

$KClO_3 \xrightarrow{\Delta} KCl + O_2$ (균형이 맞지 않음)

1 − K − 1

1 − Cl − 1

3 − O − 2

3. 균형 맞추기

(1) 포타슘과 염소는 균형이 맞는다.

산소는 균형이 맞지 않는다(O 원자가 왼쪽에는 3개 있고, 오른쪽에는 2개가 있다).

(2) $KClO_3$와 O_2에서 산소의 아래첨자(3과 2)의 최소 공배수는 6이다. 그러므로 양쪽에 6개의 O 원자가 있도록 $KClO_3$와 O_2에 계수를 붙여야 한다. $KClO_3$ 앞에는 2, O_2 앞에는 3을 붙인다.

$2\ KClO_3 \xrightarrow{\Delta} KCl + 3\ O_2$ (균형이 맞지 않음)

2 − K − 1

2 − Cl − 1

6 − O − 6

(3) 이제 K와 Cl의 균형이 맞지 않는다. KCl 앞에 2를 붙이면 K와 Cl이 동시에 균형이 맞는다.

$2\ KClO_3 \xrightarrow{\Delta} 2\ KCl + 3\ O_2$ (균형이 맞음)

2 − K − 2

2 − Cl − 2

6 − O − 6

(4) 확인 : 양쪽 모두 2개의 K 원자, 2개의 Cl 원자, 6개의 O 원자가 있다.

예제 6.5

다음에 복잡한 화학 반응식을 완성할 때에는 미정 계수법을 이용하면 편리하다. 다음 예제를 통해 미정 계수법으로 화학 반응식을 완성하는 방법을 알아보자.

풀이

1단계 : 반응물과 생성물을 화학식으로 나타낸다.

- 반응물 : 에탄올(C_2H_5OH), 산소(O_2)
- 생성물 : 이산화탄소(CO_2), 물(H_2O)

2단계 : '→'를 기준으로 반응물은 왼쪽에, 생성물은 오른쪽에 적고 '+'로 연결한 다음 각 화학식 앞에 임의의 계수를 붙인다.

$aC_2H_5OH + bO_2 \rightarrow cCO_2 + dH_2O$

3단계 : 반응물과 생성물을 구성하는 원자의 개수가 같게 방정식을 세운다.

$aC_2H_5OH + b\,O_2 \rightarrow c\,CO_2 + d\,H_2O$

C: $2a = c$

H: $6a = 2d$

O: $a + 2b = 2c + d$

$a = 1$이라 하면 $b = 3$, $c = 2$, $d = 3$이다.

4단계 : 계수를 가장 간단한 정수로 나타내어 화학 반응식을 완성한다.

$C_2H_5OH + 3O_2 \rightarrow 2CO_2 + 3H_2O$

4. 화학 반응의 유형

이 절에서는 수용액에서 일어나는 몇 가지 유형의 반응을 살펴볼 것이다. 대부분의 화학 반응은 이번에 설명하는 기본 반응 중의 하나에 속한다.

1) 합성 반응

합성 반응synthesis reaction에서는 두 가지 반응물이 결합하여 한 가지 생성물을 만든다. 합성은 가장 중요한 화학 반응 중 하나이다. 신약과 같은 새로운 화합물을 생성하거나 플라스틱 같은 합성 화합물을 생성함으로써 우리의 생활에 지대한 영향을 미치고 있다. 반응식의 일반적인 형태는 다음과 같다.

$$A + B \rightarrow AB$$

여기서 A와 B는 원소나 화합물이고, AB는 화합물이다. 결합된 상태의 반응물의 이온 전하를 알고 있으면 화합물의 화학식을 결정할 수 있다. 원소들로부터 시작하는 몇 가지 반응들은 다음과 같다.

$$2\,Mg(s) + O_2(g) \rightarrow 2MgO(s)$$

$$S(s) + O_2(g) \rightarrow SO_2(g)$$

$$N_2(g) + O_2(g) \rightarrow 2\,NO(g)$$

$$2\,Na(s) + Cl_2(g) \rightarrow 2\,NaCl(s)$$

다음과 같은 반응에서는 화합물들이 반응하여 새로운 화합물로 변한다.

$$Na_2O(s) + H_2O(l) \rightarrow 2\,NaOH(aq)$$

$$SO_3(g) + H_2O(l) \rightarrow H_2SO_4(aq)$$

이 중 많은 반응들이 12장에서 다룰 산화–환원 반응으로 분류될 수도 있다.

2) 연소 반응

어떤 물질이 산소와 반응하여 산화물을 형성하는 것을 연소 반응이라고 한다. 대부분의 연소 반응은 탄화수소(수소와 탄소만으로 이루어진 화합물)와 산소 사이에 일어나는 반응으로, 이산화탄소와 물을 생성한다. 이런 반응은 주로 화석 연료에서 에너지를 얻는 데 사용된다. 다음은 탄화수소의 연소 반응에 대한 몇 가지 사례들이다.

메테인(CH_4)은 가스오븐이나 가스스토브에 가장 흔히 사용되는 연료이다. 또한 실험실에서 흔히 사용하는 분젠 버너bunsen burner의 에너지 공급원이 되는 연료이다.

$$CH_4(g) + 2\,O_2(g) \rightarrow CO_2(g) + 2H_2O(g)$$

(물은 대부분 수증기로 증발된다.)

옥테인(C_8H_{18})은 자동차 연료인 휘발류의 주요 성분 중 하나이다.

$$2\,C_8H_{18}(l) + 25\,O_2(g) \rightarrow 16\,CO_2(g) + 3\,H_2O(g)$$

에탄올(C_2H_5OH)은 화석 연료의 대체 연료로서 때때로 휘발유에 첨가하기도 한다. 에탄올은 탄화수소보다 더 깨끗하게 연소한다.

$$C_2H_5OH(l) + 3\,O_2(g) \rightarrow 2\,CO_2(g) + 3H_2O(g)$$

(반응식의 균형을 맞출 때 에탄올에 포함된 산소의 수도 세어야 한다.)

이산화탄소는 탄소를 골격으로 하는 연료의 연소 생성물 중의 한 가지로, 기후 변화에 영향을 준다.

연소 반응이 수소 화합물이나 탄소 화합물만을 생성하는 것은 아니다. 화석 연료의 두 가지 연소 부산물에는 질소 산화물과 황 산화물이 있다. 화석 연료는 대체로 황을 포함하는데, 내연 기관에서의 고온에서 휘발유가 연소될 때 황도 산소와 반응한다. 이와 같은 반응 조건에서 공기 중에 포함된 질소도 산화물을 생성하게 된다. 다음과 같은 반응을 합성 반응 또는 연소 반응으로 분류한다.

$$S(s) + O_2(g) \rightarrow SO_2(g)$$

$$N_2(g) + 2\,O_2(g) \rightarrow 2\,NO_2(g)$$

3) 분해 반응

분해 반응decomposition reaction에서는 단일 물질이 분해되어 두 가지 이상의 다른 물질을 만든다. 이 반응은 합성 반응의 반대 반응으로 볼 수 있다. 시작 물질은 화합물이어야 하고, 생성물은 원소나 화합물이다. 반응식의 일반적 형태는 다음과 같다.

$$AB \rightarrow A + B$$

분해 반응의 생성물을 예측하는 것은 쉬운 일이 아니며, 각각의 개별적인 반응에 대한 이해가 있어야 한다. 산소가 포함된 화합물을 가열하면 흔히 분해가 일어난다. 이 유형에 속하는 몇 가지 반응들은 다음과 같다.

$$2HgO(s) \xrightarrow{\Delta} 2Hg(l) + O_2(g)$$

$$CaCO_3(s) \xrightarrow{\Delta} CaO(s) + CO_2(g)$$

$$2NaHCO_3(s) \xrightarrow{\Delta} Na_2CO_3(s) + H_2O(l) + CO_2(g)$$

$$2NaNO_3(s) \xrightarrow{\Delta} 2NaNO_2(s) + O_2(g)$$

$$2H_2O_2(l) \xrightarrow{\Delta} 2H_2O(l) + O_2(g)$$

이러한 많은 반응들의 추진력은 기체를 생성하는 데 있음을 기억하라.

4) 단일 치환 반응

단일 치환 반응single displacement reaction에서 한 원소가 화합물과 반응하여 그 화합물의 한 원소를 치환하고 다른 원소와 다른 화합물을 생성한다. 반응식의 일반적인 형태는 다음과 같다.

만일 A가 금속이고 B보다 반응성이 크면, A는 B를 치환하여 AC를 형성한다.

$$A + BC \rightarrow B + AC$$

만일 A가 할로젠이고 C보다 반응성이 크면, A는 C를 치환하여 BA를 형성한다.

$$A + BC \rightarrow C + BA$$

몇 가지 금속들과 수소, 그리고 할로젠들에 대한 간단한 활동도 서열activity series를 표 6.1에 나타내었다. 이 서열은 가장 활동도가 큰 금속와 할로젠을 위에 놓고 활동도가 감소하는 순서로 열거하였다. 활동도 서열에 있는 원소의 원자들은 자신보다 밑에 위치한 원소의 원자를 치환할 수 있으므로, 이 서열을 이용하면 많은 화학 반응을 예측할 수 있게 된다. 예를 들어, 아연 금속은 염산 용액에서 수소를 치환할 수 있다. 그러나 구리 금속은 목록에서 보면 수소의 아래에 있기 때문에 수소보다는 활동도가 떨어진다. 따라서 구리 금속은 염산 용액에서 수소를 치환하지 못하다. 이 유형에 속하는 몇 가지 반응들은 다음과 같다.

1. 반응물 A가 금속인 경우의 반응 :

$Zn(s) + 2HCl(aq) \rightarrow H_2(g) + ZnCl_2(aq)$

$2\ Na(s) + 2H_2O(l) \rightarrow H_2(g) + 2NaOH(aq)$

$Fe(s) + CuSO_4(aq) \rightarrow Cu(s) + FeSO_4(aq)$

2. 반응물 A가 할로젠인 경우의 반응 :

$Cl_2(g) + 2NaBr(aq) \rightarrow Br_2(l) + 2NaCl(aq)$

$Cl_2(g) + 2KI(aq) \rightarrow I_2(s) + 2KCl(aq)$

흔히 보는 화학 반응으로 물이나 산에서 수소를 치환하는 반응이 있다. 이 반응은 금속의 상대적인 반응성을 보여 주고, 활동도 서열을 이용하는 법을 보여 주는 좋은 예이다. 예를 들어,

- K, Ca, Na는 차가운 물, 수증기, 산에서 수소를 치환한다.
- Mg, Al, Zn, Fe는 수증기와 산에서 수소를 치환한다.
- Cu, Ag, Hg, Au는 수소를 치환할 수 없다.

표 6.1 활동도 서열

금속	할로젠
K	F_2
Ca	Cl_2
Na	Br_2
Mg	I_2
Al	
Zn	
Fe	
Ni	
Sn	
Pb	
(H)	
Cu	
Ag	
Hg	
Au	

(↑ 활동도 증가)

5) 이중 치환 반응

이중 치환 반응double displacement reaction에서 두 화합물은 서로 간에 짝을 바꾸어서 2개의 다른 화합물을 만든다. 반응식의 일반적인 형태는 다음과 같다.

$$AB + CD \rightarrow AD + CB$$

이 반응은 양이온들과 음이온들이 상호 교환되는 것으로 생각하면 된다. 그래서 A는 D와 결합하고, C는 B와 결합한다. 생성물에 대한 화학식을 쓸 때 결합하는 이온들의 전하를 고려해야 한다.

반응이 일어나지 않았을 때도 이중 치환 반응의 형태로 반응식을 쓸 수 있다. 예를 들어, 염화소듐 용액과 질산 포타슘 용액이 혼합되면 다음과 같이 반응식을 쓸 수 있다.

$$NaCl(aq) + KNO_3(aq) \rightarrow NaNO_3(aq) + KCl(aq)$$

이 과정이 진행될 때 물리적 변화가 관측되지 않는다. 이는 화학 반응이 일어나지 않았음을 나타낸다.

> 이중 치환 반응은 다음과 같이 반응의 증거를 수반한다.
> 1. 열이 발생한다.
> 2. 불용성 침전물이 형성된다.
> 3. 기포를 생성한다.

이런 종류의 반응들을 좀 더 자세히 살펴보자. H^+와 OH^- 이온으로부터 물 분자가 생성되는 반응은 열을 발생한다. 이런 현상은 반응 용기를 만져 보거나 온도계를 이용하여 확인할 수 있다.

$$HCl(aq) + NaOH(aq) \rightarrow NaCl(aq) + H_2O(l) + \text{열}$$

$$H_2SO_4(aq) + Ba(OH)_2(aq) \rightarrow BaSO_4(s) + 2H_2(g) + \text{열}$$

$$CuO(s) + 2HNO_3(aq) \rightarrow Cu(NO_3)_2(aq) + H_2O(l) + \text{열}$$

$$CaO(s) + 2HCl(aq) \rightarrow CaCl_2(aq) + H_2O(l) + \text{열}$$

5. 화학 반응과 에너지

물리적 공정과 마찬가지로 화학 공정은 흡열 또는 발열이 될 수 있다. 흡열 또는 발열 반응을 나타내는 화학 반응식을 쓸 때 반응식의 일부에 열을 포함시킬 수 있다. 열을 가해야 하는 흡열 과정에서 열을 반응물로 써 준다. 흡열 반응의 예로는 고체인 탄산칼슘을 분해하여 고체 산화칼슘과 이산화탄소 기체를 생성하는 것이다. 반응식은 다음과 같이 쓸 수 있다.

$$\text{열} + CaCO_3(s) \rightarrow CaO(s) + CO_2(g)$$

높은 발열 반응의 예로는 연소 반응이 있다. 연소 반응은 사회에서 필요한 에너지를 생성하는 방법이다. 예를 들어, 천연가스의 연소 반응식은 다음과 같이 쓸 수 있다.

$$CH_4(g) + 2O_2(g) \rightarrow CO_2(g) + H_2O(g) + \text{열}$$

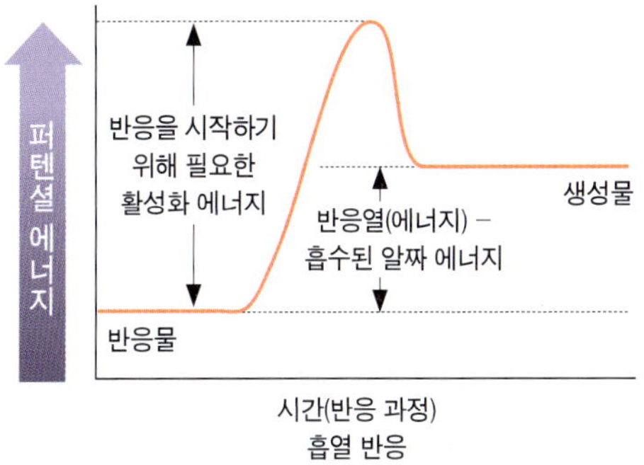

그림 6.2 흡열 반응의 에너지 변화

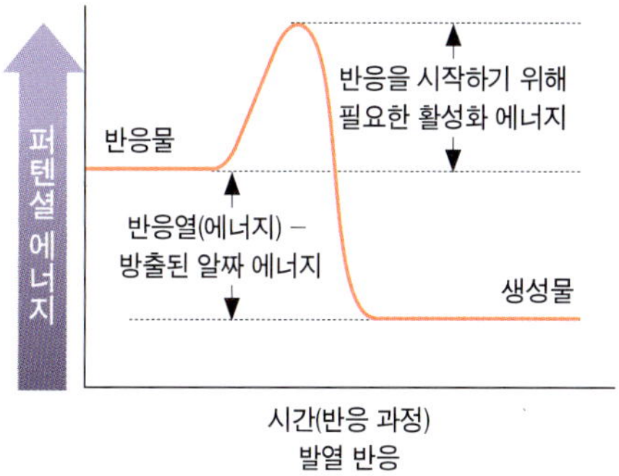

그림 6.3 발열 반응의 에너지 변화

6. 화학량론

일정량의 물질과 반응하기 위해 필요한 물질의 양이나 그로부터 생성되는 물질의 양이 얼마나 되는지를 계산해야 할 필요가 종종 있다. 이와 같이 반응물과 생성물 간의 정량적 관계를 다루는 화학의 분야가 **화학량론**stoichiometry이다 화학량론에 관한 문제를 풀기 위해서는 **몰비**mole ratio의 형식으로 몰mole을 사용한다.

화학자는 균형 맞춘 화학 반응식을 이용하여 생성물이나 반응물의 양을 계산해야 한다. 이 계산 결과를 이용하여 화학자는 실험실에서 필요한 양에 맞추어 반응물의 양을 늘이거나 줄임으로써 생성물의 양을 조절할 수 있고, 반응이 일어나는 동안 생성되는 과잉 물질과 폐기물을 최소화할 수 있다.

5장에서 공부했듯이, **몰질량**molar mass은 원소 또는 화합물에 들어 있는 모든 원자의 원자 질량을 합한 것이다. 몰질량이라는 용어는 원자, 분자 또는 이온과 같은 어떤 화학식 단위 1 mol의 질량을 말한다. 그램으로 표시된 몰질량은 원자의 질량 또는 분자나 이온에 들어 있는 원자 질량의 합이다.

분자와 몰과의 관계 분자 1개는 분자 물질(예 : Br_2)의 최소 단위이며, 1 mol은 아보가드로 수(6.022×10^{23})만큼의 분자를 말한다. 브로민(Br_2) 1 mol은 이산화탄소 1 mol, 물 1 mol, 어떤 다른 분자 물질 1 mol과도 같은 수의 분자를 가진다. 몰질량과 분자의 관계를 알아보면, 1 몰질량은 1 mol 또는 6.022×10^{23}개의 분자의 질량과 같다.

몰mole이란 용어는 어떤 화학 물질에도 사용할 수 있다. 몰은 양(6.022×10^{23}개의 입자)을 나타내고, 이것은 원자, 이온, 전자, 분자가 아닌 물질의 화학식 단위에도 적용될 수 있다. 다시 말하면 다음과 같다.

$$1 \text{ mole} = \begin{cases} 6.022 \times 10^{23}\text{개의 분자} \\ 6.022 \times 10^{23}\text{개의 화학식 단위} \\ 6.022 \times 10^{23}\text{개의 원자} \\ 6.022 \times 10^{23}\text{개의 이온} \end{cases}$$

다른 유용한 몰 관계는 다음과 같다.

$$\text{몰질량} = \frac{\text{몰질의 그램 수}}{\text{몰질의 몰수}}$$

$$\text{몰질량} = \frac{\text{일원자 원소의 그램 수}}{\text{원소의 몰수}}$$

$$\text{몰수} = \frac{\text{분자의 수}}{6.022 \times 10^{23}\text{개의 분자/몰}}$$

균형 맞춘 반응식 반응물과 생성물 사이의 몰—질량—부피 관계를 계산하기 위해서 화학 반응식을 사용할 때에는 그 반응식의 균형을 맞추어야 한다. 균형 맞춘 화학 반응식에서 화학식 앞에 있는 숫자는 화학 반응에서 그 물질의 몰수이다.

몰비mole ratio는 화학 반응에 관련된 어떤 두 화학 물질의 몰수 사이의 비이다. 예를 들면 다음 반응에서,

$$\underset{2\ \text{mol}}{2\,H_2} + \underset{1\ \text{mol}}{O_2} \longrightarrow \underset{2\ \text{mol}}{2\,H_2O}$$

6개의 몰비를 쓸 수 있다.

$$\frac{2\ \text{mol}\ H_2}{1\ \text{mol}\ O_2} \quad \frac{2\ \text{mol}\ H_2}{2\ \text{mol}\ H_2O} \quad \frac{1\ \text{mol}\ O_2}{2\ \text{mol}\ H_2O}$$

$$\frac{1\ \text{mol}\ O_2}{2\ \text{mol}\ H_2} \quad \frac{2\ \text{mol}\ H_2O}{2\ \text{mol}\ H_2} \quad \frac{2\ \text{mol}\ H_2O}{1\ \text{mol}\ O_2}$$

화학 반응에서 몰비를 사용하여 한 물질의 몰수에 해당하는 다른 물질의 몰수를 구할 수 있다. 예를 들어, 4.0 mol의 O_2로부터 얻을 수 있는 H_2O의 몰수를 계산하고자 한다면, 2 mol H_2O / 1 mol O_2의 몰비를 사용한다.

$$(4.0\ \cancel{\text{mol}\ O_2})\ \frac{2\ \text{mol}\ H_2O}{\cancel{1\ \text{mol}\ O_2}} = 8.0\ \text{mol}\ H_2O$$

예제 6.6

화학 반응식 $CO_2 + 4\ H_2 \rightarrow CH_4 + 2\ H_2O$를 이용하여 다음을 계산하기 위해 필요한 몰비를 쓰시오.

(a) CO_2 3 mol로부터 얻을 수 있는 물의 몰수

(b) 물 3 mol을 만들기 위해 필요한 수소의 몰수

풀이

몰비를 알기 위해서는 구하려고 하는 물질과 출발 물질과의 관계를 알아야 한다.

(a) 이 경우에 구하려고 하는 물질은 물이므로, 물의 몰수는 몰비에서 분자에 적는다. 출발 물질인 CO_2의 몰수는 몰비에서 분모에 적는다. 균형 맞춘 반응식의 계수를 몰비에 이용한다. 따라서 몰비는 $\frac{2\ \text{mol}\ H_2O}{1\ \text{mol}\ CO_2}$이다.

(b) 이 경우에 구하고자 하는 물질은 수소이므로, 수소의 몰수는 몰비에서 분자에 적는다. 출발 물질인 물의 몰수는 몰비에서 분모에 적는다. 균형 맞춘 반응식의 계수를 몰비에 이용한다. 따라서 몰비는 $\frac{4\ \text{mol}\ H_2}{2\ \text{mol}\ H_2O}$가 된다.

화학량론 문제에 대한 문제 풀이 전략

1. 출발 물질의 양을 몰수로 변환한다(만약 몰수로 주어지지 않았다면).
2. 출발 물질의 몰수를 구하고자 하는 물질의 몰수로 변환한다.
3. 구하고자 하는 물질의 몰수를 문제에서 명시한 단위로 변환한다.

출발 물질 A의 질량을, 구하고자 하는 물질 B의 질량, 원자 수, 분자 수로 변환하는 단계를 그림 6.4에 요약하였다.

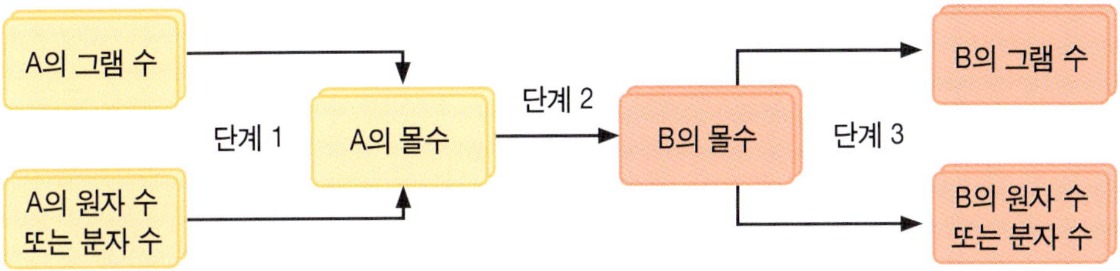

그림 6.4 출발 물질 A를 구하고자 하는 물질, B의 질량, 원자 수, 분자 수로 변환하는 단계

1) 몰–몰 계산

출발 물질의 양이 몰로 주어지고, 구하고자 하는 물질의 양도 몰로 요구하는 경우이다.

예제 6.7

다음 반응식에 따라 글루코스($C_6H_{12}O_6$) 2.0 mol이 완전히 반응하면 몇 몰의 이산화탄소가 생성되는가?

$$C_6H_{12}O_6 + 6\ O_2 \longrightarrow 6\ CO_2 + 6\ H_2O$$

1 mol 6mol 6 mol 6 mol

풀이

알려진 값 : 2.0 mol의 글루코스

$$C_6H_{12}O_6 + 6\ O_2 \longrightarrow 6\ CO_2 + 6\ H_2O$$

구하는 값 : 이산화탄소의 몰수

균형 맞춘 반응식은 1 mol의 $C_6H_{12}O_6$가 반응하여 6 mol의 CO_2가 생성됨을 말해 준다. 따라서 12 mol의 CO_2가 생성된다는 것을 쉽게 알 수 있지만, 화학량론 문제에 대한 문제 풀이 전략을 이용한다.

몰비의 정확한 수이기 때문에 답의 유효 숫자의 개수에는 영향을 주지 않는다.

풀이의 요점 : $C_6H_{12}O_6$d의 몰수 → CO_2의 몰수

균형 맞춘 반응식으로부터 몰비는 $\dfrac{6\ \text{mol}\ CO_2}{1\ \text{mol}\ C_6H_{12}O_6}$이다.

$$(2.0\ \cancel{\text{mol}\ C_6H_{12}O_6})\left(\frac{6\ \text{mol}\ CO_2}{1\ \cancel{\text{mol}\ C_6H_{12}O_6}}\right) = 12\ \text{mol}\ CO_2$$

mol $C_6H_{12}O_6$는 상쇄되고 구한 답은 타당하다.

예제 6.8

수소 8.00 mol이 질소와 반응하여 생성되는 암모니아는 몇 몰인가? 균형 맞춘 반응식은 다음과 같다.

$3\,H_2 + N_2 \longrightarrow 2\,NH_3$

암모니아
NH_3

풀이

알려진 값 : 소수 8.00 mol

$$3\,H_2 + N_2 \longrightarrow 2\,NH_3$$

구하는 값 : 암모니아의 몰수

균형 맞춘 반응식은 3 mol의 H_2로부터 2 mol의 NH_3를 얻음을 말해 준다. 화학량론 문제에 대한 문제 풀이 전략을 이용한다.

풀이의 요점 : H_2의 몰수 → NH_3의 몰수

균형 맞춘 반응식으로부터 몰비는 $\dfrac{2\text{ mol }NH_3}{3\text{ mol }H_2}$이다.

$$(8.00\ \cancel{\text{mol }H_2})\left(\frac{2\text{ mol }NH_3}{3\ \cancel{\text{mol }H_2}}\right) = 5.33\text{ mol }NH_3$$

mol H_2가 상쇄되고, 답은 출발 물질의 양 8.00 mol보다 적다. 몰비가 2 : 3이므로 이 답은 타당하다.

2) 몰–질량 계산

이번 유형은, 화학 반응에서 어떤 물질의 주어진 몰수로부터, 그 물질과 반응할 물질 또는 그 물질에서 생성될 물질의 질량을 계산하는 것이다. 출발 물질의 질량이 주어지면, 그것을 몰수로 변환시킨다. 몰비는 출발 물질의 몰수를, 구하고자 하는 물질의 몰수로 변환하는 데 사용한다. 그 다음 구하고자 하는 물질의 몰수를 질량으로 바꿀 수 있다.

예제 6.9

6.0 mol의 알루미늄이 염산과 반응하여 생성되는 수소의 질량은 얼마인가? 균형 맞춘 반응식은 2 Al(*s*) + 6 HCl(*aq*) ⟶ 2 $AlCl_3$(*aq*) + 3 H_2(*g*)이다.

알려진 값 : 6.0 mol Al

$$2\ \mathrm{Al}(s) + 6\ \mathrm{HCl}(aq) \longrightarrow 2\ \mathrm{AlCl_3}(aq) + 3\ \mathrm{H_2}(g)$$

구하는 값 : H_2의 질량

화학량론 문제에 대한 문제 풀이 전략을 이용한다.

풀이의 요점 : Al 의 몰수 → H_2의 몰수 → H_2의 그램 수

균형 맞춘 반응식으로부터 몰비는 $\dfrac{3\ \mathrm{mol\ H_2}}{2\ \mathrm{mol\ Al}}$이다.

$$(6.0\ \cancel{\mathrm{mol\ Al}})\left(\frac{3\ \mathrm{mol\ H_2}}{2\ \cancel{\mathrm{mol\ Al}}}\right) = 9.0\ \mathrm{mol\ H_2}$$

H_2의 몰수 → H_2의 그램 수에 필요한 환산 인자 : $\dfrac{2.016\ \mathrm{g\ H_2}}{1\ \mathrm{mol\ H_2}}$

$$(9.0\ \cancel{\mathrm{mol\ H_2}})\left(\frac{2.016\ \mathrm{g\ H_2}}{1\ \cancel{\mathrm{mol\ H_2}}}\right) = 18\ \mathrm{g\ H_2}$$

다음처럼 연속 계산법으로 첫 번째 계산의 답(9.0 mol H_2)을 계산기에 저장한 다음 계속 계산하면 아래와 같은 18 g H_2라는 답을 얻을 수 있다.

Al의 몰수 → H_2의 몰수 → H_2의 그램 수

$$(6.0\ \cancel{\mathrm{mol\ Al}})\left(\frac{3\ \mathrm{mol\ H_2}}{2\ \cancel{\mathrm{mol\ Al}}}\right)\left(\frac{2.016\ \mathrm{g\ H_2}}{1\ \cancel{\mathrm{mol\ H_2}}}\right) = 18\ \mathrm{g\ H_2}$$

예제 6.10

325 g의 옥테인(C_8H_{18})을 연소시키면 몇 몰의 물(H_2O)이 생성되는가?
균형 맞춘 반응식은 $2\ C_8H_{18}(l) + 25\ O_2(g) \longrightarrow 16\ CO_2(g) + 18\ H_2O(g)$이다.

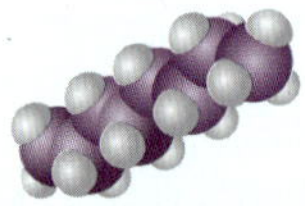

옥테인
C_8H_{18}

풀이

알려진 값 : 325 g C_8H_{18}

$$2\ C_8H_{18}(l) + 25\ O_2(g) \longrightarrow 16\ CO_2(g) + 18\ H_2O(g)$$

구하는 값 : H_2O의 몰수

화학량론 문제에 대한 문제 풀이 전략을 이용한다.
풀이의 요점 : C_8H_{18}의 그램 수 → C_8H_{18}의 몰수 → H_2O의 몰수

C_8H_{18}의 그램 수 → C_8H_{18}의 몰수에 필요한 환산 인자 : $\dfrac{1\ \text{mol}\ C_8H_{18}}{114.2\ \text{g}\ C_8H_{18}}$

균형 맞춘 반응식으로부터 몰비는 $\dfrac{18\ \text{mol}\ H_2O}{2\ \text{mol}\ C_8H_{18}}$이다.

$$(325\ \cancel{\text{g}\ C_8H_{18}})\left(\frac{1\ \text{mol}\ C_8H_{18}}{114.2\ \cancel{\text{g}\ C_8H_{18}}}\right) = 2.85\ \text{mol}\ C_8H_{18}$$

$$(2.85\ \cancel{\text{mol}\ C_8H_{18}})\left(\frac{18\ \text{mol}\ H_2O}{2\ \cancel{\text{mol}\ C_8H_{18}}}\right) = 25.7\ \text{mol}\ H_2O$$

연이은 계산을 하면 계산기에 답이 25.6 mol H_2O로 얻어질 것이다. 마지막 숫자가 다른 것은 계산할 때 서로 다른 자릿수에서 반올림하였기 때문이다. 교과 과정에 적절한 반올림 규칙을 적용해야 한다. 이 책의 예제에서 각 계산값에 대하여 적절한 유효 숫자의 개수를 보여 주기 위해 각 단계마다 반올림한다.

3) 질량–질량 계산

질량–질량 화학량론 문제를 푸는 데는 몰비 방법의 모든 단계가 필요하다. 출발 물질(반응물)의 질량을 몰수로 변환한다. 그 다음 생성물의 몰수를 결정하는 데 몰비가 사용되고, 구한 몰수를 질량으로 변환한다(그림 6.5).

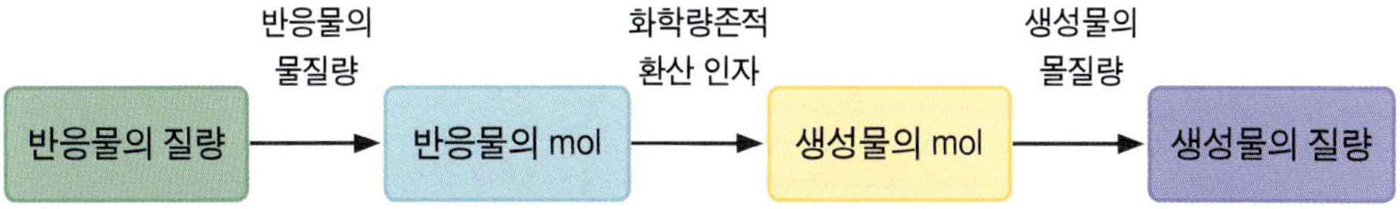

그림 6.5 반응물의 질량(주로 그램 단위로 주어진다)으로부터 시작해서 반응물의 몰질량을 mol로 환산한다. 그다음 균형 맞춘 반응식에서 알 수 있는 화학량론적 환산 인자를 사용하여 생성물의 mol을 추측하고, 마지막으로 생성물의 몰질량을 사용하여 생성물의 질량으로 환산시킨다.

예제 6.11

탄화수소인 펜테인(C_5H_{12}) 100 g이 완전 연소할 때 생성되는 이산화탄소의 질량은 얼마인가? 균형 맞춘 반응식은 $C_5H_{12}(l) + 8\ O_2(g) \rightarrow 5\ CO_2(g) + 6\ H_2O(g)$이다.

풀이

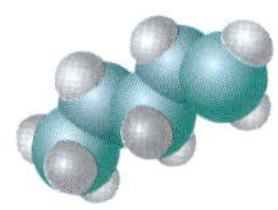

펜테인
C_5H_{12}

알려진 값 : 100. g C_3H_{12}

$$C_5H_{12}(l) + 8\ O_2 \longrightarrow 5\ CO_2(g) + 6\ H_2O(g)$$

구하는 값 : CO_2의 질량

화학량론 문제에 대한 문제 풀이 전략을 이용한다.

풀이의 요점 : C_5H_{12}의 그램 수 → C_5H_{12}의 몰수 → CO_2의 몰수 → g CO_2

C_5H_{12}의 그램 수 → C_5H_{12}의 몰수에 필요한 환산 인자 $\dfrac{1\text{ mol } C_5H_{12}}{72.15\text{ g } C_5H_{12}}$

균형 맞춘 반응식으로부터 몰비는 $\dfrac{5\text{ mol } CO_2}{1\text{ mol } C_5H_{12}}$이다.

CO_2의 몰수 → CO_2의 그램 수에 필요한 환산 인자 $\dfrac{44.01\text{ g } CO_2}{1\text{ mol } CO_2}$

C_5H_{12}의 그램 수 → C_5H_{12}의 몰수

$$(100\ \cancel{\text{g } C_5H_{12}})\left(\frac{1\text{ mol } C_5H_{12}}{72.15\ \cancel{\text{g } C_5H_{12}}}\right) = 1.39\text{ mol } C_5H_{12}$$

C_5H_{12}의 몰수 → CO_2의 몰수

$$(1.39\ \cancel{\text{mol } C_5H_{12}})\left(\frac{5\text{ mol } CO_2}{1\ \cancel{\text{mol } C_5H_{12}}}\right) = 6.95\text{ mol } CO_2$$

CO_2의 몰수 → g CO_2

$$(16.95\ \cancel{mol\ CO_2})\left(\frac{44.01\ g\ CO_2}{1\ \cancel{mol\ CO_2}}\right) = 306\ g\ CO_2$$

예제 6.12

다음 반응식에 의하면, 8.75g의 일산화이질소(N_2O)를 생산하는 데 질산(HNO_3) 몇 g이 필요한가?

$$4\ Zn(s) + 10\ HNO_3(aq) \longrightarrow 4\ Zn(NO_3)_2(aq) + N_2O(g) + 5\ H_2O(l)$$

풀이

알려진 값 : 8.75 g N_2O

$$4\ Zn(s) + 10\ HNO_3(aq) \longrightarrow 4\ Zn(NO_3)_2(aq) + N_2O(g) + 5\ H_2O(l)$$

구하는 값 : g HNO_3

화학량론 문제에 대한 문제 풀이 전략을 이용한다.

4) 한계 반응물과 수득량 계산

실험실에서 반응을 수행할 때 반응물이 항상 화학량론적 양으로 시행되지는 않는다. 반응의 목적은 출발 물질로부터 유용한 물질을 최대한 얻기 위한 것이기 때문에 일반적으로 고가이거나 더 중요한 반응물이 원하는 생성물로 완전히 바뀌도록 하나의 반응물을 과량으로 가한다. 결과적으로 어떤 화합물은 반응이 끝나도 남게 된다. 이번 절에서는 반응 한계 수율에 대해 배우고 어떻게 계산하지는 배울 것이다.

한계 반응물

많은 화학 반응에서 사용되는 반응물의 양 중, 한 반응물의 양은 과량이다. 이 경우 생성물의 양은 과량이 아닌 반응물의 양에 의존한다. 이 반응물을 **한계 반응물**limiting reactant이라 하고, 이 반응물이 형성되는 생성물의 양을 제한한다. 한계 반응물의 개념을 소고기와 버섯으로 만든 산적꼬치를 만드는 경우를 예로 들어 보자. 꼬치 1개, 버섯 4개, 고기 3조각으로 이루어진 산적꼬치를 최대한 많이 만들고 싶다고 하자. 준비된 재료는 꼬치 4개, 버섯 12개, 고기 15조각이라면 몇 개의 산적꼬치를 만들 수 있는가? 그림 6.6와 같이 답은 3개이다. 3개의 산적꼬치를 만들고 나면 준비한 버섯은 모두 소진한다. 이 경우처럼 버섯이 가장 먼저 완전히 소비될 것이고, 이에 따라 버섯이 '한계 반응물'이 된다. 생성물의 총합(이 경우는 산적꼬치의 개수)은 한 가지 재료의 양에 의해 제한된다.

꼬치 4개, 버섯 12개, 고기 15조각

(a)

합쳐진 3개의 산적꼬치, 꼬치 1개, 고기 6조각

(b)

그림 6.6 (a)에는 꼬치 4개, 버섯 12개, 고기 15조각이 있고, (b)에는 합쳐진 산적꼬치 3개, 꼬치 1개, 그리고 고기 6조각이 있다. 레시피에 의하면 버섯의 개수에 따라 만들 수 있는 산적꼬치의 개수가 정해진다.

7개의 H_2 분자와 4개의 Cl_2 분자가 결합하는 예를 분자 수준에서 생각해 보자(그림 6.7, 반응 전). 다음 반응식에 의하면 몇 개의 HCl 분자가 생성되겠는가?

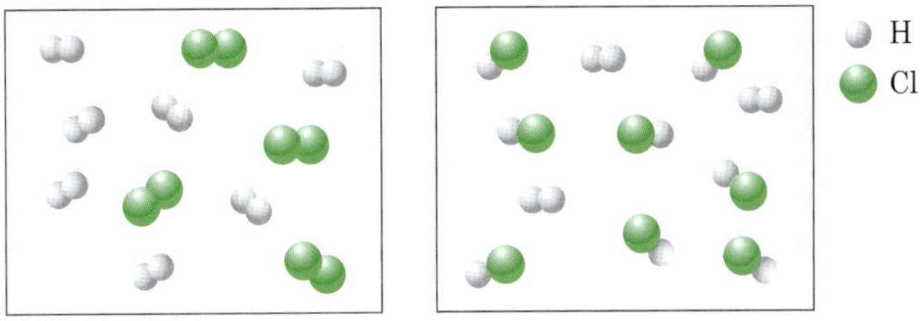

반응 전 반응 후

그림 6.7 H_2와 Cl_2의 반응 : 8개의 HCl 분자가 생성되고, 3개의 H_2 분자가 남는다. 한계 반응물은 Cl_2이다.

$$H_2 + Cl_2 \rightarrow 2\ HCl$$

만약 H_2와 Cl_2 분자가 나누어진 후 HCl로 재결합한다면(그림 6.7, 반응 후), Cl_2는 모두 반응에 소모되어 8개의 HCl 분자가 만들어짐을 알 수 있다. 따라서 Cl_2는 한계 반응물이고, H_2는 3개의 분자가 반응하지 않고 남아 있는 과량의 반응물이다.

한계 반응물 문제에 대한 문제 풀이 전략

1. 각 반응물로부터 생성될 수 있는 생성물의 양(필요에 따라 몰수 또는 그램 수)을 계산한다.
2. 어느 것이 한계 반응물인지를 결정한다(생성물을 가장 적게 만드는 반응물이 한계 반응물이다. 따라서 다른 반응물은 과량으로 존재한다).
3. 한계 반응물을 알면 생성물의 양을 결정할 수 있다. 한계 반응물에 의해 그 양이 결정된다.
4. 반응 후 남아 있는 과량 반응물의 양을 알아야 할 경우 한계 반응물과 반응하기 위해 필요한 과량 반응물의 양을 계산한다. 그리고 처음 양에서 이 양을 빼면 반응하지 않고 남아 있는 물질의 양을 구할 수 있다.

예제 6.13

4.0 mol의 H_2와 3.5 mol의 Cl_2가 반응할 때, 몇 몰의 HCl이 생성되는가? 한계 반응물은 어느 것인가? 반응식은 $H_2(g) + Cl_2(g) \rightarrow 2\ HCl(g)$ 이다.

풀이

알려진 값 : 4.0 mol H_{12}

3.5 mol Cl_2

$H_2(g) + (g) \longrightarrow 2\ HCl(g)$

구하는 값 : HCl의 몰수

한계 반응물 문제에 대한 문제 풀이 전략을 이용한다. 각 반응물로부터 생성될 수 있는 HCl의 몰수를 계산한다.

균형 맞춘 반응식으로부터 몰비는 다음과 같다.

$$\frac{2\ \text{mol HCl}}{1\ \text{mol H}_{12}} \qquad \frac{2\ \text{mol HCl}}{1\ \text{mol Cl}_2}$$

H_2의 몰수 → HCl의 몰수

$$(4.0\ \cancel{\text{mol H}_2})\left(\frac{2\ \text{mol HCl}}{1\ \cancel{\text{mol H}_{12}}}\right) = 8.0\ \text{mol HCl}$$

Cl_2의 몰수 → HCl의 몰수

$$(3.5\ \cancel{\text{mol Cl}_2})\left(\frac{2\ \text{mol HCl}}{1\ \cancel{\text{mol Cl}_2}}\right) = 7.0\ \text{mol HCl}$$

한계 반응물을 결정한다. Cl_2가 H_2보다 더 적은 양의 HCl을 생성하므로 한계 반응물은 Cl_2이다. H_2는 과량이다. HCl의 수득량은 7.0 mol이다.

이 반응에서 한계 반응물을 직관적으로 결정할 수 있다. 반응식으로부터 1 mol의 H_2와 1 mol의 Cl_2가 반응하는 것을 알 수 있다. 그러므로 4.0 mol의 H_2와 3.5 mol의 Cl_2가 반응할 때 Cl_2의 양이 더 적으므로 Cl_2가 생성되는 HCl의 양을 제한하는 반응물이다.

예제 6.14

16.8 g의 Fe를 10.0 g의 H_2O와 반응시켰을 때, 몇 몰의 Fe_3O_4를 얻을 수 있는가? 어느 물질이 한계 반응물인가? 과량으로 들어 있는 물질은 어느 것인가?

$$3\ \text{Fe}(s) + 4\ \text{H}_2\text{O}(g) \xrightarrow{\Delta} \text{Fe}_3\text{O}_4(s) + 4\ \text{H}_2(g)$$

풀이

알려진 값 : 16.8 g Fe

10.0 g H_2O

$3\ \text{Fe}(s) + 4\ \text{H}_2\text{O}(s) \xrightarrow{\Delta} \text{Fe}_3\text{O}_4(s) + 4\ \text{H}_2(g)$

구하는 값 : mol Fe_3O_4

한계 반응물 문제에 대한 문제 풀이 전략을 이용한다. 각 반응물로부터 생성될 수 있는 Fe_3O_4의 몰수를 계산한다.

g 반응물 → mol 반응물 → mol Fe_3O_4

Fe를 기준

$$(16.8\ \text{g Fe})\left(\frac{1\ \text{mol Fe}}{55.85\ \text{g Fe}}\right)\left(\frac{1\ \text{mol}\ Fe_3O_4}{3\ \text{mol Fe}}\right) = 0.100\ \text{mol}\ Fe_3O_4$$

H_2O를 기준

$$(10.0\ \text{g}\ H_2O)\left(\frac{1\ \text{mol}\ H_2O}{18.02\ \text{g}\ H_2O}\right)\left(\frac{1\ \text{mol}\ Fe_3O_4}{4\ \text{mol}\ H_2O}\right) = 0.139\ \text{mol}\ Fe_3O_4$$

한계 반응물을 결정한다. Fe가 H_2O보다 더 적은 양의 Fe_3O_4를 생성하기 때문에 Fe가 한계 반응물이다. H_2O는 과량이다. Fe_3O_4의 수득량은 0.100 mol이다.

화학 반응식으로부터 계산한 생성물의 양은 반응식으로 나타낸 반응에서 얻을 수 있는 생성물의 최고 수득량(100%)을 나타낸다. 많은 반응들, 특히 유기물을 포함하는 반응에서는 생성물을 100% 수득량으로 얻을 수 없다. 이에 대한 주된 원인은 주반응(목적하는 반응) 이외의 다른 생성물을 만드는 부반응 때문이며, 또한 많은 반응들이 가역적이라는 사실에 기인한다. 덧붙여 생성물의 일부분은 취급 과정 및 한 용기에서 다른 용기로 옮기는 과정에서 손실될 수 있다. 반응의 **이론적 수득량**theoretical yield은 화학 반응식에 의하여 주어진 반응물의 양으로부터 얻을 수 있는 생성물의 계산된 양이다. **실제 수득량**actual yield은 최종적으로 얻은 생성물의 양이다.

백분율 수득률percent yield은 이론적 수득량에 대한 실제 수득량에 100을 곱한 값이다. 백분율을 얻기 위해서는 이론적 수득량과 실제 수득량의 단위가 같아야 한다.

$$\frac{\text{실제 수득량}}{\text{이론적 수득량}} \times 100 = \text{백분율 수득률}$$

예를 들면, 반응에 대한 이론적 수득량이 14.8 g이고, 얻은 생성물의 양이 9.25 g이라면 백분율 수득률은 다음과 같다.

$$\text{백분율 수득률} = \frac{9.25\ g}{14.8\ g} \times 100 = 62.5\%$$

예제 6.15

아세틸살리실산(acetylsalicylic acid, $C_9H_8O_4$)인 아스피린(aspirin)은 전 세계에서 가장 널리 사용되는 소염 진통제이다. 살리실산(salicylic acid, $C_7H_6O_3$)과 무수 아세트산(acetic anhydride, $C_4H_6O_3$)이 반응하는 반응식은 다음과 같다.

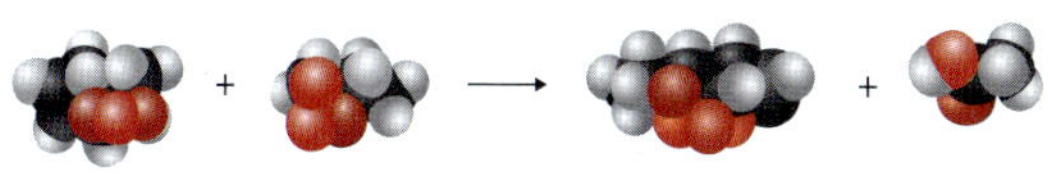

$C_7H_6O_3$ 살리실산 + $C_4H_6O_3$ 무수 아세트산 ⟶ $C_9H_8O_4$ 아세틸살리실산 + $HC_2H_3O_2$ 아세트산

아스피린은 살리실산 104.8 g과 무수 아세트산 77.47g으로부터 얻게 된다. 이때 생성된 아스피린이 105.6 g이라면 수득 백분율을 구하라.

풀이

알려진 값 : 104.8 g $C_7H_6O_3$

77.47 g $C_4H_6O_3$

$C_9H_8O_4$ 105.6 g

$$C_7H_6O_3 + C_4H_6O_3 \rightarrow C_9H_8O_4 + HC_2H_3O_2$$

구하는 값 : $C_9H_8O_4$의 백불율 수득률

백분율 수득률을 계산하는 식을 사용한다.

$$\frac{\text{실제 수득량}}{\text{이론적 수득량}} \times 100 = \text{백분율 수득률}$$

이론적 수득량을 결정한다. 각 반응물로부터 생성될 수 있는 $C_9H_8O_4$의 그램 수를 계산한다.

g 반응물 → mol 반응물 → mol $C_9H_8O_4$ → g $C_9H_8O_4$

$$104.8\ \text{g}\ C_7H_6O_3 \times \frac{1\ \text{mol}\ C_7H_6O_3}{138.12\ \text{g}\ C_7H_6O_3} = 0.7588\ \text{mol}\ C_7H_6O_3$$

$$77.47\ \text{g}\ C_4H_6O_3 \times \frac{1\ \text{mol}\ C_4H_6O_3}{102.09\ \text{g}\ C_4H_6O_3} = 0.7588\ \text{mol}\ C_4H_6O_3$$

두 반응물이 mol 비는 1 : 1로 혼합되어 있으며, 동일한 mol로 존재한다. 그러므로 이론 수득량은 어떤 반응물을 사용하든지 계산할 수 있다(여기서 처음 반응물들이 화학량론적으로 혼합되면 한계 반응물은 없다). 균형 맞춤 반응식에 따르면 살리실산 1 mol을 사용할 때마다 아스피린이 1 mol이 생성된다.

$$\text{살리실산}(C_7H_6O_3)\ 1\ \text{mol} = \text{아스피린}(C_9H_8O_4)\ 1\ \text{mol}$$

그러므로 아스피린의 이론 수득량은 0.7588 mol이다. 아스피린의 몰질량을 사용하여 그램으로 바꾸면 다음과 같다.

$$0.7588\ \text{mol}\ C_9H_8O_4 \times \frac{180.15\ \text{g}\ C_9H_8O_4}{1\ \text{mol}\ C_9H_8O_4} = 136.7\ \text{g}\ C_9H_8O_4$$

이렇게 이론 수득량 136.7 g을 얻게 된다. 만약 실제 수득량이 105.6 g이라면 수득 백분율은 다음과 같다.

$$\text{수득 백분율} = \frac{105.6\ \text{g}}{136.7\ \text{g}} \times 100\% = 77.25\%\ \text{수득량}$$

예제 6.16

100 g의 이황화탄소를 100 g의 염소와 반응시켜 사염화탄소(CCl_4)를 만들었다. 다음 반응식을 이용하여 사염화탄소 65.0 g을 얻었을 때의 백분율 수득률을 계산하라.

$$CS_2 + 3\ Cl_2 \longrightarrow CCl_4 + S_2Cl_2$$

풀이

알려진 값 : 100. g CS_2

100. g Cl_2

CCl_4 65.0 g을 얻었음

$CS_2 + 3\ Cl_2 \longrightarrow CCl_4 + S_2Cl_2$

구하는 값 : CCl_4의 백분율 수득률

백분율 수득률을 계산하는 식을 사용한다.

$$\frac{\text{실제 수득량}}{\text{이론적 수득량}} \times 100 = \text{백분율 수득률}$$

이론적 수득량을 결정한다. 각 반응물로부터 생성될 수 있는 CCl_4의 그램 수를 계산한다.

g 반응물 → mol 반응물 → mol CCl_4 → g CCl_4

CS_2를 기준

$$(100.\ \text{g } CS_2)\left(\frac{1\ \text{mol } CS_2}{76.15\ \text{g } CS_2}\right)\left(\frac{1\ \text{mol } CCl_4}{1\ \text{mol } CS_2}\right)\left(\frac{153.8\ \text{g } CCl_4}{1\ \text{mol } CCl_4}\right) = 202\ \text{g } CCl_4$$

Cl_2를 기준

$$(100.\ \text{g } Cl_2)\left(\frac{1\ \text{mol } Cl_2}{70.90\ \text{g } Cl_2}\right)\left(\frac{1\ \text{mol } CCl_4}{3\ \text{mol } Cl_2}\right)\left(\frac{153.8\ \text{g } CCl_4}{1\ \text{mol } CCl_4}\right) = 72.3\ \text{g } CCl_4$$

한계 반응물을 결정한다. Cl_2가 CS_2보다 더 적은 양의 CCl_4를 생성하므로 한계 반응물은 Cl_2이다. CS_2는 과량이다. CCl_4의 수득량은 72.3 g이다. 백분율 수득률을 계산한다.

$$\frac{\text{실제 수득량}}{\text{이론적 수득량}} \times 100 = \frac{65.0\ \text{g}}{72.3\ \text{g}} \times 100 = 89.9\%$$

참고문헌

Brdge J., Driessen M.(2017). 일반화학의 기초. 청문각.

Nivaldo J. Tro.(2018). 화학의 이해(6판). 라이프사이언스.

C H A P T E R

7

Chemistry

기체의 성질

1. 물질의 상태와 상태 변화

일반적으로 물질은 온도 변화에 따라 물리적 형태가 다른 고체, 액체, 기체의 세 가지 상태로 존재한다. 하지만 기체를 초고온으로 가열하면 원자핵으로부터 전자들이 자유롭게 분리된 상태, 즉 원자가 전자와 양전하를 가진 이온으로 분리된 상태인 플라스마 plasma가 형성된다. 현대 물리학에서는 물질의 상태를 고체, 액체, 기체, 그리고 전하를 띤 입자들이 기체처럼 섞여 있는 플라스마 등 네 가지로 구분한다.

물질의 상태를 변화시키기 위해서는 열에너지를 가하거나 제거하여 온도를 변화시켜야 한다(그림 7.1). 고체에 열에너지를 가하여 액체 상태로 변화되는 현상은 융해(녹음) melting라고 하고, 반대로 액체에서 열에너지를 제거하여 고체로 변화되는 현상은 응결(얼음) freezing이라고 한다. 융해 과정에서 열에너지를 받은 고체 입자들은 운동 에너지 kinetic energy가 높아지면서 세게 진동하여 입자 간 인력이 약해지게 된다. 반대로 응

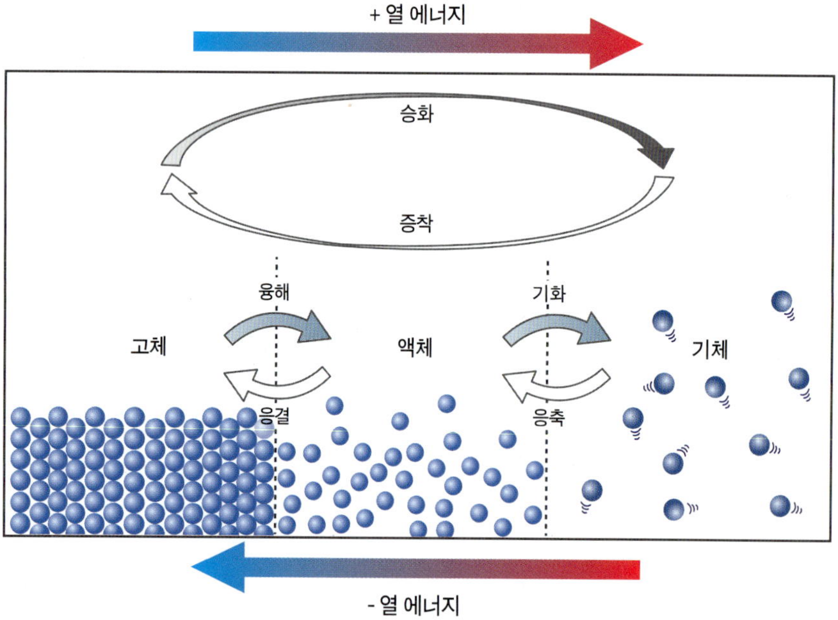

그림 7.1 물질의 상태와 상태 변화

결 과정에서 열에너지를 빼앗긴 액체 입자들은 운동 에너지가 낮아지면서 입자 간 인력이 강해지고 고정된 위치에서 진동하게 된다.

액체가 열에너지를 흡수하여 기체로 변화되는 현상은 기화(김날기)vaporization라고 한다. 기화하기 위해서는 액체 입자들이 열에너지를 흡수하여 입자 간 인력이 극복될 만큼 충분히 큰 운동 에너지를 갖게 되어야 한다. 일정 압력에서 기체가 가진 열에너지를 제거하거나 일정 온도에서 기체에 압력을 가해 그 물질이 가진 포화 증기압을 넘어서게 되면 기체가 액체로 전환되는데, 이는 응축(서림)condensation이라고 한다.

고체가 액체 상태를 거치지 않고 직접 기체로 전환될 수도 있는데, 이러한 과정은 승화sublimation라고 한다. 반대로 기체가 액체 상태를 거치지 않고 직접 고체로 전환되는 과정은 탈승화desublimation 또는 증착deposition이라고 한다. 상평형도(그림 7.2)에서 볼 수 있듯이 승화와 증착은 삼중점triple point 이상의 온도에서는 일어나지 않으며 삼중점 이하의 온도에서만 가능하다. 삼중점 이상의 온도에서 고체는 반드시 중간 상태인 액체 상태를 거쳐야만 기체로 변화될 수 있고, 반대로 기체는 액체를 거쳐야만 고체로 전환된다.

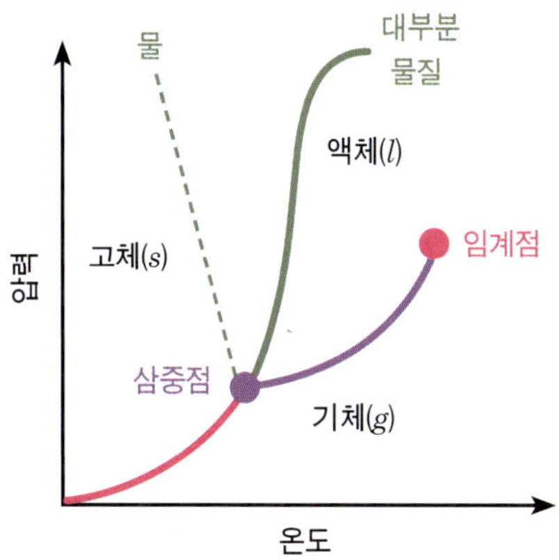

그림 7.2 순수한 물질의 상평형도

2. 기체의 성질

기체는 형태와 부피가 일정하지 않다. 어떤 형태의 용기에도 넣을 수 있고 담긴 용기에 따라 부피와 모양이 바뀐다. 용기에 담게 되면 고체나 액체 입자들과는 다르게 기체 입자들은 자유롭고 빠르게 확산, 분산하면서 용기 전체를 균일하게 가득 채운다.

고체와 액체 입자들은 인력으로 인하여 매우 가까이 위치하지만, 기체 입자들 간에는 인력이 거의 작용하지 않아 간격이 매우 넓다(그림 7.1). 따라서 입자 밀도가 낮은 기체는 색이 없거나 연한 색을 띠고 투명하며, 고체나 액체보다 대단히 가볍다. 또한 기체는 쉽게 팽창할 수 있고, 쉽게 압축하여 부피를 줄일 수도 있으며 만일 매우 큰 압력을 가하면 액체나 고체 상태로 전환될 수 있다.

기체는 한 종류의 원소(네온, Ne 등)로 구성된 원자 단위의 순물질이거나, 한 종류의 원소(산소, O_2 등)나 다른 종류의 원소(이산화탄소, CO_2 등)로 구성된 분자 단위의 순물질일 수 있고, 공기와 같이 서로 다른 순물질들[질소(N_2), 산소(O_2), 아르곤(Ar), 이산화탄소(CO_2), 네온(Ne) 등]이 섞여 있는 혼합물일 수도 있다.

3. 증발과 증발열, 증기압

기화는 액체가 열에너지를 흡수하여 기체가 되는 과정이다. 기화 과정을 통해 만들어진 기체는 증기vapor라고 하고 물이 기화된 것은 특별히 수증기water vapor라고 부른다.

상온 중의 액체 입자는 주위로부터 열에너지를 흡수하면서 운동 에너지가 점차로 커져 움직임이 빨라지는데, 이 과정에서 입자들 간 충돌이 지속되다가 순간적으로 높은 에너지를 가진 입자가 발생한다. 이러한 입자들이 액체 표면 쪽에 위치하여 있으면 주변 입자의 인력을 극복하고 천천히 분리되어 기화되는데, 이것이 증발evaporation이다. 안쪽에 위치한 입자들에 비해 표면 쪽 입자들은 이웃 입자가 적어 인력의 영향을 덜 받기 때문에 기체가 되기 위해 상대적으로 적은 에너지를 소비하며 쉽게 분리될 수 있다. 한편, 비등

(끓음)boiling은 가열로 인해 표면뿐 아니라 내부에서도 격렬하게 기화가 일어나는 현상이다.

증발이 일어나는 동안 운동 에너지가 높은 입자들이 탈출함에 따라 남은 액체의 평균 운동 에너지는 낮아지고 온도는 떨어진다. 증발로 손실된 운동 에너지는 외부로부터 열에너지의 형태로 액체에 보충되는데, 이러한 과정은 손실된 양과 보충된 양이 같아질 때까지 계속된다. 이처럼 어떤 물질의 증발 과정 동안 액체가 외부로부터 흡수하는 열에너지를 증발열heat of evaporation이라고 하고, 증발열로 인한 열에너지의 손실로 인해 주변 온도는 냉각된다. 더운 여름 아스팔트에 물을 뿌리면 지열이 식거나, 땀을 흘리면 피부의 온도가 떨어지는 원리이다.

폐쇄계closed system에서는 증발된 입자가 액체 위에 증기로 축적될 수밖에 없다(그림 7.3). 증발로 인해 축적된 증기의 밀도와 압력이 점차로 높아지면 기체 입자들 중 다시 액체로 돌아가는, 즉 응축하는 입자의 수는 차차 증가하게 된다. 증발하는 입자와 응축하는 입자의 수가 같아지는 평형equilibrium 상태에 이르면 증기의 밀도와 압력은 변화하지 않고 액체의 온도도 더 이상 변하지 않는 포화saturation 상태가 되는데, 이때 기체의 압력을 평형 증기압vapor pressure이라고 한다. 증기압은 액체뿐 아니라 고체의 승화에도 적용될 수 있다.

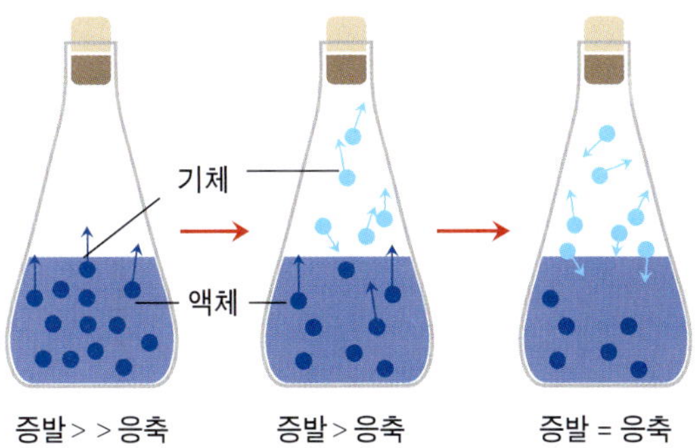

그림 7.3 액체의 증발과 기체의 응축

4. 이상 기체와 이상 기체 방정식

이상 기체ideal gas는 공간을 차지하지 않는 점입자point particle로 구성되어 있으며, 입자 간 상호 작용 없이 무질서하게 운동하는 기체이다. 실제로 이러한 물질은 존재하지 않으므로 이상 기체는 이론상의 기체이며 하나의 상태 방정식을 통해 나타낼 수 있다.

기체의 몰수(n)와 온도(T)가 일정한 조건에서 압력(P)과 부피(V)는 서로 반비례한다(그림 7.4, 5)는 보일의 법칙과, 기체의 몰수(n)와 압력(P)이 일정한 조건에서 부피(V)는 온도(T)에 비례한다(그림 7.6)는 샤를의 법칙은 이상 기체의 성질을 잘 나타낸다. 여기에 온도(T)와 압력(P)이 일정한 조건에서 기체의 부피(V)와 입자의 몰수(n)는 비례한다(그림 7.7)는 아보가드로의 법칙을 추가로 적용하게 되면 이상 기체의 상태를 하나의 방정식으로 일반화할 수 있는데 이를 이상 기체 방정식ideal gas equation이라고 한다.

1) 보일의 법칙

몰수(n)와 온도(T)가 일정한 닫힌계closed system에서 이상 기체의 압력(P)과 부피(V)는 서로 반비례한다. 보일의 법칙Boyle's law은 기체의 부피와 압력 간의 관계를 나타낸 최초의 물리 법칙으로, 영국의 화학자인 보일(R. Boyle)이 1662년에 발표하였다.

$V \propto 1/P$ (T와 n이 일정할 때)

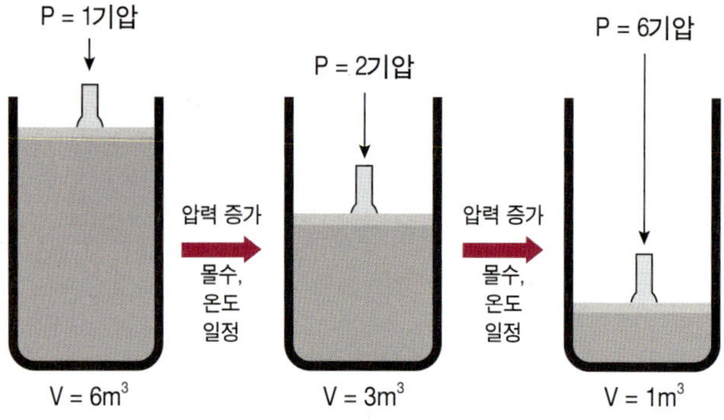

그림 7.4 압력 증가에 따른 부피 감소

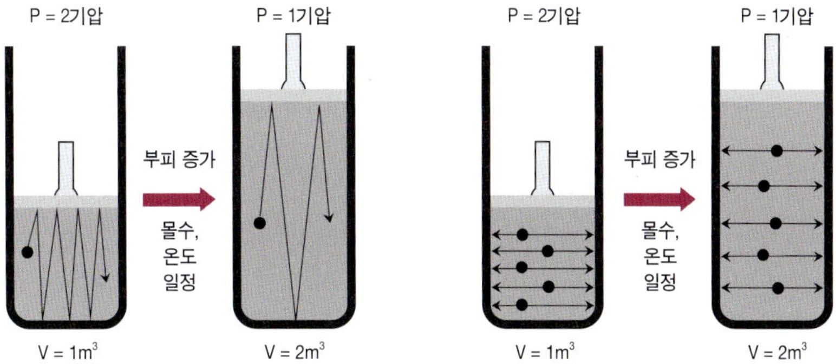

그림 7.5 부피 증가에 따른 압력 감소

2) 샤를의 법칙

기체의 몰수(n)와 압력(P)이 일정한 닫힌계에서 부피(V)는 온도(T: 켈빈온도, 절대온도)에 비례한다. 기체의 부피와 온도 간의 관계는 1801년 돌턴(J. Dalton)에 의해 실험으로 증명되었고 1802년 게이뤼삭(J. L. Gay-Lussac)에 의해 재확인되었는데, 이것은 원래 프랑스의 과학자이자 수학자인 샤를(J. Charles)이 1780년대 미발표하였던 발견이었으므로 그의 이름을 따서 샤를의 법칙Charles's law이라 하였다.

$$V \propto T \text{ (P와 n이 일정할 때)}$$

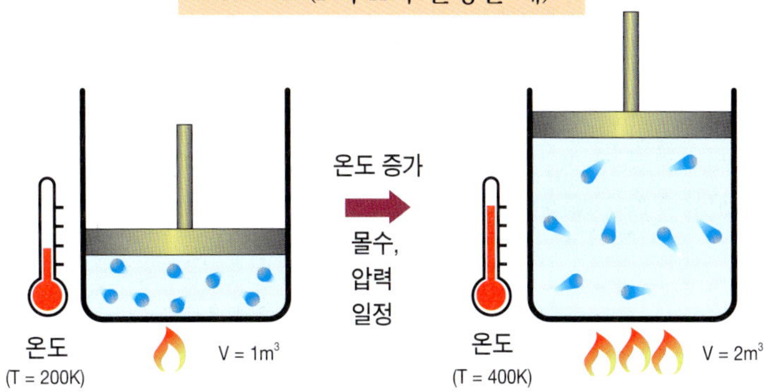

그림 7.6 온도 증가에 따른 부피 증가

3) 아보가드로의 법칙

온도(T)와 압력(P)이 일정한 조건에서 동일한 부피(V)의 기체는 동일한 수의 입자수(n)를 가진다. 즉, 기체의 부피(V)와 입자의 몰수(n)는 비례한다. 아보가드로의 법칙 Avogadro's law은 물리학자인 아보가드로(A. Avogadro)의 이름을 따서 명명되었다. 그는 1812년에 같은 부피, 같은 온도, 같은 압력에 주어진 두 가지 이상 기체에는 같은 수의 분자가 들어 있다는 가설을 세웠다.

$$\mathbf{V \propto n} \text{ (T와 P가 일정할 때)}$$

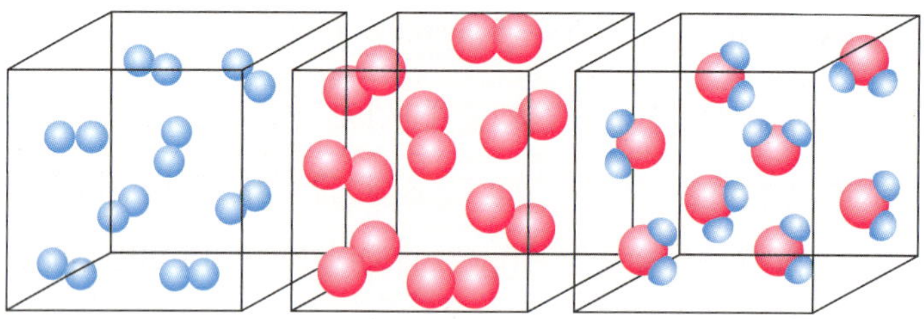

그림 7.7 동일 부피의 기체 분자

4) 이상 기체 방정식

보일의 법칙, 샤를의 법칙, 아보가드로의 법칙 등 세 가지 수식을 모두 조합하여 하나의 방정식으로 정리하면 다음과 같다. 이를 이상 기체 방정식ideal gas equation이라고 한다.

$$\mathbf{PV = nRT}$$

P는 기체의 압력, V는 기체의 부피, n은 기체 입자의 몰수, T는 절대온도이다. R은 보편 기체 상수universal gas constant로서, 그 값은 8.3144626 J/(mol · K)이며 이상 기

체 1몰을 1켈빈 상승시키는 데 필요한 에너지라고 생각할 수 있다. 또는 R을 0.0820574 (L · atm)/(K · mol)로 나타낼 수도 있다. 일부 과학자들은 보편 기체 상수를 R로 표시하는 것이 프랑스의 화학자 르노(H. V. Regnault)에서 왔다고 주장하기도 하지만 실제로 유래에 대해서는 명확히 알려져 있지 않다.

실제 기체 중 분자량이 크지 않은 많은 기체들은 고온 저압 상태가 되면 이상 기체와 비슷한 특성을 보이는데, 그 이유는 입자 크기에 비해 입자 간 간격이 매우 넓어지고, 입자의 운동 에너지가 커져 입자 간 상호 작용이 거의 없어지기 때문이다. 따라서 고온 저압 상태에서는 실제 기체들도 이상 기체 방정식을 완전하게 따르지는 않지만 근사하게 만족시키게 된다. 하지만 반대의 경우, 즉 저온 고압에서 실제 기체는 입자 간 간격이 좁아지면서 입자들의 크기가 상대적으로 커져 무시할 수 없는 수준이 되며, 기체 입자 간 상호 작용이 일어나기 때문에 기체의 특성이 이상 기체와 크게 차이를 보이게 되며 이상 기체 방정식을 적용할 수 없게 된다. 저온 고압 상태에서 이상 기체는 액체나 고체로 전환되지 않지만 실제 기체는 액체나 고체로 상전이phase transition를 일으키기 때문이다. 또한 분자량이 크거나 입자 간 상호 작용이 큰 기체는 이상 기체 방정식이 잘 적용되지 않는다.

예제 7.1

SF_6(sulfur hexafluoride)는 대표적인 온실가스이다. 이 기체 2.0 mol을 27℃에서 3 L 부피의 용기에 담았을 때 기체의 압력을 계산하라. 단, 이때 보편 기체 상수 R의 값으로 0.0820574 (L · atm)/(K · mol)을 사용하라.

풀이

PV = nRT에서

P = nRT / V

$$P = \frac{(2.0mol)\cdot(0.0820574L\cdot atm/K\cdot mol)\cdot(27+273)K}{3\,L}$$

$= 1.6 \times 10$ atm

C H A P T E R

8

Chemistry

액체의 성질

1. 액체의 성질

액체는 유동적이며 쉽게 모양이 변하므로 기체와 마찬가지로 어떤 모양의 그릇에도 담을 수 있다. 고체와 다르게 액체와 기체는 입자들 간 상호 인력이 약하여 움직임이 쉽기 때문이다(그림 8.1). 액체와 기체의 역학적 성질은 공통된 점이 많기 때문에 유체라는 범주로 분류하고 유체 역학이라는 학문으로 체계화되어 있다. 그러나 액체는 기체 입자에 비하여 입자 간 간격이 매우 촘촘하여 밀도가 높고, 압력의 변화와 관계없이 거의 일정한 부피를 유지한다는 점에서 차이가 있다. 또한 용기에 담기면 분산되어 모든 공간을 완전히 채우는 기체와 달리, 액체는 용기에 담긴 후에도 일정한 밀도를 유지하여 공간 전부를 채우지 않고 한곳에 모여 있게 된다.

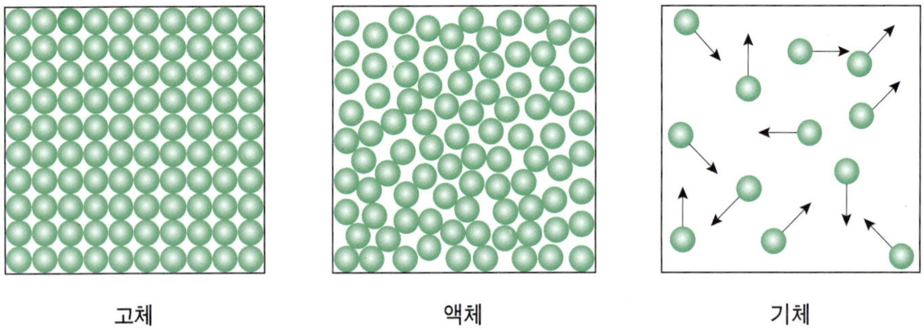

그림 8.1 물질의 세 가지 상태

2. 표면장력

잔잔한 물의 표면 위에 수평으로 클립을 살짝 얹으면 떠 있게 된다. 이 현상은 배가 뜨는 부력의 원리와는 다른데, 물 표면에 존재하는 탄성, 즉 표면장력으로 인해 발생하는 현상이다. 유리판 위에 떨어뜨린 물이 구형의 물방울을 만드는 것 역시 표면장력으로 인해 가능한 일이다.

액체 내 입자가 가진 에너지는 위치에 따라 다르다(그림 8.2). 표면 쪽에 노출된 입자들은 내부 입자들보다 이웃하는 입자의 수가 적어 상대적으로 높은 운동 에너지를 가지고 있다. 액체는 열역학적 경향에 따라 노출된 입자의 수를 적게 하여 안정화하기 위해 표면적을 줄이려고 한다. 동일 부피일 때 표면적을 최소로 하는 구조는 구형이므로 방울 모양은 액체의 노출 입자 수를 최소화할 수 있다(그림 8.3).

한편, 물은 다른 액체에 비해 수소 결합의 작용으로 인해서 표면장력이 더욱 강하다. 용기에 담겨 있는 물에서 안쪽의 물 분자들은 이웃 분자들과 모든 방향으로 수소 결합에 의한 응집력cohesion이 작용하고, 표면 쪽 물 분자들은 바깥쪽으로는 응집력이 작용하지 않고 안쪽으로만 응집력이 작용하고 있기 때문에 표면이 축소되는 효과가 발생한다. 그러나 물에 비누나 세제와 같이 친수성과 소수성을 모두 띤 계면 활성제를 섞게 되면 수소 결합이 방해를 받게 되면서 표면장력이 감소하게 된다(그림 8.4).

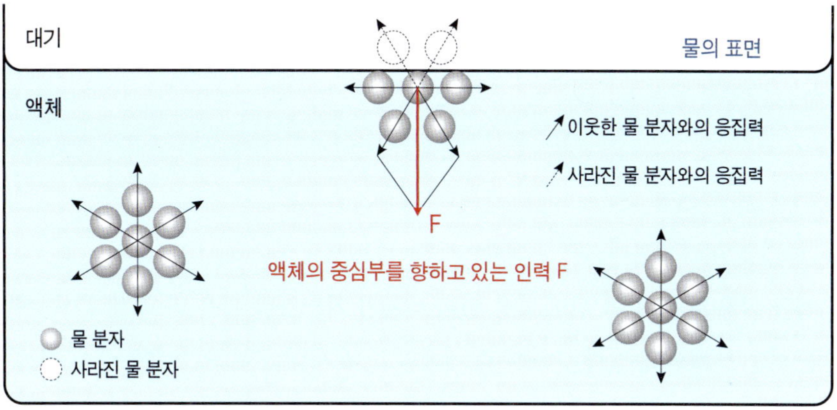

그림 8.2 분자 간 인력에 의한 물의 표면장력

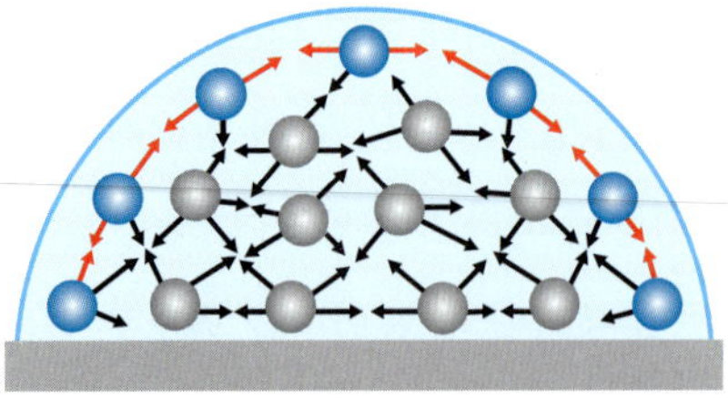

그림 8.3 물방울의 표면장력

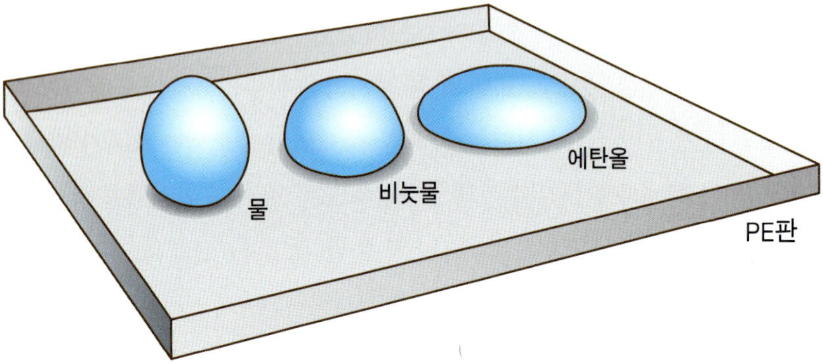

그림 8.4 표면장력에 따른 여러 가지 물질의 모양

3. 모세관 작용

모세관 작용은 중력 등 힘의 작용 없이 액체가 가느다란 관을 타고 올라가는 현상을 말한다. 이는 액체의 응집력cohesion과 액체와 고체 사이의 부착력adhesion이 함께 작용한 결과이다.

액체와 용기 사이의 경계면에서 표면장력에 의해 형성된 액체 표면의 오목하거나 볼록한 모양의 구부러진 곡면을 메니스커스meniscus라고 하는데, 이 명칭은 초승달을 의미하는 그리스어에서 유래하였다. 유리 용기에 담긴 물처럼 응집력에 비해 부착력이 강한 경우에는 오목한 모양의 메니스커스가 형성되지만, 반대로 유리 용기에 담긴 수은처럼 부착력에 비해 응집력이 강한 경우에는 볼록한 모양의 메니스커스가 형성된다(그림 8.5).

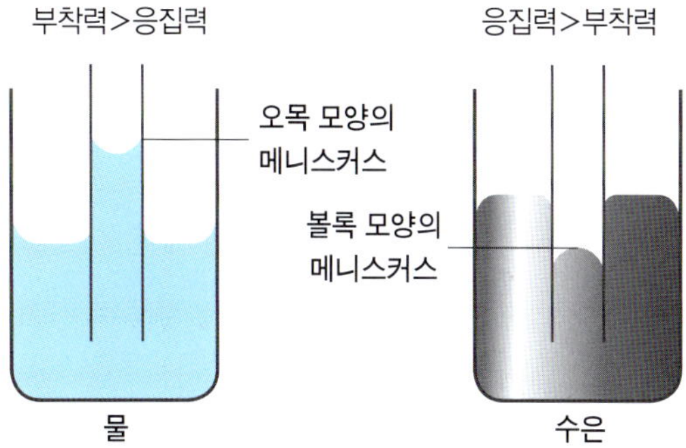

그림 8.5 물과 수은의 메니스커스

그림 8.6에서 보듯, 유리관 안에 물을 넣었을 때 두 극성 물질인 유리와 물 사이에는 강한 부착력adhesion이 형성되므로 가장자리 부분에 있는 물 분자의 상승이 일어나, 그 결과 오목한 모양의 메니스커스가 형성된다(가). 하지만 물 분자들 사이에는 표면장력에 의한 응집력cohesion도 형성되므로 메니스커스의 표면적을 축소하려는 방향으로 물 표면의 중심부가 위로 상승하게 된다(나). 이처럼 부착력과 표면장력에 의한 응집력이 반복적으로 작용하게 되면(다, 라) 그 결과 액체가 관을 타고 올라가는 모세관 작용capillary action이 일어나게 된다(그림 8.6). 하지만 수은과 같이 유리관에 부착력이 형성되지 않는 액체는 입자 간 인력에 의한 응집력이 강하게 작용하기 때문에 표면이 볼록한 형태의 메니스커스가 형성되고 모세관 작용은 반대로 일어나 유리관 내부 높이가 주위 높이보다 낮아지게 된다(그림 8.5).

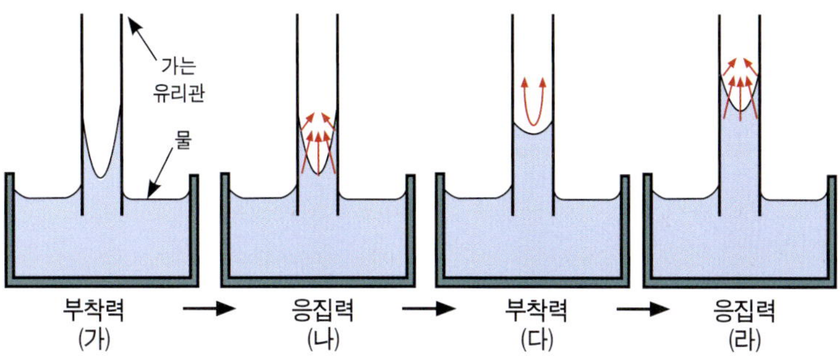

그림 8.6 모세관 현상

4. 분자 간 힘

분자들 사이에 작용하는 인력이나 반발력을 분자 간 힘이라고 한다. 분자 간 거리가 가까워질수록 인력은 점차 크게 작용하지만, 일정 수준 이상으로 가까워지면 반발력이 작용하게 된다. 일반적으로 인력이 크게 작용하는 정도의 가까운 거리에서 전기적으로 중성인 분자 간 작용하는 전기적 힘을 판데르발스 힘van der Waals force이라고 한다.

원자들이 전자쌍을 공유함으로써 인력과 반발력 간 균형을 통해 형성된 결합을 공유 결합covalent bond이라고 하고, 만들어진 물질은 분자molecule로 분류한다. 일반적으로 동일한 두 원자가 공유 결합한 이원자 분자는 원자 사이에 전자가 균등하게 분포하므로 쌍극자 모멘트dipole moment가 없는 비극성 공유 결합을 형성하지만, 종류가 다른 두 원자가 공유 결합한 이원자 분자는 전자가 불균등하게 분포하므로 두 원자 간 전하 차이가 발생하고 쌍극자 모멘트가 있는 극성 공유 결합을 형성한다.

쌍극자 모멘트는 분자 내 양전하와 음전하가 분리된 정도를 나타내는 벡터값으로, 방향은 보통 양전하로부터 음전하를 향하는 것으로 정한다. 쌍극자 모멘트의 값은 전하의 크기와 양전하와 음전하 사이의 거리의 곱으로 정의되며 온도에 영향받는다. 쌍극자 모멘트가 0이 아닌 경우 같은 양의 양전하와 음전하가 일정 거리 만큼 떨어져 있는 영구적인 전기 쌍극자를 형성하며 이를 극성 분자라고 한다. 3개 이상의 원자가 결합한 다원자 분자는 분자 내 모든 쌍극자 모멘트의 벡터 합이 0이 아닌 경우 극성 분자를 형성한다. 예를 들어, 동일한 원자들이 공유 결합한 다원자 분자라 하더라도 화학적 환경에 따라 오존(O_3)과 같이 쌍극자 모멘트가 있는 극성 분자를 형성하기도 한다(그림 8.7). 한편, 극성 공유 결합에 의해 형성된 다원자 분자라도 이산화탄소(CO_2)와 같이 쌍극자 모멘트의 벡터 합이 0이 되는 경우에는 비극성 분자가 형성된다(그림 8.8).

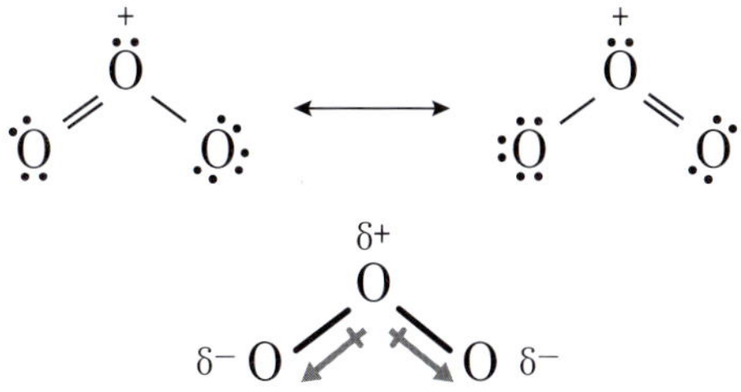

그림 8.7 오존(O_3)의 쌍극자 모멘트

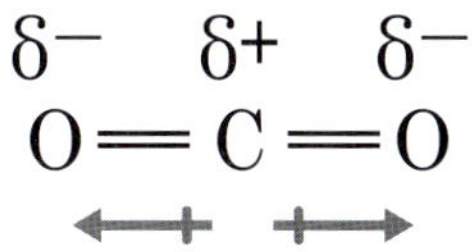

그림 8.8 이산화탄소(CO_2)의 쌍극자 모멘트

판데르발스 힘은 분자 간 작용하는 인력으로서 쌍극자 간 인력에 의해 발생한다. 판데르발스 힘은 쌍극자의 형태에 따라 쌍극자–쌍극자 인력, 쌍극자–유도 쌍극자 인력, 유도 쌍극자–유도 쌍극자 인력 등 세 가지 종류로 분류할 수 있다. 분자 간 인력에는 판데르발스 힘 이외에도 수소 결합에 의한 인력이 있으며 판데르발스 힘보다 훨씬 강력하다. 판데르발스 힘과 수소 결합의 세기는 다음 순서와 같다.

수소 결합 ≫ 쌍극자–쌍극자 인력 > 쌍극자–유도 쌍극자 인력 > 유도 쌍극자–유도 쌍극자 인력

분자 간 인력은 아니지만 이온과 쌍극자 간에도 인력이 형성되는데, 이온–쌍극자 인력, 이온–유도 쌍극자 인력 등이다. 이온–쌍극자 인력은 이온 전하가 쌍극자 모멘트보다 훨씬 크기 때문에 수소 결합보다 강한 힘으로 작용하게 된다. 이온–유도 쌍극자 인력은 이온의 전하에 의해 비극성 분자가 일시적으로 불균등한 전자 분포를 일으킴으로써 형성되는 힘이다.

1) 쌍극자-쌍극자 인력

쌍극자-쌍극자 인력Keesom force(키솜 인력)이란 쌍극자 모멘트를 가진 극성 분자들 사이에 작용하는 인력이다. 높은 온도에서는 빠른 분자 운동으로 인하여 분자 간 인력이 약해지기 때문에 쌍극자-쌍극자 인력은 분자 운동이 활발하지 않은 낮은 온도에서 작용하는 힘이다.

액체상에서 극성 분자들은 인력을 최대화하려는 방향으로 자리를 배열하는 운동을 한다. 쌍극자 사이의 인력은 한 분자의 양전하를 띤 부분과 다른 분자의 음전하를 띤 부분 사이의 거리가 가까울수록 커지고, 쌍극자 모멘트가 클수록 커진다.

2) 쌍극자-유도 쌍극자 인력

비극성의 분자 또는 원자가, 쌍극자 모멘트를 가진 극성 분자와 가까워지게 되면 일시적으로 쌍극자 모멘트가 형성되는데 이렇게 형성된 쌍극자를 유도 쌍극자라 한다. 즉, 회전하는 극성 분자가 비극성 분자 또는 원자에 다가오면, 쌍극자의 음전하 부분에 가까워진 쪽 비극성 분자의 전자가 반대편으로 밀리면서 일시적으로 불균등한 전자 분포가 형성되어 쌍극자 모멘트를 가지게 된다. 쌍극자와 일시적으로 유도된 쌍극자 사이에 작용하는 인력을 쌍극자-유도 쌍극자 인력Debye interaction(디바이 상호 작용)이라고 한다.

3) 유도 쌍극자-유도 쌍극자 인력

낮은 온도에서 비극성의 분자 또는 원자가 일시적으로 전자 분포가 불균등해져 유도 쌍극자가 되고 다시 주위 비극성의 분자나 원자를 유도 쌍극자로 전환시킨 후 상호 작용하는 힘을 유도 쌍극자-유도 쌍극자 인력이라고 한다. 원자(분자) 내 전자는 한 위치에 고정되어 있지 않고 고속으로 운동하고 있는데, 분포 변화에 따라 원자(분자)의 한 부분에서 순간적으로 높은 확률로 전자가 나타날 수 있다. 이 경우 원자(분자)가 순간적으로 평형 상태에서 벗어나 전하의 분포가 균형을 잃고 쌍극자가 된다. 유도된 쌍극자는 주위의 다른 분자들을 다시 순간적 쌍극자로 유도할 수 있다(그림 8.9). 이렇게 일시적으로 유도된 쌍극자들 간에 작용하는 유도 쌍극자–유도 쌍극자 인력을 런던 분산력London dispersion force 또는 런던 힘London force이라고도 한다. 일반적으로 런던 분산력은 쌍극자–쌍극자 인력보다 작고 원자나 분자 간 작용하는 힘 중 가장 약하다.

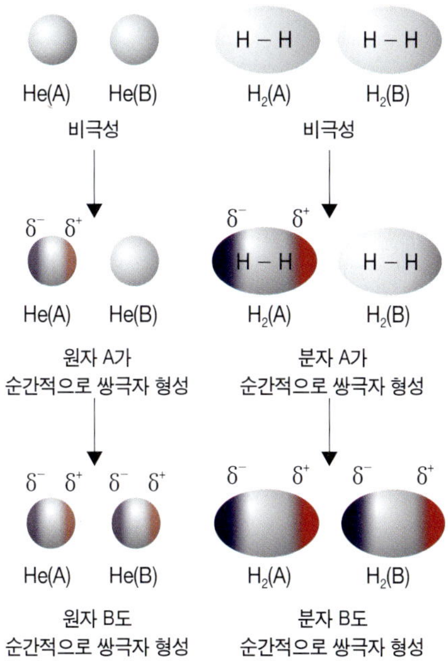

그림 8.9 유도 쌍극자 형성과 인력

유도 쌍극자–유도 쌍극자 인력의 한 예로서, 두 원자(분자)가 서로 가까워져 원자(분자) 내부 전자가 다른 원자(분자)의 전자를 밀어내는 척력이 작용할 수 있다. 이 경우 전자는 서로 반대 방향으로 쏠리게 되며 전하 분포가 평형점에서 벗어나 일시적으로 쌍극자가 유도되는데, 주변에 같은 방향으로 정렬되어 있는 인접한 두 일시적 쌍극자 간에는 유도 쌍극자–유도 쌍극자 인력이 발생할 수 있다.

유도 쌍극자–유도 쌍극자 인력은 크기가 큰 분자 간에 여러 개의 유도 쌍극자–유도 쌍극자 인력이 작용할 경우 더욱 강해질 수 있다(그림 8.10). 한편, 크기가 큰 원자는 전자의 개수가 많으며 전자 간 거리가 멀고 핵과의 거리도 멀어지므로 유도 쌍극자를 쉽게 형성할 수 있다.

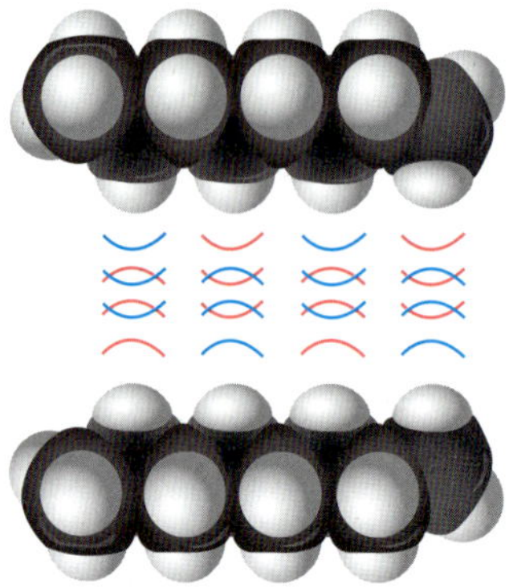

그림 8.10 여러 개의 유도 쌍극자-유도 쌍극자 인력이 작용하는 분자

4) 수소 결합

수소 원자와 전기 음성도가 큰 N, O, F 등 원자가 결합하게 되면 수소 부분은 부분적 양전하를 띠고 다른 쪽 원자 부분은 부분적 음전하를 띰으로써 쌍극자 모멘트가 매우 큰 극성 분자가 만들어진다. 이와 같은 극성 분자의 수소 근처에 전기 음성도가 큰 원자가 가까이 오게 되면 강력한 정전기적 인력이 형성되는데 이를 수소 결합hydrogen bond이라고 한다. 수소 결합은 원자들 간의 화학 결합이 아닌 분자들 간 인력이지만, 다른 판데르발스 힘에 비해 훨씬 강력하기 때문에 결합이라는 명칭을 사용한다.

수소 결합은 정전기적 상호 작용만으로는 설명하기 어려운데, 최근 상대적으로 강력한 수소 결합에서는 공유 결합의 특성이 나타나고 상대적으로 약한 수소 결합에서는 정전기적 상호 작용과 함께 분산력에 의한 상호 작용이 나타남이 보고되었다.

이러한 특성으로 인하여 수소 결합을 형성한 물질은 분자량이 비슷한 다른 분자들에 비해 녹는점과 끓는점이 높고, 융해열과 기화열이 크다. 하지만 수소 결합은 원자들 간 화학 결합인 공유 결합보다는 훨씬 약한 인력이기 때문에 외부 요인에 의해 쉽게 분리되는데, 이러한 성질은 여러 생화학적 메커니즘에서 매우 중요한 의미를 가진다. 생체 내에서 수소 결합을 형성하는 대표적인 물질에는 물, DNA, 단백질 등이 있다.

5. 수화물

유기 화학에서 수화물hydrate은 유기 화합물에 물 분자를 구성하는 수소(−H)와 하이드록시기(−OH) 등 구성 요소가 결합한 화합물을 말한다. 예를 들어, 에탄올(CH_3-CH_2-OH)은 에텐($CH_2=CH_2$)의 수화물로서 한쪽 탄소에는 수소가 결합하고 다른 쪽 탄소에는 하이드록시기가 결합한 것이다.

유기 화합물 중 어떤 수화물은 물과 화학적으로 결합하지 않고 결정 구조 내에 일정한 화합비로 물 분자를 포함하기도 하는데, 이때 포함된 물을 결정수water of crystallization라고 한다. 이온 결합 화합물의 수화물은 특별히 함수염salt hydrate이라고 하고 물 분자의 개수에 따라 1수화염, 2수화염 등으로 부르는데, 결정수를 제외한 화합물은 무수물의 형태로 쓰는 것이 일반적이다. 수화물의 화학식은 화합물의 화학식을 쓰고 점을 찍은 다음 물 분자의 개수와 함께 물의 분자식을 써 준다. 예를 들어, $CuSO_4 \cdot 5H_2O$, $MgCl_2 \cdot 6H_2O$ 등이 있다. 물 분자의 개수가 일정하지 않다면 물 분자의 앞에 n을 표시하는데 $Fe_2O_3 \cdot nH_2O$와 같은 예가 있다.

결정수 중 구조수로 분류되는 물은 화합물의 결정 구조에 있어서 일정한 위치를 차지하며 결정 격자의 안정화에 필요한 물이다. 따라서 구조수가 제거되거나 양이 변화되면 결정 구조가 달라지거나 결정 격자가 무너지게 된다. 만일 물 분자가 제거되었음에도 결정 구조에 변화가 없다면 제올라이트수(비석수)zeolitic water라고 분류한다. 제올라이트수는 좁은 의미에서는 결정수에 포함되지 않기도 한다.

무기 화학에서 수화물은 일정 비율의 물 분자가 중심 금속과 결합하거나 금속 착물과 함께 결정화된 무기염을 말한다. 무기염류는 6수화물(6수화염) 형태가 흔하다.

6. 물의 특성

물은 상온에서 무색, 무미, 무취의 투명한 액체이다. 물 분자는 쌍극자 모멘트를 가지는 극성 분자이기 때문에 이온 결합 화합물이나 극성 공유 결합 화합물의 용매가 될 수 있다. 이러한 이유로 인해 물은 인체에 가장 많은 양(55 ~ 78%) 존재하는 필수 성분이다.

1기압(atm)에서 물의 어는점은 0.00℃이고 3.98℃에서 최대 밀도(0.999973 g/cm^3)를 가진다. 물은 얼면서 부피가 증가하므로 유리병에 담긴 물을 그대로 냉동고에 넣으면 팽창하면서 유리가 깨질 수 있다. 이와 같은 물의 특성은 다른 물질에서 볼 수 없는 매우 드문 성질이다. 일반적으로 물질은 액체에서 고체 상태로 변화할 때 부피가 감소하기 때문이다.

액체 상태에서 물 분자들은 상대적으로 가까이 분포하지만, 고체 상태가 되면 강한 수소 결합 형성으로 인해 육방 결정계hexagonal system 구조를 이루면서 내부에 빈 공간이 많아져 액체보다 부피가 커진다(그림 8.11). 따라서 동일 질량일 때 액체 상태의 물보다 고체 상태의 얼음이 부피가 더 크므로 밀도는 더 낮다. 얼음은 낮은 밀도로 인해 물 위에 뜨게 되는데, 이러한 물의 특성은 한겨울에 강이나 호수의 표면은 얼어 있음에도 얼음의 아래쪽에는 액체 상태인 물이 유지되어 생명체가 생존할 수 있는 환경을 제공하는 역할을 한다.

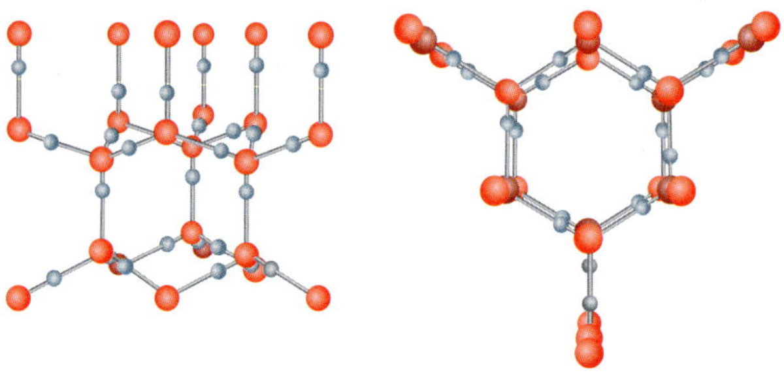

그림 8.11 얼음의 결정 구조

동일한 상태 내에서 물질의 온도가 증가하면 입자의 움직임이 커지면서 멀어지게 된다. 그 결과 물질의 부피는 팽창한다. 일부를 제외하고는 대부분 물질이 이러한 성질을 가지고 있어서 온도가 증가하면 팽창하고 온도가 감소하면 수축한다. 물도 고체, 액체, 기체 각 상태에서 온도가 증가하면 팽창하고 온도가 감소하면 수축한다. 그러나 예외적으로 0 ~ 4°C(좀 더 정확히는 0.00 ~ 3.98℃) 범위에서 액체인 물은 매우 특징적인 현상을 보이는데, 온도 증가에 따라 부피가 점차로 감소하게 된다(그림 8.12). 이 온도 범위에서 물은 분자의 움직임 증가에 의한 부피 증가 효과보다 얼음 결정의 붕괴에 따른 부피 감소 효과가 더 크므로 결과적으로 부피가 감소하는 결과가 초래되는 것이다. 따라서 물은 0°C가 아니라 4°C에서 단위 무게당 부피가 가장 작고 밀도가 가장 크다.

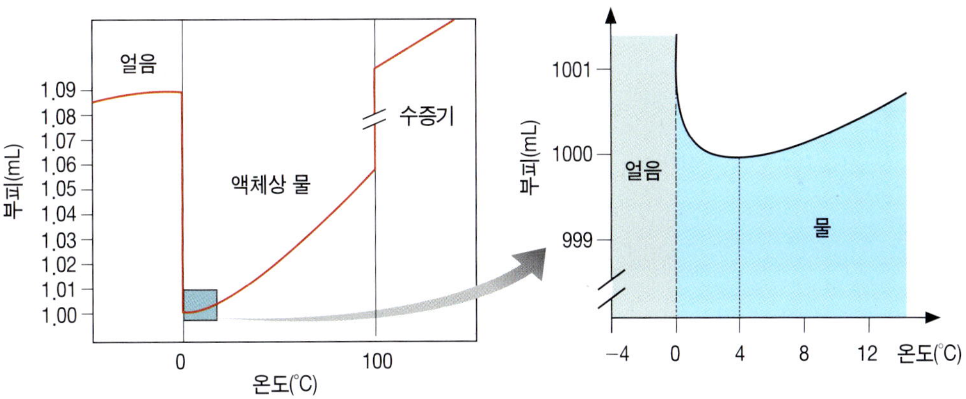

그림 8.12 온도에 따른 물의 부피 변화

한 분자의 물은 2개의 수소 원자와 1개의 산소 원자로 이루어져 있다. 각 수소 원자는 산소 원자와 공유 결합하고 있는데, 산소는 전기 음성도가 두 번째로 큰 원소로, 수소-산소 공유 결합은 전기 음성도 차이에 의해 쌍극자 모멘트를 가진다. 만약 물 분자가 선형 구조라면 수소-산소 쌍극자 모멘트가 상쇄되어 비극성이 되겠지만 물 분자는 결합각이 약 105°인 비선형 구조이므로 쌍극자 모멘트를 갖는 극성 분자이다(그림 8.13). 물 분자에서 산소 원자 주위의 영역은 약한 음전하를 띠고 2개의 수소 원자 영역은 약한 양전하를 띠고 있다. 극성을 띤 물 분자들은 서로를 잡아당겨 수소 결합을 형성하며 이로 인하여 고유의 물리적 특성을 가진다.

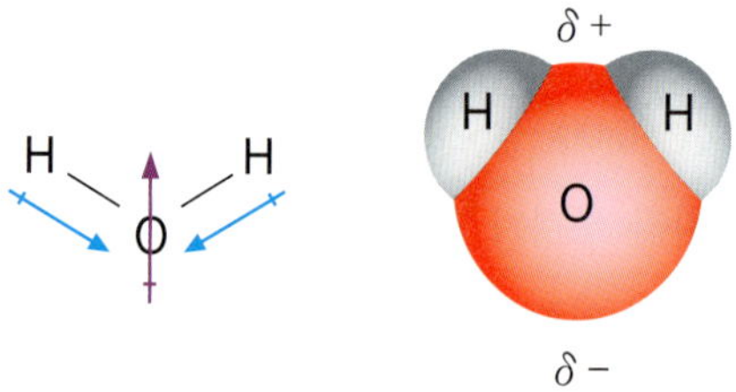

그림 8.13 물 분자

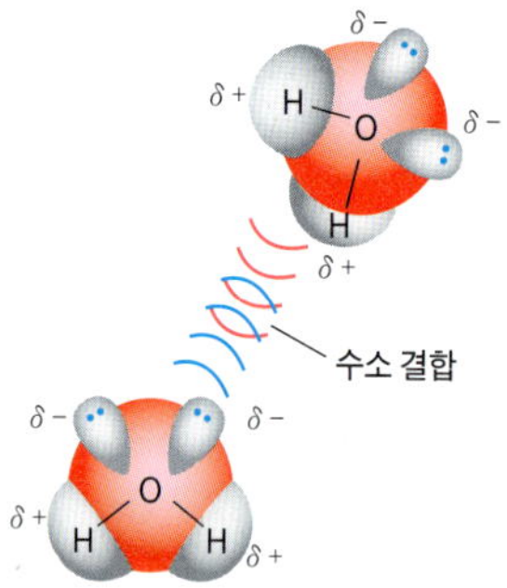

그림 8.13 물 분자 간 수소 결합

물의 융해열heat of melting은 79.72 cal/g(0°C)(표 8.1), 기화열heat of vaporization은 9.919 kcal/mol(100℃)로, 다른 물질들보다 높다. 물의 끓는점 역시 100.00℃로 다른 물질에 비해 상당히 높다(그림 8.16). 이와 같은 특성은 물 분자 간 수소 결합에 기인한다. 수소 결합을 하지 않는 황화 수소(H_2S)의 끓는점이 약 −60°C인 것과 비교하면 물의 끓는점이 얼마나 높은지 알 수 있다.

열용량heat capacity은 물질의 온도를 1°C 또는 1 K만큼 올리는 데 필요한 열로 물질의 양에 영향받는다. 반면, 비열specific heat 또는 몰비열molar heat은 일정한 양에 대한 열용량의 비ratio로서 물질의 특성이며 물질 간 비교가 가능하다. 물은 비열이 매우 큰 물질이어서 상대적으로 가해진 열에 비해 온도 변화가 적고 온도를 높이거나 낮추기 위해 많은 열을 가하거나 제거해야 한다(표 8.2).

표 8.1 물질의 융해열

물질	융해열	
	(cal/g)	(J/g)
물	79.72	333.55
포름산	66.05	276.35
글리세롤	47.95	200.62
스테아르산	47.54	198.91
미리스트산	47.49	198.70
아세트산	45.90	192.09
팔미트산	39.18	163.93
벤젠	30.45	127.40
아세톤	23.42	97.99
갈륨	19.20	80.40
프로페인	19.11	79.96
메테인	13.96	58.99

표 8.2 물질의 비열

물질	비열(cal/g · ℃), 20℃
물	1.000
바닷물	0.940
에탄올	0.58

물질	비열(cal/g · ℃), 20℃
얼음	0.487
알루미늄	0.215
유리	0.18
철	0.107
구리	0.0924
게르마늄	0.077
은	0.056
카드뮴	0.055
수은	0.033
금	0.0308
납	0.0305

7. 끓는점과 녹는점

1) 끓는점

기화vaporization는 열에너지를 흡수한 액체가 기체로 전환되는 현상이다(그림 7.1). 액체에 열을 가해 온도가 상승하게 되면 운동 에너지가 높아진 표면의 입자들이 액체로부터 기화하게 되어 증기압은 점차 높아지게 된다. 생성되는 기체 입자로부터의 압력인 증기압은 액체로부터의 기화뿐 아니라 고체로부터의 승화를 통해서도 형성될 수 있다. 기화는 비등(끓음)boiling과 증발evaporation로 분류할 수 있는데, 표면에서만 기화가 일어나는 현상인 증발과는 달리, 비등은 일정 온도 이상으로 액체를 가열했을 때 표면뿐 아니라 내부에서도 기포가 발생하면서 격렬하게 기화하는 현상이다(그림 8.15). 액체의 온도가 높아져 끓는점boiling point에 도달하게 되면 액체로부터 생성되는 증기압이 외기압과 같아지면서 액체 내부에서도 기화가 시작되는 비등 상태에 이르게 된다. 끓는점보다 낮은 온도에서는 액체 내부의 입자들이 외기압으로 인하여 기화하지 못하다가 높은 온도로 인해 운동 에너지가 커진 액체 내부의 입자들도 외기압을 이겨 내고 기화하게 되는 것이다. 끓는점은 일정 압력 조건에서 비등이 일어나기 시작하는 온도를 말하며, 증발은 끓는점 미만의 온도 범위 내에서 일어나는 기화 현상으로 한정된다.

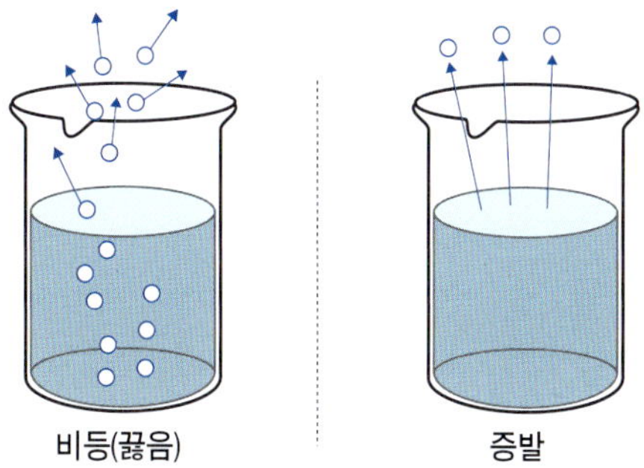

그림 8.14 기화 현상의 분류

액체의 비등은 분자 간 상호 인력을 이겨내고 대기 중으로 탈출하는 것이므로 분자 간 힘의 상대적인 세기에 따라 끓는점이 결정된다. 분자 간 힘은 물질의 종류에 의해 결정되는 것이므로 끓는점은 물질의 특성이다(그림 8.16). 쌍극자–쌍극자 인력이 작용하는 물질들은 분자 극성이 클수록 인력이 크고 끓는점이 높으며, 무극성 분자로 이루어진 물질들은 분자량이 클수록 유도 쌍극자–유도 쌍극자 인력이 크고 끓는점이 높다. 무극성 원자 또는 분자 간에 작용하는 유도 쌍극자–유도 쌍극자 인력의 크기는 매우 다양하기 때문에 끓는점의 범위도 매우 넓다. 수소 결합을 하는 분자들은 수소 결합 세기에 따라 끓는점이 달라지는데, 한 분자당 2개의 수소 결합을 하는 물의 경우에는 끓는점이 매우 높다.

그림 8.15 분자 간 힘에 따른 물질의 끓는점

끓는점은 증기압이 외기압과 같아지는 온도이므로 대기압에 영향받는데, 대기압이 높으면 끓는점도 높아지며 대기압이 낮으면 끓는점도 낮아지게 된다. 대기압이 지구 표면보다 낮은 우주 정거장에서는 70°C에서 물이 비등할 수 있다. 끓는점은 일반적으로 표준 대기압인 1기압(atm)에서 물질이 비등하는 온도로 나타낸다. 1982년 국제 순수 · 응용 화학 연합IUPAC, International Union of Pure and Applied Chemistry 액체가 1 bar(0.986923 atm)의 주변 압력에서 비등하기 시작하는 온도를 표준 끓는점으로 정의하였다.

액체는 끓는점에서 기체와 상평형을 이루고 어는점에서 고체와 상평형을 이룬다. 끓는점과 어는점 사이 온도에서 물질은 일반적으로 액체 상태로 존재한다. 1기압(atm), 실온(대략 300 K)에서 액체 상태인 분자 단위의 순물질에는 물을 비롯해 여러 물질이 있지만, 원소 단위의 순물질 중에는 금속인 수은과 비금속인 브로민 두 종류밖에 없다.

2) 녹는점

고체 상태인 물질에 열에너지를 가하면 액체 상태로 전환되는 현상을 융해(녹음) melting라고 한다(그림 7.1). 얼음이 녹아서 액체인 물로 변하는 것이 대표적인 융해 현상이다. 고체에 열에너지를 가하면 입자들의 운동 에너지가 높아지면서 강한 진동이 일어나 입자 간 인력이 약해진다. 그 결과 고체가 가진 규칙적 입자 배열은 무너진다.

고체 상태의 순수한 물질에 열에너지를 계속해서 가할 때 액체로 전환되기 전 온도 변화 없이 일정하게 유지되는 구간이 관찰되는데, 이 온도를 녹는점melting point이라고 한다(그림 8.17). 녹는점에서는 고체와 액체가 공존하며, 이 구간을 지나게 되면 온도는 상승하고 물질은 액체 상태로 전환된다. 반대로 어는점freezing point은 액체가 열에너지를 빼앗겨 고체 상태로 바뀌는 과정 중 특정 구간에서 관찰되는 일정하게 유지되는 온도를 말한다. 순수한 물질의 경우에는 녹는점과 어는점이 같은데, 예를 들어 물은 녹는점도 0℃이고 어는점도 0℃이다. 하지만 물질이 과냉각 상태에 있는 경우에는 어는점보다 낮은 온도에서 액체 상태로 존재하기도 하는데, 예를 들어 물의 온도를 급격히 낮추면 어는점보다 훨씬 낮은 온도에서 여전히 액체일 수 있다. 과냉각 상태가 발생하는 이유는 이전 온도에서 형성되어 있던 안정 상태가 급격한 온도 변화로 인해 미처 전환되지 못했기 때문이다. 과냉각 상태의 액체는 작은 자극에 의해서 쉽게 응결될 수 있으며 이때는 액체 전체가 한꺼번에 고체화되며 결정을 형성하게 된다.

녹는점과 어는점 역시 끓는점과 마찬가지로 분자 간 힘에 영향받으므로 물질마다 다른 고유의 특성이다. 녹는점과 어는점도 외기압에 영향받으므로 대기압이 변화되면 달라지게 되는데, 이산화탄소를 비롯하여 많은 물질들이 일반적으로는 압력이 증가하면 녹는점(어는점)도 상승한다. 즉, 현재 주어진 압력과 온도에서 고체 상태에 있는 물질은 압력을 올리게 되면 녹는점이 내려가 액체 상태로 전환될 수 있다. 하지만 물은 다른 특성을 보이는데, 물의 상평형도에서 볼 수 있듯이 대기압이 상승하게 되면 녹는점은 하강하게 된다(그림 8.18). 이는 물이 액체로부터 고체 상태로 응결하는 과정에서 분자들이 육방 결정계 구조를 이루면서 내부 공간을 형성하는 특성에 기인한다. 만일 대기압이 상승하게 되면 빈 공간 구조를 형성하기 위하여 더 낮은 온도를 필요로 하게 되므로 어는점은 하강하게 된다. 따라서 물질의 특성인 녹는점과 어는점은 표준 대기압인 1기압(atm)에서의 온도로 나타낸다. 물의 녹는점은 1기압(atm)에서 0℃이며 절대온도로는 273K이다.

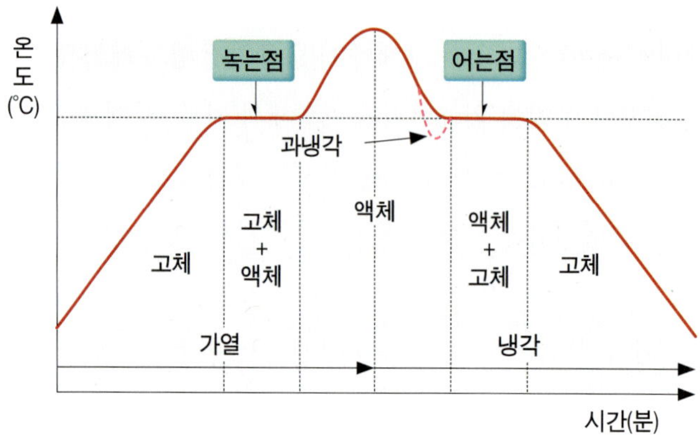

그림 8.16 녹는점과 어는점

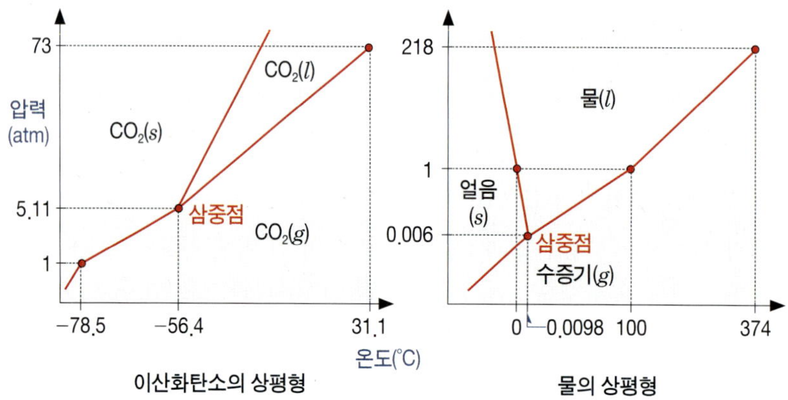

그림 8.17 이산화탄소와 물의 상평형도

CHAPTER 9

Chemistry

용액

1. 용액의 정의

용액溶液, solution은 어떤 하나의 물질 또는 여러 물질이 다른 물질에 완전히 섞여 균일한 상태로 정의된다. 용액의 개념을 정확히 이해하기 위해서는 용질solute과 용매solvent부터 구분하여야 한다. 2개 이상의 순물질로 이루어진 용액에서 용해시키는 주성분 혹은 용액 내에서의 다수 물질을 용매solvent라 하며, 용해가 되거나 용액 내에서의 적은 수로 존재하는 물질이 용질solute이 된다. 용질의 분자나 이온이 용매의 분자들에 의해 둘러싸여 용매 속으로 균일하게 녹아 들어가는 현상을 용해dissolution라 하며, 이때 생성된 균일한 혼합물을 용액이라 한다(그림 9.1). 소금물로 예를 들면, 소금을 용질로, 물을 용매로 구분한다는 이야기된다. 이러한 용액은 기체, 액체, 고체 어떤 상태로도 존재 가능지만 일상에서 흔히 인지하는 보편적 용액은 액상이다. 특정 물질이 다른 물질에 완전히 녹기 때문에 농도concentration라는 개념이 필요하며, 이에 대한 설명은 후에 자세히 설명하기로 한다.

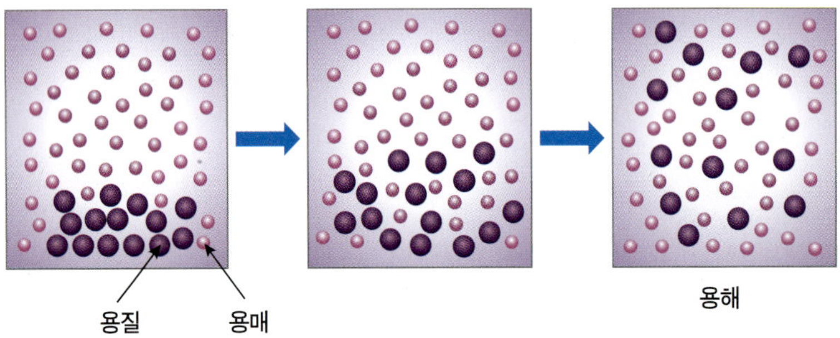

그림 9.1 용질, 용매, 용액의 개념

2. 용액의 종류

용액은 구성하는 물질의 상태에 따라 기체 용액gas solution, 액체 용액liquid solution, 고체 용액solid solution으로 구분할 수 있으며, 녹아 있는 용질의 양에 따라 포화 용액, 불포화 용액, 과포화 용액 등으로 분류할 수 있다.

기체 용액은 용질 및 용매 모두가 기체로 질소, 산소 등의 기체가 혼합되어 있는 공기가 좋는 예라 할 수 있으며, 액체 용액은 앞에서 언급한 소금물 같은 것으로, 용매는 액체이고 용질은 고체, 액체, 기체가 모두 가능하다. 액체 용액은 우리 주변에서 가장 흔히 볼 수 있는 용액이다. 액체 용액에는 주류처럼 에탄올(액체)이 용질인 경우도 있고, 탄산음료처럼 이산화탄소(기체)가 용질로 녹아 있는 경우도 있다. 고체 용액은 극히 드문 경우이지만, 물질이 고체에 녹은 경우로 치과에서 사용하는 아말감 등이 대표적인 예이다. 아말감은 수은에 은과 소량의 다른 금속이 녹아 있는 형태이다.

용매에 용질은 무한으로 녹을 수는 없다. 용질의 양이 특정량을 초과하면 더 이상 녹지 않는데, 이때 일정한 온도에서 일정량의 용매에 녹일 수 있는 용질의 최대량을 용해도solubility라 정의한다. 용질 입자와 용매 입자는 탈착과 부착을 반복하며, 용해와 석출을 되풀이하고 있으나, 장시간을 두고 보더라도 확인이 매우 어렵다. 이러한 상태를 동적 평형 상태에 있다고 표현한다.

포화 용액saturated solution은 용질이 용매에 녹을 수 있는 최대량만큼 녹아 있는 용액을 나타낸다. 불포화 용액unsaturated solution은 아직 더 용질을 녹일 수 있는 용액을 말하며, 과포화 용액supersaturated solution은 일정 온도에서 일단 포화 용액을 제조한 후, 온도에 변화를 주거나 교반 같은 물리적 조작이 종료되면 일정 시간이 흐른 후 용질이 석출된다. 특정 물질의 온도에 따른 용해도는 고유의 성질이므로, 대표적 물질들의 용해도를 그림으로 제시하였다(그림 9.2).

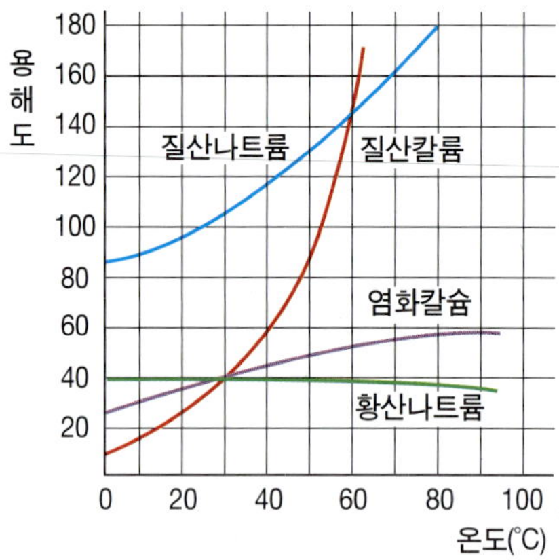

그림 9.2 물질의 용해도

그림 9.2와 같이 일반적으로 고체는 용매 온도가 높아질수록 용해도는 증가하는 것이 보편적 성질이나, 염화나트륨(소금)처럼 온도에 별 영향을 받지 않거나, 황산나트륨처럼 용매 온도가 높아질수록 용해도가 약간 감소하는 성질을 나타내는 물질도 있다.

3. 용해도에 미치는 인자

1) 온도

그림 9.2처럼 고체 용질의 경우 대개 온도가 높아질수록 용해도는 증가한다. 그러나 기체의 용해도는 온도가 증가하면 일반적으로 감소한다. 이는 용액 내 기체 용질이 온도가 상승함에 따라 운동 에너지가 증가하게 되는데, 이로 인하여 액체 용매와 상호 작용을 능가하는 에너지를 가지는 기체 용질수가 증가한다. 결과적으로 운동 에너지가 높은 기체 용질은 용액에서 대기 중으로 날아가기 때문으로 용해도는 감소한다. 고체 용질이 온도가 증가함에 따라 용해도가 증가하는 예로 차가운 물보다는 따뜻한 물에서 커피가 훨씬 잘 녹는 현상 등이 있다.

2) 압력

압력의 변화는 액체 용매에 녹아 있는 고체 및 액체 용질에는 큰 영향을 미치지 않으나, 기체 용질에는 매우 민감하게 작용한다. 일정한 온도에서 일정량의 용매에 녹는 기체의 질량은 압력에 비례하나, 그 부피는 일정하다. 이를 헨리의 법칙Henry's law이라 한다(그림 9.3). 일상에서 차가운 맥주와 미지근한 맥주의 병뚜껑을 개봉할 때 차이는 헨리의 법칙으로 설명이 가능하다.

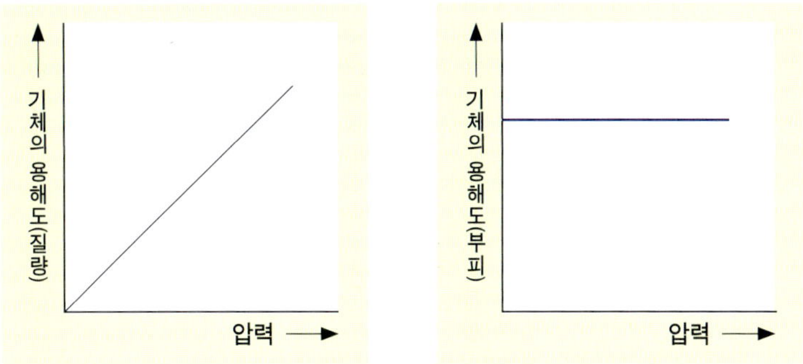

그림 9.3 헨리의 법칙

이 법칙을 수학적으로 나타내면 다음과 같다.

$$S = K_H \cdot P$$

여기서 S는 기체의 용해도(용액 안에 녹아 있는 기체의 분압)이며, K_H는 헨리 상수, P는 기체의 부분압이다.

3) 극성

용질과 용매가 모두 극성이거나, 모두 비극성일 때 용해 현상이 잘 일어난다. 극성

polarity이란 화학에서 2개 이상의 원자로 이루어진 어떠한 분자 내에서 전자구름이 몰려 있는 상태를 말하며, 물 분자는 대표적 극성 물질이고, 헥세인hexane은 대표적인 비극성 유기 용매로 분류된다. 쉬운 예로 물과 헥세인은 섞이지 않으며, 기름 성분은 비극성이므로 물과는 섞이지 않으나 헥세인과는 잘 섞여 용액을 형성한다. 극성 용매는 극성 용질과 분자 간 상호 작용을 통하여 용질을 둘러싸고 용액을 형성할 수 있으나, 비극성 용질과는 용액을 잘 이루지 못한다. 이는 극성 물질 사이에 작용하는 분자 간 힘이 극성–비극성 물질 사이의 분자 간 힘보다 월등히 커서 서로 섞여 들어가지 못하는 이유로 설명된다. 비극성 물질 간의 용액 형성은 극성 물질 사이의 용해 현상과는 약간의 차이가 있다. 비극성 용매와 용질 간에 작용하는 힘은 극성 분자 간에 작용하는 힘에 비해서는 매우 작으나, 비극성 용질 사이의 결합을 끊기에는 충분하며 좀 더 무질서한 상태로 변화하려는 특성으로 인해 용해 현상이 발생하다.

4. 전해질과 비전해질

전해질electrolyte은 수용액에서 이온화되는 물질로, 용액의 개념과 밀접하게 관련되어 있어, 6장에서 언급된 이온 내용과 중복되나 간략하게 다시 설명하려 한다. 이온은 전하를 띤 입자이기 때문에 수용액에서 전기장에서 이동할 수 있고, 전류를 운반할 수 있다. 대표적인 전해질 물질로 소금이 있는데, 소금은 물에 녹으면 아래 식과 같이 이온으로 해리된다.

$$NaCl(s) \rightarrow Na^{+}(aq) + Cl^{-}(aq)$$

비전해질non-electrolyte은 물에 녹아 이온으로 이온으로 해리되지 않아 전기가 통하지 않고, 전류를 운반하지 않는 물질로 대부분의 유기물질이 이에 해당한다. 아래 식과 같이 설탕은 물에 녹기는 하나 전하를 띠지는 않는다(그림 9.4).

$$C_{12}H_{22}O_{11}(s) \rightarrow C_{12}H_{22}O_{11}(aq)$$

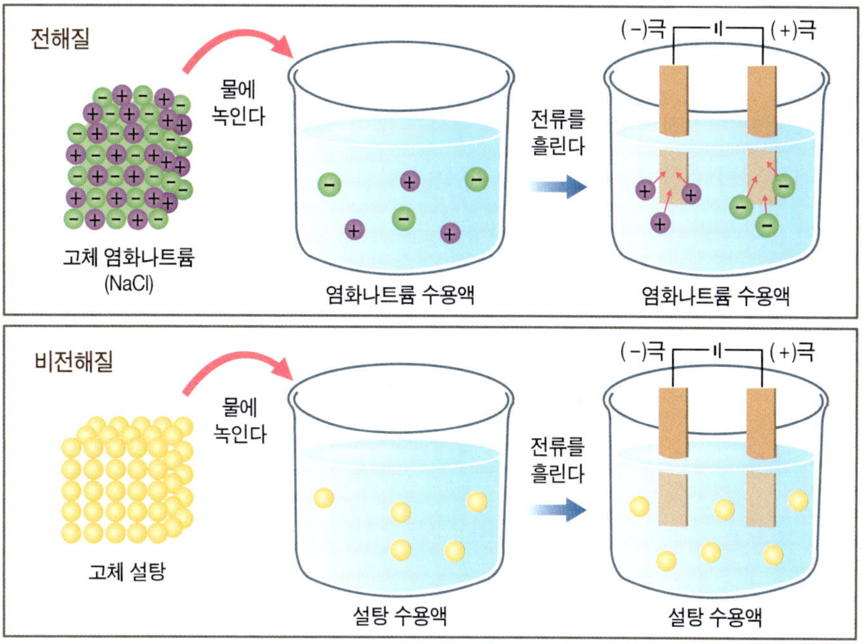

그림 9.4 전해질과 비전해질

5. 용액의 농도

용액에 녹아 있는 용질의 양을 나타내는 방법에는 여러 가지가 있다. 농도는 용액의 질량 혹은 용액의 부피에 녹아 있는 용질의 질량 혹은 용질의 부피로 정의된다. 우리가 설탕물을 마셨을 때, 약간 달다, 적당히 달콤하다, 너무 달다 등의 용어로 표현을 하는데, 이를 화학에서는 농도라는 수치로 차별화한다. 일상에서는 주로 % 농도(백분율 농도)를 사용하지만, 과학 실험에서는 그렇지 않다. 그러므로 농도를 계산하는 여러 가지 방법의 정확한 정의를 이해하는 것은 매우 중요하다. 화학을 연구하는 현장에서는 용액의 사용 목적에 따라 적절한 적용 농도를 선택하는 경우가 많다.

1) 분율

질량 분율은 일정한 질량의 물질 속에 함유된 물질의 분율이다. 일반적으로는 용액 100g 속에 녹아 있는 용질의 g수인 무게 백분율을 상업적 용도로 많이 사용한다. 계산이 간단하고 쉽다는 장점이 있어 일상생활에서는 많이 사용하나, 용질의 개수 혹은 몰수에 대한 정보는 나타나 있지 않아 화학을 다루는 실험실에는 많이 사용하는 개념은 아니다. 질량분율이 높더라도 함유된 물질의 분자량이 크다면 함유된 물질 분자의 개수나 몰수는 작을 수 있기 때문이다. 다음은 상업적으로 많이 사용되는 무게백분율의 계산 방법이다.

$$\text{wt\% 또는 \% w/w} = \frac{\text{용질의 무게(g)}}{\text{용액의 무게(g)}} \times 100$$

부피 분율은 일정한 부피의 물질 중에 함유된 물질의 부피를 의미한다. 이는 용액이나 현탁액 등의 액체에서 많이 사용하는 농도 형태이다.

$$\text{vol\% 또는 \% v/v} = \frac{\text{용질의 부피(ml)}}{\text{용액의 부피(ml)}} \times 100$$

부피는 온도에 따라 변동이 가능하므로, 일반적으로 질량 퍼센트 농도를 훨씬 많이 사용한다. 그리고 용질 중 특정 성분의 농도를 확인하는 경우에는 정용의 개념을 써서 mg/L(w/v)와 같은 질량과 부피가 혼용된 농도도 많이 사용된다.

일상에서 미량 성분 농도나 함량 표시에 많이 사용되는 단위로는 백만분율ppm, parts per million과 십억분율ppb, parts per billion 등이 있다. mg/kg 또는 mg/L는 백만분율에, μg/kg 또는 μg/L는 십억분율에 해당한다.

2) 몰농도

몰농도는 일반적으로 화학 반응에서 가장 많이 사용되는 농도 단위이다. 몰농도M, molarity는 용액 1 L(1,000 mL) 속에 녹아 있는 용질의 몰수(mol)를 의미한다.

$$몰농도(M, mol/L) = \frac{용질의\ 몰수(mol)}{용액의\ 부피(L)}$$

몰의 개념은 5장에서 기술한 바와 같이 아보가드로 수만큼의 원자 수나 분자 수를 가진 경우를 말한다. 예를 들어, 1 M 농도의 설탕 용액을 만들어 본다고 가정해 보자. 1 M의 설탕 용액을 만들기 위해서는 우선 1 mol의 설탕 질량을 알아야 한다. 그러기 위해서는 설탕의 화학식과 설탕을 구성하는 원자들의 원자량을 확인한 후, 분자량을 계산하여야 한다. 물론, 화학 전문 서적이나 인터넷 등에서 설탕의 분자량을 확인할 수 있으나, 분자량의 계산을 직접해 보는 것도 매우 의미 있는 행위라 할 수 있다. 설탕의 분자식은 $C_{12}H_{22}O_{11}$이므로, 탄소 1 mol 원자량을 12 g, 수소는 1 g, 산소는 16 g으로 계산하면 근접한 분자량 342 g/mol의 값을 얻게 된다. 따라서 설탕 342 g을 녹여 최종 부피를 1 L 용액으로 제조하면 1 M의 설탕 용액을 얻게 된다. 특정 몰농도의 용액을 제조하기 위해서는 그림 9.5와 같이 부피플라스크volumetric flask를 사용하여 제조한다.

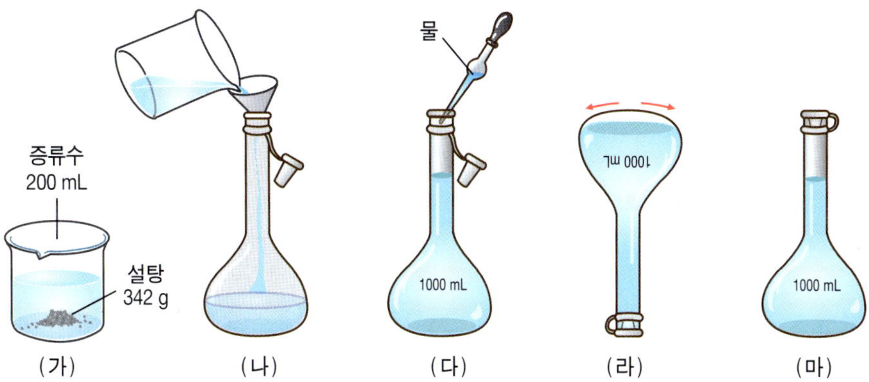

그림 9.5 부피플라스크 사용

3) 규정 농도

규정 농도N, normality란 일반적으로 노르말 농도라 불리는 농도 개념으로, 용액 1 L에 녹아 있는 용질의 g 당량수를 의미한다. 이 농도는 주로 산과 염기, 염의 농도를 다룰 때 주로 사용되며, 특히 적정titration과 같은 당량을 정하는 실험에서 사용된다.

$$\text{규정 농도(N, g 당량수/L)} = \frac{\text{용질의 g 당량수}}{\text{용질의 부피(L)}}$$

이 개념을 이해하려면 당량equivalent이나 그램 당량gram equivalent의 개념을 알아야 한다. 정확한 정의는 수소 1.00 g 또는 산소 8 g에 결합하는 물질의 양으로 정의되나, 보통에는 산, 염기, 염의 당량을 직접 구하는 것이 훨씬 편리하다. 예를 들어, 염산과 황산의 경우를 비교하여 설명하겠다.

$$HCl \rightarrow H^+ + Cl^-$$
$$H_2SO_4 \rightarrow 2H^+ + SO_4^{2-}$$

위의 식에서 1 M의 염산(HCl)은 수용액에서 1 M의 수소 이온이 이온화되지만, 1 M의 황산(H_2SO_4)은 2 M의 수소 이온이 이온화된다. 즉, 산 · 염기 반응에서 염산 1 M 용액은 동일하게 1 M의 수소 농도로 작용하나, 황산은 2 M의 수소 농도로 작용하므로 당량수 2가 된다.

4) 몰랄 농도

몰랄 농도molality(m, mol/kg)는 용매 1 kg(1000 g) 속에 녹아 있는 용질의 몰수(mol)를 의미한다.

물 1 kg에 소금 1 mol을 녹인다면 몰랄 농도는 1 m이 된다. 몰농도와 혼돈하기 쉬우나 몰랄 농도는 용매의 부피가 아니라 질량이 기준이라는 점이 몰농도와 차이점이다.

$$\text{몰랄 농도}(m) = \frac{\text{용질의 몰수(mol)}}{\text{용매의 kg 수}}$$

6. 끓는점 오름과 어는점 내림

순수한 용매와 용질이 녹아 있는 용매는 성질이 달라진다. 예를 들어, 1 m의 소금 용액이나 1 m의 설탕 용액의 어는점은 동일하게 −1.86 ℃이다. 이처럼 용액의 화학적인 성질과 관계없이 오로지 용액 중에 녹아 있는 용질의 농도에만 의존하는 특성을 총괄성 colligative properties이라 한다. 총괄성은 묽은 용액 내에서 끓는점 오름, 어는점 내림, 삼투압 등의 현상으로 나타난다. 비휘발성 용질이 용해되어 있는 용액은 용매 분자가 효율적으로 대기 중으로 날아갈 수 있는 유효 표면적도 줄게 되며, 결국 용액 자체의 증기압을 감소시키는 효과로 관찰된다. 따라서 1기압하에서의 증기압, 즉 끓는점이 상평형 고선 상에서 오른쪽으로 이동하게 되며, 이는 용액에서 끓는점 오름 현상과 어는점 내림 현상으로 나타난다(그림 9.6).

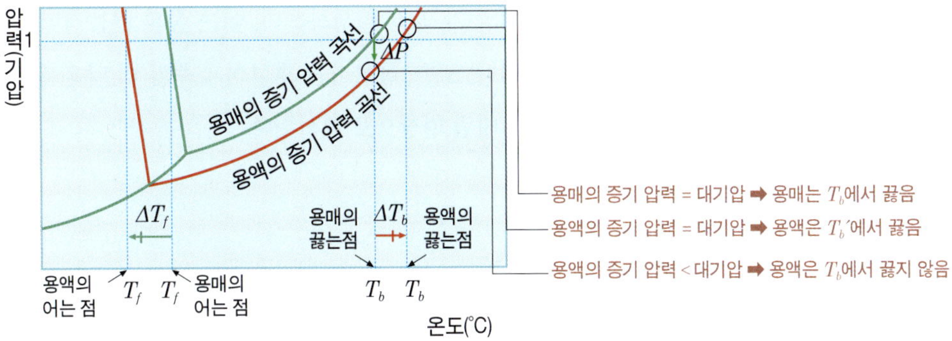

그림 9.6 순수한 용매와 용액의 증기 압력 곡선

표 9.1 주요 용매의 끓는점 오름 상수 및 어는점 내림 상수

용매	K_b[(℃*kg)/mol]	K_f[(℃*kg)/mol]
벤젠(C_6H_6)	2.53	5.12
캠퍼($C_{10}H_{16}O$)	5.95	37.7
클로로포름($CHCl_3$)	3.63	4.70
디에틸 에테르($C_4H_{10}O$)	2.02	1.79
에틸알코올(C_2H_6O)	1.22	1.99
물(H_2O)	0.51	1.86

끓는점 오름과 어는점 내림은 모두 용질의 몰랄 농도에 비례하며, 아래의 식으로 표현이 가능하다.

$$\text{끓는점 오름} \rightarrow \Delta T_b = K_b \times \text{용질의 몰랄 농도}(m)$$

$$\text{어는점 내림} \rightarrow \Delta T_f = K_f \times \text{용질의 몰랄 농도}(m)$$

위의 식에서 ΔT_b는 끓는점 오름 상수, ΔT_f는 어는점 내림 상수로 각 용매별 고유 값으로, 주요 용매의 끓는점 오름 상수 및 어는점 내림 상수를 제시하면 표 9.1과 같다.

일상에서 물의 끓는점 오름 현상으로는 라면을 끓일 경우, 찬물에 분말수프를 먼저 넣는 경우와 끓는 물에 넣는 경우 맛의 차이가 약간 발생하는데, 이는 물의 끓는점이 상승한 현상에서 먼저 그 이유를 찾을 수 있다. 또한, 물보다는 희석식 소주가 더 낮은 온도에서 어는 현상 또한 용질에 의한 어는점 내림 현상으로 해석된다.

7. 삼투압

특정 물질을 투과시키는 데 있어, 저분자량의 용매 분자는 통과시키지만, 분자량이 큰 용질은 통과를 시키지 않는 막을 반투막이라 하는데, 생명체의 세포막이나, 동물의 방광, 셀로판 등이 반투막semipermeable membrane의 대표적 예라 할 수 있다. 반투과성 막을 경계로 농도가 서로 다른 용액을 넣으면 일정 시간이 지나면 농도가 묽은 용액의 용매 분자가 농도가 진한 용액으로 이동하여 서로의 농도가 같아지게 된다. 이렇게 용매 분자가 반투막을 통과하는 현상을 삼투osmosis라 하며, 삼투로 생긴 용액 간의 높이 차이를 동일하게 하기 위하여 수면이 높아진 농도가 진한 곳의 용액에 가해 주는 압력이 삼투압osmotic pressure이다(그림 9.7).

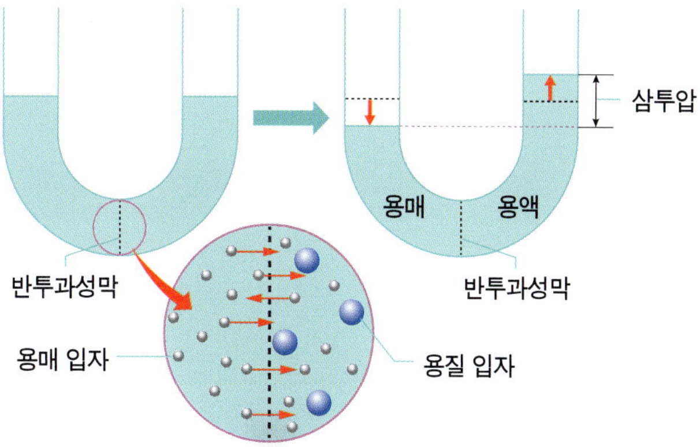

그림 9.7 삼투 현상과 삼투압

삼투압은 물질의 화학적 성질과는 관계없이, 용질 분자의 농도에만 의존하는 총괄성을 나타내며, 다음과 같은 식으로 수식화할 수 있다.

$$\pi = MRT$$

이 식에서 π는 삼투압을, M은 용질의 몰농도, R은 기체 상수(0.08206 atm · L/mol · K), T는 절대온도를 각각 의미한다. 몰농도는 용액의 농도이므로, 이를 부피당 몰수(mol/V)로 변형할 수 있으며, 이를 이용하여 용질의 분자량을 구할 수 있다.

삼투압 현상을 반대로 적용하여 고농도에서 저농도로 용매가 이동하게 하는 역삼투압reverse osmosis을 이용한 정수water purification 시스템이 일상에서 많이 이용되고 있다. 식품 분야의 절임식품이 삼투압의 좋은 예라 할 수 있다. 일반적으로 절임식품은 저장 기간이 다른 식품군에 비하여 매우 길다. 이는 고농도의 식염이나 당류에 의하여 미생물 내의 수분이 삼투압 현상에 의하여 외부로 배출되어 미생물의 생육이 저해되기 때문이다.

C H A P T E R

10

Chemistry

산과 염기

1. 산과 염기의 일반적 특성

산(산성acid)은 라틴어 acidus에서 유래되었으며, 시큼하다라는 뜻을 가지고 있다. 수용액 상태에서 pH를 측정하면 pH 7 이하를 나타낸다. 포도주와 같은 발효주로부터 식초 발효가 가능하기에 고대로부터 산은 널리 활용되어 왔다.

산의 일반적 특성으로는 신맛이 나고, 리트머스 종이를 푸른색에서 붉은색으로 변화시키며, 산에 알루미늄 조각과 같은 금속을 넣으면 수소 기체를 발생시킨다. 산은 탄산칼슘과 반응하면 이산화탄소를 생성한다. 산에 염기를 반응시키면 중화가 된다. 산 수용액은 전류가 흐른다.

염기base는 소금과 같은 염을 만들 수 있는 성질이 있어서 염을 만들어 내는 기초basis가 된다는 그리스어에서 유래하였다. 대표적으로는 수산화소듐(NaOH), 수산화칼륨(KOH)과 같은 물질이 염기에 해당한다. 염기는 쓴맛을 내고, 피부에 닿았을 때 미끌미끌한 느낌을 주며, 비누와 같은 세제로 널리 사용된다. 염기는 리트머스 종이를 붉은색에서 푸른색으로 변화시킨다. 염기는 산과 반응하여 염salt을 형성한다. 염기에 산을 가하면 역시 중화가 된다. 염기 수용액도 전류가 흐른다.

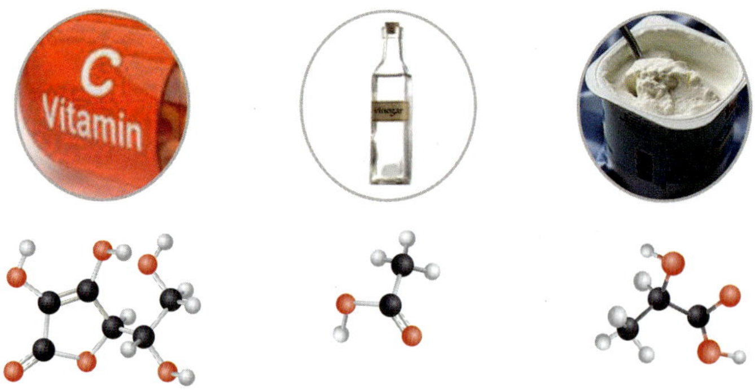

아스코르브산 아세트산 젖산

그림 10.1 생활속의 산

1) 아레니우스의 정의

1884년 스웨덴 화학자인 아레니우스(S. Arrhenius)는 물질을 물에 녹였을 때 수소 이온(H^+)을 내놓는 물질을 산으로, 수산화 이온(OH^-)을 내놓는 물질을 염기로 정의하였다.

산과 염기는 먼저 이온화 반응을 통해 이온화하며, 이들 이온 중 H^+ 이온과 OH^- 이온이 중화 반응을 통해 반응한다.

1단계 이온화 반응

$$HCl(g) \xrightarrow{H_2O} H^+(aq) + Cl^-(aq)$$

$$NaOH(s) \xrightarrow{H_2O} Na^+(aq) + OH^-(aq)$$

2단계 중화 반응

$$H^+(aq) + OH^-(aq) \rightarrow H_2O(l)$$

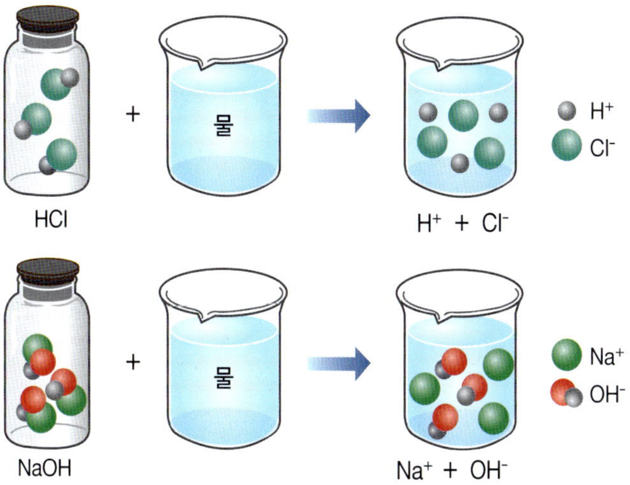

그림 10.2 아레니우스의 산과 염기 개념

아레니우스의 산－염기 정의에서 한계점은 수용액이 아닌 조건에서는 물질이 산과 염기로 작용하는 경우에는 적용할 수 없고, 수소 이온(H^+)은 수용액에서 단독으로 존재하는 것이 아니라 물에 결합한 하이드로늄 이온(H_3O^+)으로 존재하며, 수소 이온(H^+)과 수산화 이온(OH^-)을 직접 내놓지 않는 화학 물질의 경우에는 산과 염기의 정의를 적용할 수 없다.

예를 들어, $HCl(g) + NH_3(g) \rightarrow NH_4Cl(s)$의 반응은 산과 염기의 반응이지만 수산화 이온이 없는 경우이다. 또한, 이 반응은 수용액 상태의 반응이 아닌 기체 상태에서 반응이며, 이온화 과정 없이 산－염기 중화 반응이 일어나므로 아레니우스의 정의로는 산과 염기를 설명하기 어렵다.

2) 브뢴스테드－로리의 정의

1923년 덴마크의 화학자 브뢴스테드(J. N. Brønsted)와 영국의 화학자 로리(T. Lowry)는 용매의 개념과 무관하게 산과 염기를 정의하였다. 즉, 산은 H^+ 이온을 주는 물질(양성자 주개proton donor)이고 염기는 H^+ 이온을 받는 물질(양성자 받개proton acceptor)로 정의하였다.

기체 염화수소와 암모니아의 반응처럼 이온화 과정의 선행이 없어도 설명할 수 있고, 수산화 이온이 없는 염기의 경우에도 산과 염기의 반응이 가능하다.

$$HCl(g) + NH_3(g) \longrightarrow NH_4Cl(s)$$

산 염기

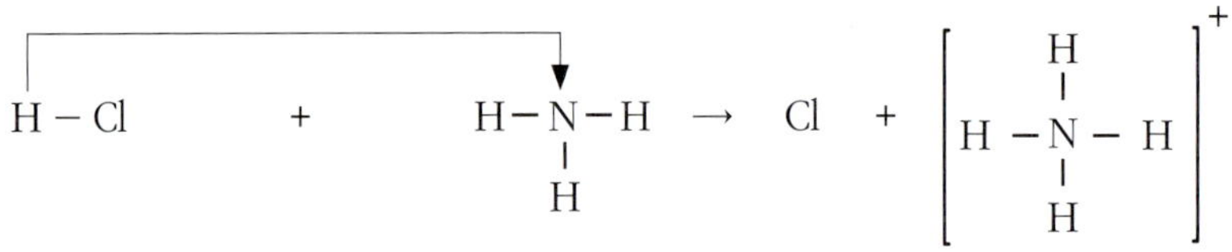

$$HCl(aq) + H_2O(l) \longrightarrow H_3O^+(aq) + Cl^-(aq)$$

산 염기

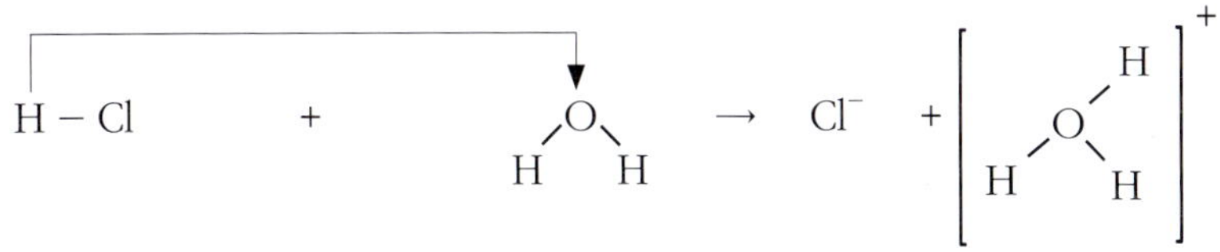

(1) 짝산–짝염기

브뢴스테드–로리 산염기 정의에 의하면 양성자(H^+)를 주고받는 반응에서 산은 일반적으로 HA로 표시할 수 있다. 산acid HA는 수용액에서 H^+ 이온과 A^- 이온으로 해리된다. HA는 수소 이온을 내놓으므로 산으로 작용하고, A^- 이온은 수소 이온을 받아들이므로 염기로 작용한다. 이렇게 HA와 A^-처럼 서로 짝지은 특별한 산과 염기의 관계를 짝산conjugate acid–짝염기conjugate base라 한다. 양성자가 이동하는 반응이 일어날 때 양성자를 내놓는 물질과 양성자를 받아들이는 물질이 있으며, 이런 반응에서 짝산 ↔ H^+ + 짝염기 관계를 이룬다.

$$HA \rightarrow H^+ + A^-$$

짝산 짝염기

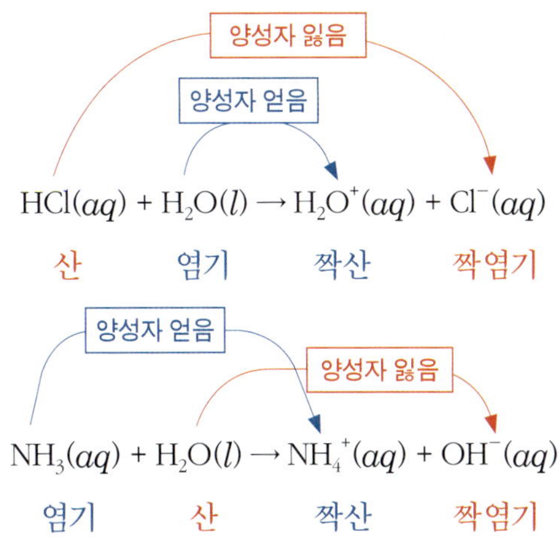

3) 루이스 정의

1923년 미국의 화학자 루이스(G. N. Lewis)는 산과 염기의 반응에서 비공유 전자쌍을 가지는 물질의 반응을 다룰 수 있도록 산과 염기의 범위를 확장하였다. 루이스의 정의에 따르면 염기는 비공유 전자쌍을 가지는 물질(전자쌍 주개electron pair donor)로, 산은 비공유 전자쌍과 결합하거나 받아들이는 물질(전자쌍 받개electron pair acceptor)로 정의하였다. 루이스의 적용 방식에 따르면 H^+와 OH^- 이온이 생겨나지 않는 화학 반응이나 H^+ 이온이 이동하지 않는 화학 반응에서도 산과 염기의 반응을 정의할 수 있다. 또한 브뢴스테드-로리의 산과 염기의 정의를 전자쌍의 이동 관점으로도 설명할 수 있다.

$BF_3(g) + NH_3(g) \rightarrow F_3BNH_3$

산　　　염기

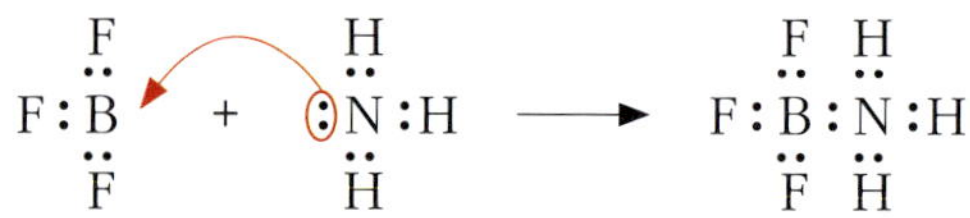

산　　　염기

$H^+(aq)\ +\ NH_3(l) \rightarrow NH_4^+$

산　　　염기

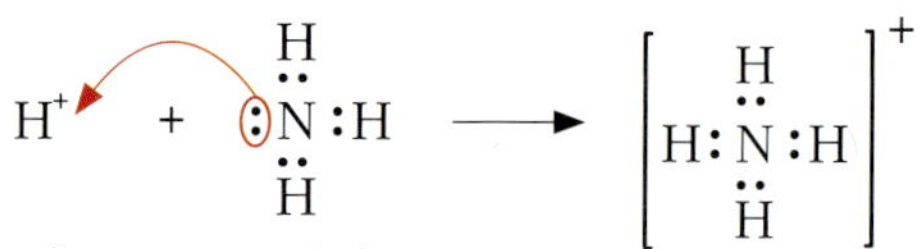

산　　　염기

루이스 이론에 따르면 양성자 주개가 아닌 BF_3와 같은 물질도 산으로 작용할 수 있다. 또한 H^+이 암모니아(NH_3)와 반응할 때 산으로 작용하는 이유를 전자쌍을 받는 물질(전자쌍 받개)로도 적용할 수 있다. 그러나 루이스의 개념에서 산과 염기의 세기는 유지되는 것이 아니라 상대가 되는 염기나 산의 세기에 따라 달라지기에 물질별로 산과 염기의 세기를 구분하기 어렵다는 것이 단점이다.

표 10.1 산과 염기의 정의 요약

학자명	산	염기
아레니우스	수용액상에서 H^+를 내놓는 물질	수용액상에서 OH^-를 내놓는 물질
브뢴스테드-로리	H^+를 내놓은 물질	H^+를 받는 물질
루이스	전자쌍 받개, 비공유 전자쌍과 결합하는 물질	전자쌍 주개, 비공유 전자쌍을 가지는 물질

2. 산과 염기의 반응

1) 산과 금속의 반응

산과 금속이 반응하면 수소 기체와 이온 결합 화합물을 형성한다.

$$\text{산} + \text{금속} \rightarrow \text{수소} + \text{이온 결합 화합물}$$

$2HCl(aq) + Mg(s) \rightarrow H_2(g) + MgCl_2(aq)$

$3H_2SO_4(aq) + 2Al(s) \rightarrow 3H_2(g) + Al_2(SO_4)_3(aq)$

2) 산과 탄산염의 반응

산이 탄산염과 반응하면 이산화탄소가 발생한다.

산 + 탄산염 → 이산화탄소 발생

$$2HCl(aq) + CaCO_3(s) \rightarrow CaCl_2(aq) + CO_2(g) + H_2O(l)$$

3) 산과 염기의 중화 반응

산과 염기의 반응을 중화 반응neutralization reaction이라고 한다. 수용액 중에서 중화 반응에 의해 염salt과 물이 생성된다.

산 + 염기 → 염 + 물

$$HCl(aq) + NaOH(aq) \rightarrow NaCl(aq) + H_2O(l)$$
$$2HNO_3(aq) + Ca(OH)_2(aq) \rightarrow Ca(NO_3)_2(aq) + 2H_2O(l)$$

자연에 염은 매우 풍부하다. 바다에도 염이 풍부하게 녹아 있으며, 암반에도 염이 다양하게 존재한다. 염은 금속의 양이온이나 암모늄 이온(NH_4^+)이 비금속 음이온과 결합할 때 이루어진다.

3. 산과 염기의 수용액 전해질 특성

증류수에 전극을 꽂고 스위치를 연결해도 전구에 불이 켜지지 않는데, 이는 순수한 물은 전해질이 아니기 때문이다. 만약, 약간의 소금을 녹인 후에 전구에 스위치를 연결하면 전구에 불이 켜진다. 이는 소금 용액이 전기를 흐르게 하는 것을 알 수 있다. 소금은 이온 결합으로 구성되어 있어서 물에 녹이면 Na^+ 이온과 Cl^- 이온으로 해리되기 때문이다. 충분한 수의 이온이 있는 산, 염기, 염은 수용액 상태에서 모두 전기를 흐르게 한다.

이와 같이 수용액이 전기 전도체인 물질을 전해질electrolyte이라 부른다.

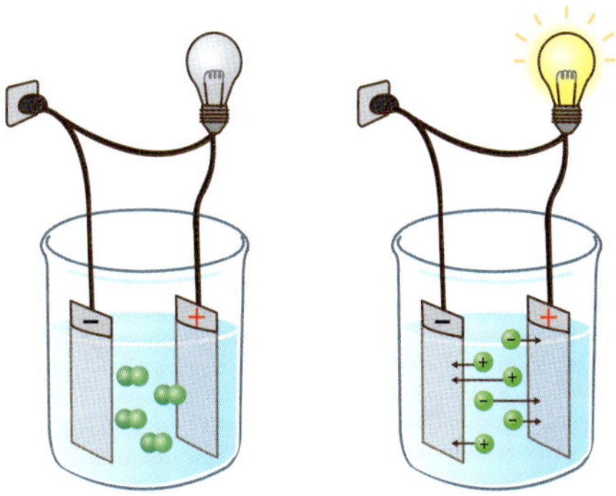

그림 10.3 전해질과 비전해질 물질의 특성

산을 물에 녹이면 이온이 생성된다. 예를 들어, 염화수소는 상온에서 기체 상태로 존재하며 분자는 공유 결합으로 결합되어 있다. 염화수소를 물에 녹이면 이온이 생성되어 전해질 특성을 보여 준다.

$$HCl(g) + H_2O(l) \rightarrow H^+(H_3O^+)(aq) + Cl^-(aq)$$

염기도 물에 녹이면 이온을 생성하며 전해질 특성을 보여 준다.

$$NaOH(s) + H_2O(l) \rightarrow Na^+(aq) + OH^-(aq)$$

염화소듐과 같은 염을 물에 녹이면 용해되어 소듐 이온(Na^+)과 염화 이온(Cl^-)으로 분리되는데, 이처럼 염이 용해되어 이온으로 분리되는 과정을 해리dissociation라 한다. 수용액 내에서 소듐 이온과 염화 이온은 주변에 여러 물 분자가 있기 때문에 NaCl(s)의 고체 상태에 비교하여 인력이 작아진다. 특히, 어떤 물질이 물과 반응해서 이온을 생성하는 경우에는 이온화ionization라 한다. Na^+ 이온은 극성 분자인 물 분자 중 산소쪽으로(전기음성도 −전하, δ^-), Cl^-이온은 물 분자 중 수소쪽으로(전기음성도 +전하, δ^+) 끌린다. 따라서 Na^+ 이온과 Cl^- 이온을 각각 물 분자의 산소와 수소가 둘러싸고 있는 모양이 된다.

$$NaCl(s) \rightleftarrows Na^+(aq) + Cl^-(aq)$$

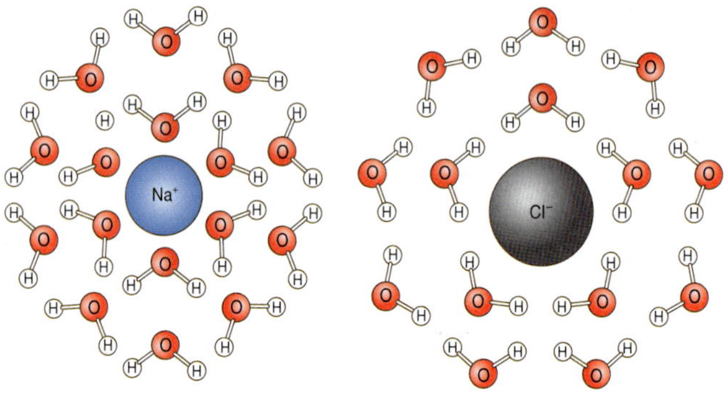

그림 10.4 수화된 소듐 이온(Na^+)과 염화 이온(Cl^-)의 물 분자 내 배치

1) 강전해질과 약전해질

전해질을 해리와 이온화 정도에 따라 강전해질과 약전해질로 분류하며, 강전해질은 용액 내에서 이온화하는 정도가 높고, 약전해질은 용액 내에서 이온화하는 양이 매우 적은 경우이다. 산과 염기도 이온화 정도에 따라 강전해질인 경우를 강산과 강염기로, 약전해질인 경우를 약산과 약염기로 구분한다. 같은 몰농도인 경우에 강산의 경우는 100% 이온화하지만 약산의 경우는 대부분은 이온화하지 않고 일부만 이온화된다. 예를 들어, 강산인 염산 HCl의 경우, 1M용액 제조를 위해 물에 녹이면 대부분이 H^+ 이온과 Cl^- 이온으로 해리된다. 반면에 약산인 아세트산의 경우에는 1 M 용액 내에서도 대부분은 CH_3COOH로 존재하고 일부만 CH_3COO^- 이온과 H^+로 해리된다.

4. 물의 이온화 상수

순수한 물의 경우는 이온화 정도가 매우 낮다. 물의 평형 상수를 구하기 위해 순수한 물속에서 발생하는 H_3O^+ 이온과 OH^- 이온의 양을 구해야 한다. 물의 이온화 상수를 구하기 위해서는 25℃ 상온을 기준으로 한다. 그렇지 않으면 이온화 상수는 온도에 따라서 값이 달라진다(표 10.2).

$H_2O + H_2O \rightleftarrows H_3O^+ + OH^-$

위의 반응은 평형 반응이므로 평형 상수(equlibrium constant)를 아래와 같이 구할 수 있다.

$$\text{평형 상수 } K = \frac{[H_3O^+][OH^-]}{[H_2O][H_2O]}$$

$K \times [H_2O][H_2O] = [H_3O^+][OH^-] = K_w$ (물의 평형 상수)

$K_w = [H_3O^+][OH^-] = 1.0 \times 10^{-14}$ (25℃ 상온에서)

물이 이온화하는 경우에 H_3O^+ 이온수와 OH^- 이온수는 각각 같으므로 몰농도로 표현되는 $[H_3O^+]$ 값과 $[OH^-]$는 같다. 따라서 $[H_3O^+] = [OH^-] = 1.0 \times 10^{-7}$ M이다.

이렇게 25℃ 순수한 물에서 $[H_3O^+] = [OH^-] = 1.0 \times 10^{-7}$ M의 몰농도를 나타내는 용액을 중성 용액이라 한다.

표 10.2 물의 이온화 상수 K_w의 온도에 따른 변화

온도(℃)	K_w
0	0.11×10^{-14}
20	0.68×10^{-14}
25	1.01×10^{-14}
40	2.92×10^{-14}

5. 수소 이온 농도와 pH

수소 이온농도 지수(pH)란, 수용액 안에 존재하는 수소 이온(H^+, H_3O^+)의 농도를 나타내는 수치이며, 수용액의 산성/염기성의 힘을 나타내는 척도로서 이용한다.

산성 용액, 중성 용액, 염기성 용액에서 $[H_3O^+]$ 농도와 $[OH^-]$ 농도 관계는 아래와 같다.

용액	$[H_3O^+]$ 및 $[OH^-]$ 관계
산성	$[H_3O^+] > 1.0 \times 10^{-7}\ M > [OH^-]$
중성	$[H_3O^+] = 1.0 \times 10^{-7}\ M = [OH^-]$
염기성	$[H_3O^+] < 1.0 \times 10^{-7}\ M < [OH^-]$

각 용액의 상태에서 $[H_3O^+]$의 몰농도는 지수로 표기하고 또한 값이 매우 낮아서 표시하는 데 불편하다. 따라서 수용액상의 $[H_3O^+]$를 간단히 나타내기 위해 로그 함수를 적용한다.

$$pH = -\log[H_3O^+]$$

만일 중성의 물에서 H_3O^+ 농도를 적용하면 H_3O^+ 농도는 1.0×10^{-7} M이므로
중성의 물의 pH는 7이 된다. (계산식 : $pH = -\log(10^{-7}) = 7$)

결과적으로 중성의 물의 경우 25℃에서 $[H_3O^+] = [OH^-] = 1.0 \times 10^{-7}$ M이므로 중성의 물에서 pH는 7, pOH는 7이고 pH + pOH = 14로 계산된다.

물보다 $[H_3O^+]$ 농도가 높은 산 용액은 pH가 7보다 낮고, 염기성 용액의 pH는 7보다 높다. 만일 미지의 산 용액 A 용액과 B 용액의 pH를 측정하였는데 값이 2와 3이 나왔다면 이는 $[H_3O^+]$ 농도가 각각 1.0×10^{-2} M과 1.0×10^{-3} M이라는 의미이며, pH값이 1만

큼 차이가 난다는 것은 $[H_3O^+]$의 몰농도가 pH가 낮은 쪽이 높은 쪽에 비하여 10배 높다는 의미이다. pH가 2만큼 차이가 나면 $[H_3O^+]$의 몰농도 차이가 100배, pH가 3만큼 차이가 나면 $[H_3O^+]$의 몰농도 차이가 1,000배 난다.

표 10.3 $[H_3O^+]$ 농도별 pH

$[H_3O^+]$ (M)	$-\log[H_3O^+]$	pH	용액 특성
1.0×10^{-1}	$-\log(1.0 \times 10^{-1})$	1	강산
1.0×10^{-2}	$-\log(1.0 \times 10^{-2})$	2	
1.0×10^{-3}	$-\log(1.0 \times 10^{-3})$	3	
1.0×10^{-4}	$-\log(1.0 \times 10^{-4})$	4	산성
1.0×10^{-5}	$-\log(1.0 \times 10^{-5})$	5	
1.0×10^{-6}	$-\log(1.0 \times 10^{-6})$	6	
1.0×10^{-7}	$-\log(1.0 \times 10^{-7})$	7	중성
1.0×10^{-8}	$-\log(1.0 \times 10^{-8})$	8	
1.0×10^{-9}	$-\log(1.0 \times 10^{-9})$	9	
1.0×10^{-10}	$-og(1.0 \times 10^{-10})$	10	염기성
1.0×10^{-11}	$-\log(1.0 \times 10^{-11})$	11	
1.0×10^{-12}	$-\log(1.0 \times 10^{-12})$	12	
1.0×10^{-13}	$-\log(1.0 \times 10^{-13})$	13	
1.0×10^{-14}	$-\log(1.0 \times 10^{-14})$	14	강염기

표 10.4 용액 종류에 따른 pH

용액 종류	pH
0.1 M HCl	1.0
위액	1.5

용액 종류	pH
식초	3.0
오렌지주스	3.7
토마토즙	4.0
소변	6.0
순수한 물	7.0
혈액	7.4
베이킹소다	9.5
하수구 세정제	13.0
1 M NaOH	14.0

일반적으로 pH를 측정하기 위해서는 pH 시험지와 pH 미터를 통해 확인할 수 있다. pH 시험지는 만능 지시약을 종이에 적셔서 만든 것으로, 용액을 적용시킨 후 pH 시험지 색깔로 대략의 pH를 확인할 수 있다. pH 미터는 $[H_3O^+]$ 농도에 따른 전기 전도도 차이를 이용하여 표준 용액(산을 측정하고자 할 때는 일반적으로 표준 용액 pH 4와 pH 7 사용, 염기를 측정하고자 할 때에는 일반적으로 표준 용액 pH 7과 pH 10사용)으로 보정한 뒤 정확한 pH를 측정할 수 있다.

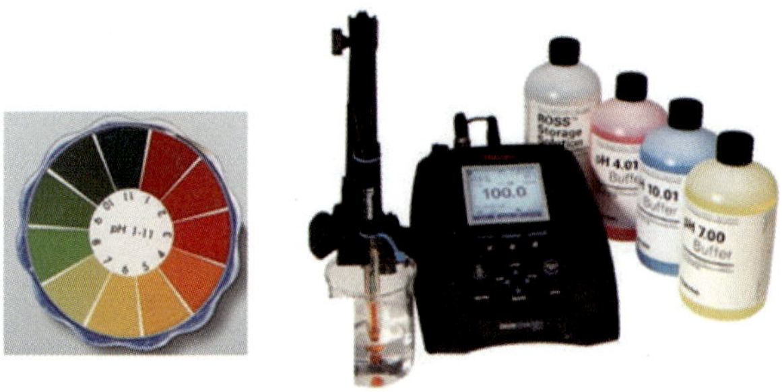

pH 시험지 pH 미터기

그림 10.5 pH 시험지와 pH 미터기

예제 10.1

1. $[H^+]$ 값이 다음과 같을 때 pH를 구하라.

(a) 1.0×10^{-10}　　(b) 5.0×10^{-3} (유효 숫자는 2개만 표기하라.)

풀이

(a) $= -\log[1.0 \times 10^{-10}] = 10$　　답 : pH 10

(b) $= -\log[5.0 \times 10^{-3}] = 2.30103$　　답 : 약 pH 2.3

2. 4.0×10^{-4}의 $[H^+]$ 이온 농도 값의 용액은 다음 중 pH의 어느 영역대에 있겠는가?

① pH 2 ~ pH 3　　② pH 3 ~ pH 4

③ pH 4 ~ pH 5

풀이

4.0×10^{-4}의 수소 이온 농도 값이 지수가 −4이므로 pH 4 내외이며 4.0는 1과 10 사이에 있게 되므로 측정하고자 하는 pH는 1.0×10^{-4}와 10×10^{-4} 그 사이의 값이 산출된다. 1을 적용하는 경우는 1.0×10^{-4}를 pH 구하는 식(pH = $-\log[H^+]$)에 적용하면 pH 4이고, 10을 pH값 구하는 식에 적용하면 10×10^{-4}($= 1.0 \times 10^{-3}$)이므로 pH 3이다. 따라서 4.0×10^{-4}의 pH는 pH 3과 pH 4 사이에 존재한다.

답 : ② pH 3 ~ pH 4

6. 산 · 염기 중화 반응

중화 반응neutralization reaction은 산과 염기 사이의 반응이다. 일반적으로 수용액에서 산-염기 반응은 물과 **염**salt을 생성하는데, 염은 양이온과 음이온으로 구성된 이온성 화합물이다. 일반적으로 소금 NaCl이 그 예이다. 다음은 산-염기 반응의 생성물이다.

$$HCl(aq) + NaOH(aq) \rightarrow H_2O(l) + NaCl(aq)$$

$$HNO_3(aq) + KOH(aq) \rightarrow H_2O(aq) + KNO_3(aq)$$

$$H_2SO_4(aq) + 2NaOH(aq) \rightarrow 2H_2O(aq) + Na_2SO_4(aq)$$

염산(HCl) 용액과 수산화 소듐(NaOH) 용액을 혼합할 때의 반응에서 염산 용액에는 H^+ 이온과 Cl^- 이온이, 수산화소듐 용액에는 Na^+ 이온과 OH^- 이온이 존재한다.

중화 반응의 화학 반응식은 다음과 같다.

$$HCl(aq) + NaOH(aq) \rightarrow NaCl(aq) + H_2O(l)$$

위 화학 반응식을 이온 반응식으로 나타내면 다음과 같다.

$$H^+ + Cl^- + Na^+ + OH^- \rightarrow Na^+ + Cl^- + H_2O(l)$$

위 이온 반응식에서 Na^+ 이온과 Cl^- 이온은 존재하나 반응하지 않으며, 실제 반응하는 이온은 H^+ 이온과 OH^- 이온이 반응한다.

중화 반응의 알짜 이온 반응식은 따라서 다음과 같다.

$$H^+(aq) + OH^-(aq) \rightarrow H_2O(l)$$

산과 염기가 완전히 중화되기 위해서는 산이 내놓는 H^+ 양성자 양mol과 염기가 내놓는 OH^- 양mol이 같아야 한다. 산과 염기의 중화 반응을 이용하여 농도와 부피를 아는 미지의 산 또는 미지의 염기의 농도를 계산할 수 있다.

산을 1 용액, 염기를 2 용액이라고 할 때, n은 가수, M은 몰농도, V는 부피로 적용하면 다음 식이 성립한다.

$$n_1M_1V_1 = n_2M_2V_2$$

예제 10.2 _중화에 필요한 몰농도 구하기

1. 20 mL의 HCl 용액을 중화하기 위해서 0.01M NaOH 용액 22 mL가 소모되었다. 산 용액의 몰농도(M)를 구하라.

풀이 : 사용된 NaOH 양
= 0.022 L × (0.01 mol NaOH/1L) = 0.00022 mol NaOH

산 : 염기 반응비는 1:1이므로 염기의 몰수와 산의 몰수는 같다.
0.00022 mol NaOH ×(1 mol HCl / 1 mol NaOH) = 0.00022 mol HCl

산 용액의 몰농도(M)를 알기 위해서는 1 L 기준으로 전환해야 하므로
M = mol/L = (0.00022 mol HCl/0.020L) = 0.011 M HCl

답 : 0.011 M HCl

2. 20 mL의 H_2SO_4 용액을 중화하기 위해서 0.1M NaOH 용액 22 mL가 소모되었다. 산 용액의 몰농도(M)를 구하라.

풀이 : 사용된 NaOH 양
= 0.022 L × (0.01 mol NaOH/1L) = 0.00022 mol NaOH

산 : 염기 반응비는 1 : 2이므로 염기의 몰수는 산의 몰수의 2배와 같다.
0.00022 mol NaOH × (1 mol H_2SO_4 / 2 mol NaOH) = 0.00011 mol H_2SO_4

산 용액의 몰농도(M)를 알기 위해서는 1 L 기준으로 전환해야 하므로
M = mol/L = (0.00011 mol HCl/0.020L) = 0.0055 M H_2SO_4

답 : 0.0055 M H_2SO_4

산과 염기가 반응하여 물과 염을 생성하는 중화 반응을 확인하기 위해서는 적정titration이라는 화학 반응을 이용한다. 정확하게 농도를 알고 있는 염기 용액을 미지의 산 용액에 첨가하면 산 용액을 중화시키는데, 이용된 염기 용액의 부피를 활용하여 산을 중화시키고 필요한 염기의 양을 계산할 수 있다. 이 적정에서 적정되는 물질의 성분(산)과 적정하는 성분(염기) 사이의 화학량론적 반응이 완결되는 지점을 당량점equivalence point이라 하는데, 이 값은 이론값이므로 실제 적정에서는 이 지점을 알 수 없다. 따라서 지시약indicator을 사용하여 당량점에 대한 정보를 얻을 수 있고 적정 실험에서 지시약을 사용하면 특정 pH 영역대에서 용액의 색깔이 변하는 지점(종말점)을 찾을 수 있다. 가장 일반적으로 사용하는 지시약인 페놀프탈레인 용액(변색 범위 : pH 8~10)을 적정되는 물질에 한두 방울 떨어뜨리면 용액이 산성에서 염기성으로 변할 때 무색에서 분홍색으로 바뀌어 종말점까지 적정하고 멈춘다. 뷰렛에서 적정 시작 전과 적정 후의 염기 용액의 부피를 읽어서 사용된 염기의 양을 계산한다. 종말점을 찾을 때는 대략적인 지점이므로 실험 오차가 발생할 수 있다.

중화 반응은 열을 방출하는 발열 반응으로 중화 반응이 일어나면 용액의 온도가 상승하고, H^+ 이온과 OH^- 이온의 수가 감소하므로 전류의 세기는 최저가 된다.

표 10.5 주요 지시약의 색 변화

지시약	산성	중성	염기성
메틸 오렌지 용액	빨간색	노란색	노란색
BTB 용액	노란색	초록색	파란색
페놀프탈레인 용액	무색	무색	붉은색

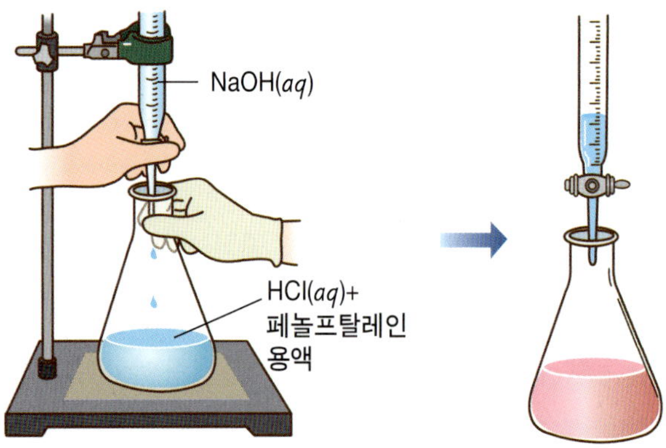

그림 10.6 페놀프탈레인을 활용한 산과 염기의 적정 실험

7. 적정 곡선과 완충 용액

중화 적정 실험처럼 농도를 아는 용액을 활용하여 미지의 용액의 농도를 결정하기 위해서는 추가된 시료의 양에 따라 pH의 변화를 pH 미터기로 관찰하여 그래프를 그리면 적정 곡선을 얻을 수 있다. 사용하는 산과 염기의 종류와 지시약의 pH 사용 범위에 따라 적정 곡선의 모습이 달라진다.

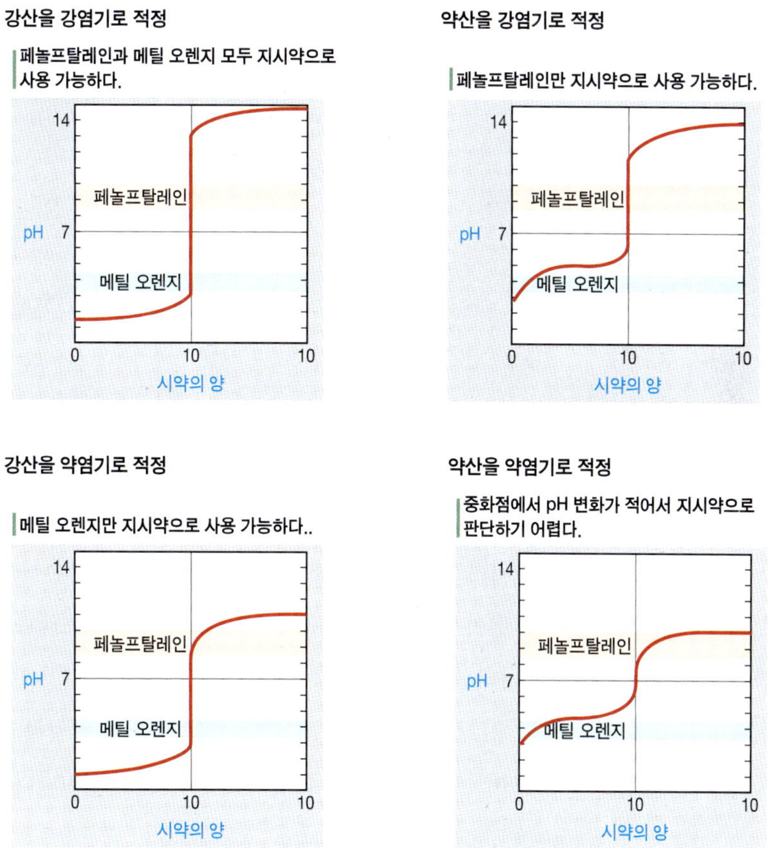

그림 10.7 산과 염기의 세기에 따른 적정 곡선 비교

출처 : 두산백과사전(doobidia.co.kr)

강산과 강염기의 경우는 이온화가 100% 일어나는 물질로서, 강산의 종류는 HCl, H_2SO_4, HNO_3 등 일부에 불과하나, 약산은 H_2CO_3, H_3PO_4, 카복실기를 가진 모든 유기산도 약산에 해당하여 종류가 다양하다. 강염기는 NaOH, KOH, $Ca(OH)_2$ 등 몇 가지 되지 않으나 아민기를 가진 염기성 유기 화합물이나 암모니아 외에도 DNA에 있는 A, T, C, G와 같은 염기도 약염기에 해당한다.

표 10.6 약산과 약염기 종류

약산	화학식	약염기	화학식
플루오린화수소산	HF	에틸아민	$C_2H_5NH_2$
아질산	HNO_2	메틸아민	CH_3NH_2
탄산	H_2CO_3	암모니아	NH_3
인산	H_3PO_4	다이메틸아민	C_2H_7N
폼산	HCOOH	아데닌	$C_5H_5N_5$
벤조산	C_6H_5COOH	티민	$C_5H_6N_2O_2$
아세트산	CH_3COOH	사이토신	$C_4H_5N_3O$
젖산	C_2H_5COOH	구아닌	$C_5H_5N_5O$

완충 용액buffer solution은 산이나 염기를 가해도 pH의 변화가 적게 나타나는 용액이며, 주로 아세트산(CH_3COOH)과 아세트산소듐(CH_3COONa)이 혼합된 용액과 같이 짝산–짝염기가 혼합된 용액에서 나타난다.

예를 들어, 0.1 M 100 mL 아세트산 용액을 0.1 M의 수산화소듐으로 적정하고 pH 미터기를 이용하여 측정할 수 있으며 이 용액 내에는 다음과 같은 반응이 일어난다.

$$CH_3COOH + NaOH \rightarrow CH_3COONa + H_2O$$
$$CH_3COONa \rightarrow CH_3COO^- + Na^+$$

0.1 M 100 mL 아세트산 용액을 0.1 M의 수산화소듐 용액이 첨가되면서 용액 내에는 CH_3COOH와 CH_3COO^-의 비율이 1:1을 이루게 되는 시점에서 완충 용액을 만들어진다. 완충 용액은 약산과 그 짝염기가 비슷한 양이 포함되어 있어야 하는데 그림 10.8처럼 CH_3COOH이 거의 대부분인 영역(pH 2~3)이나 CH_3COO^-이 거의 대부분인 영역(pH 6~7)에서는 OH^- 이온이 조금만 첨가되어도 pH 변화가 급격히 일어나고 pH 3.75~5.75 영역에서는 pH의 변화가 크지 않음을 확인할 수 있다.

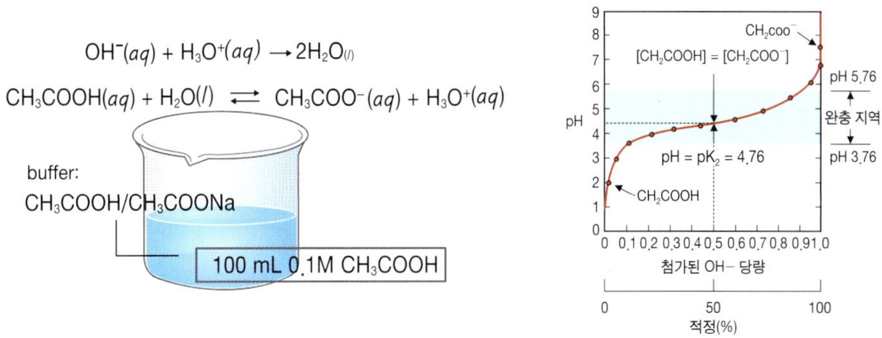

그림 10.8 수산화소듐을 활용한 아세트산 용액의 적정 실험과 pH 변화

일반적으로 산의 특징적인 성질을 나타낼 때 pK_a값을 활용하며 pH와 pK_a와의 관계는 짝산(HA)과 짝염기(A^-)의 몰농도를 활용한 다음의 식을 따른다. 주로 pK_a값 주변에서 완충 능력이 최대가 되어 이 지점에서는 산이나 염기를 가해도 pH의 변화가 가장 적게 나타난다.

$$pH = pK_a + \log \frac{[A^-]}{[HA]}$$

완충 용액의 예

우리 생체 내에는 급격한 pH의 변화에 따른 단백질의 구조 변화 및 효소 활성의 변화가 발생할 수 있어 이를 최소한으로 하기 위해 세포의 완충 작용은 매우 중요하다.

혈액의 pH 범위는 일반적으로 pH 7.4 ±0.2 사이인데, 이 영역을 벗어나면 조직에 대한 산소 공급량과 혈액 중 전해질 양 조절에 영향을 주게 된다. 따라서 생물체는 수소 이온 농도가 일정하게 유지될 수 있도록 완충 용액 시스템을 가지고 있으며 인체 내에서는 탄산계와 인산계 등 약산과 각 짝염기의 완충 작용이 중요하다. 인체 내 단백질도 혈액과 세포 내에서 완충 작용에 기여한다.

표 10.7 생체 내 완충계

완충계 종류	화학 반응
인산계	$H_2PO_4^- + H_2O \rightleftharpoons HPO_4^{2-} + H_3O^+$
탄산계	$H_2CO_3 + H_2O \rightleftharpoons HCO_3^- + H_3O^+$
암모니아계	$NH_4^+ + H_2O \rightleftharpoons NH_3 + H_3O^+$
헤모글로빈계	$HHbO_2 + H_2O \rightleftharpoons HbO_2^- + H_3O^+$
단백질계	$H\text{-protein}^+ + H_2O \rightleftharpoons \text{protein} + H_3O^+$

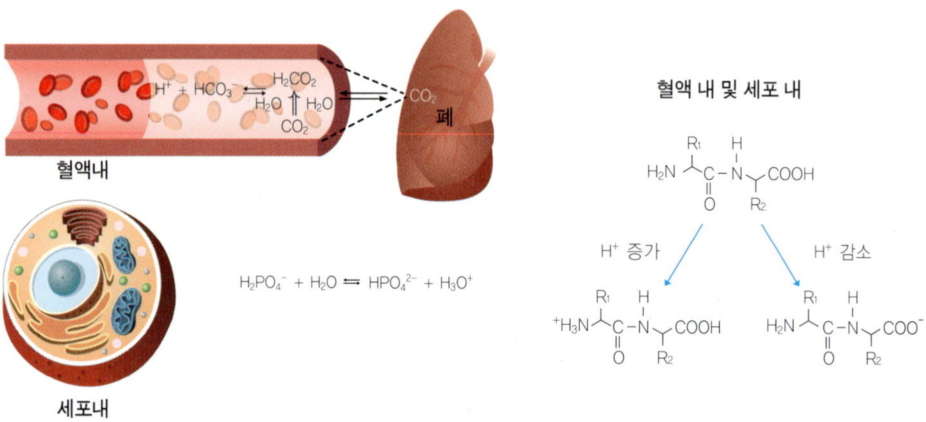

그림 10.9 혈액의 탄산계, 세포 내 인산계, 혈액 및 세포 내 아미노산 및 단백질 완충 시스템

C H A P T E R

11

Chemistry

화학 평형과 반응 속도

1. 화학적 반응 속도

화학적 반응은 각 반응별로 고유한 반응 속도에 의해 진행이 되어 어떤 반응은 빠르게 일어나고 어떤 반응은 천천히 일어난다. 예를 들어, 제철소에 철을 녹이는 경우에는 높은 온도를 적용하면 시간이 오래 걸리지 않지만, 철이 산소를 만나 부식되는 경우에는 시간이 오래 걸린다. 공업 화학자들은 반응의 수율을 최대로 끌어올리거나 새롭게 공정을 개발하는 대신에 반응 속도를 증가시켜 시간을 단축시켜 많은 양을 생산하는 방법을 이용한다. 그러기 위해서는 화학 반응에 따른 반응 속도와 반응에 대한 메커니즘 연구가 필요하며 이를 화학 반응 속도론chemical kinetics이라 한다.

2. 가역 반응과 비가역 반응

화학 반응에서 가역 반응reverse reaction은 반응 조건에 따라 정반응과 역반응이 모두 일어날 수 있는 반응이다. 화학 반응식으로 나타낼 때 화살표 ⇌를 쓴다.

연소 반응

$CH_4(g) + 2O_2(g) \rightarrow CO_2(g) + 2H_2O(g)$

기체 발생 반응

$2HCl(aq) + Mg(s) \rightarrow H_2(g)\uparrow + MgCl_2(aq)$

침전 반응

$Ca(OH)_2(aq) + CO_2(g) \rightarrow H_2O + CaCO_3\downarrow$

석회수에 이산화탄소를 불어넣으면 뿌옇게 흐려지는 탄산칼슘 생성

중화 반응

$HCl(aq) + NaOH(aq) \rightarrow NaCl + H_2O$

비가역 반응irreverse reaction은 한 방향으로만 일어나는 반응이다. 예로는, 연소 반응, 기체 발생 반응, 침전 반응, 중화 반응 등이 있다.

3. 화학 평형

화학 반응에서 생성물과 반응물이 일정한 비율로 존재하는 상태로 외부에서 관찰할 때 반응이 정지된 것처럼 보인다. 이런 경우를 평형에 도달하였다고 한다. 가역 반응에서 정반응의 속도와 역반응의 속도가 같아서 이런 현상이 발생하며 두 반응의 속도가 같은 이런 상태를 동적 평형dynamic equilibrium이라고 한다. 대표적인 예로는, 염화소듐(NaCl)을 물에 녹이면 처음에서 녹아들어가다가 어느 수준이 되면 더 이상 용해되지 않는 경우가 있는데, 이런 경우에는 염화소듐이 용해되는 속도와 용해된 이온이 고체로 석출되는 과정이 동시에 같은 속도로 발생하기 때문이다.

화학 평형chemical equilibrium은 둘 이상의 화학 반응이 동시에 같은 속도로 일어나고 있는 동적 평형 상태를 화학 평형 상태라 한다.

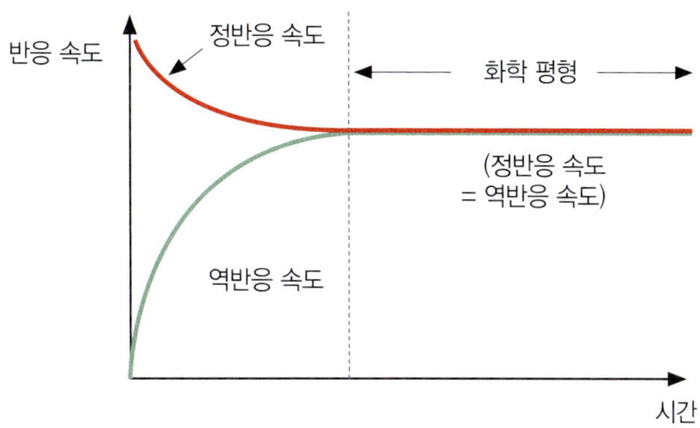

그림 11.1 가역 반응에서 시간과 반응 속도의 관계

$N_2O_4(g) \rightleftharpoons 2NO_2(g)$ 반응에서 시간과 반응 속도를 살펴보면, 정반응 속도의 경우 처음에는 반응 속도가 빨라지지만 시간이 지나면 반응물인 N_2O_4의 농도가 감소하므로 반응 속도가 점점 느려진다. 역반응 속도는 처음에는 0이지만 시간이 지남에 따라 생성물인 NO_2의 양이 증가하므로 역반응의 속도는 점차 증가한다. 일정 시간이 지난 뒤에는 정반응 속도가 역반응 속도가 같아지는 화학 평형 상태가 된다.

정반응 : 사산화질소(N_2O_4)를 가열하면 적갈색의 이산화질소(NO_2)로 바뀐다.

$$N_2O_4(g) \rightarrow 2NO_2(g)$$

무색 (가열) 적갈색

역반응 : 이산화질소(NO_2)는 적갈색으로 기체를 냉각하면 무색의 사산화질소(N_2O_4)로 바뀐다.

$$2NO_2(g) \rightarrow N_2O_4(g)$$

적갈색 (냉각) 무색

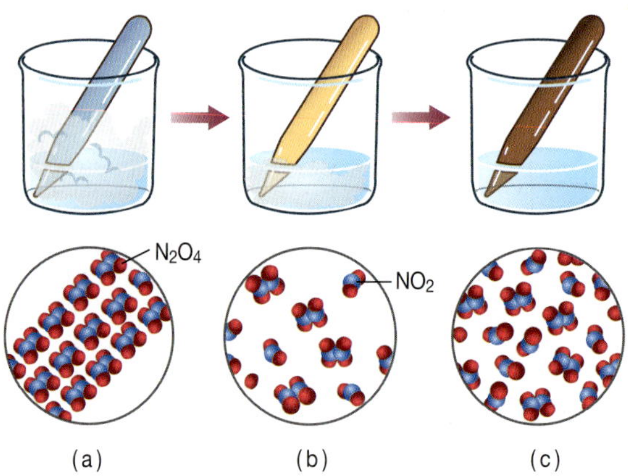

그림 11.2 이산화질소의 화학 평형

4. 평형 상수

19세기 중반 노르웨이 화학자 굴베르그(C. Guldberg)와 웨이지(P. Waage)는 다양한 화학 반응의 평형 혼합물을 연구하였는데, 실험 관찰을 통해 같은 온도에서 반응물과 생성물의 평형이 이루어지는 물질의 농도 간에는 일정한 관계가 성립함을 제시하였다.

즉, 일정 온도에서 어떤 반응이 화학 평형 상태에 도달하면 반응물의 농도 곱에 대한 생성물의 농도 곱의 비는 항상 일정하다고 제시하였다. 화학 평형에서 반응물의 농도 곱에 대한 생성물의 농도 곱의 비를 평형 상수(K)equilibrium constant라 한다. 평형 상수는 단위가 없으며 평형 상수가 클수록 생성물이 생성되는 쪽에서 평형이 이루어진다.

A와 B가 반응하여 C와 D가 생성되는 반응의 평형 상수(K_{eq})는 다음과 같다.

$$aA + bB \rightleftharpoons cC + dD \quad K_{eq} = \frac{[C]^c\,[D]^d}{[A]^a\,[B]^b}$$

([A], [B], [C], [D] : 평형 상태에서 각 물질의 몰농도)

여기서 평형 상수(K_{eq})equilibrium constant는 특정 온도에 대한 상수이며, 반응물을 분모에, 생성물을 분자에 쓴다. 반응 물질과 생성 물질은 [A], [B], [C], [D]와 같이 몰농도(M)를 적용하고 각 반응식에서 물질의 계수인 a, b, c, d는 각 물질의 몰농도에 지수로 적용한다. 평형 상수의 크기가 1보다 크면 평형에서 반응물보다 생성물의 양이 많아 정반응 쪽으로 진행되며 평형 상수 크기가 1보다 작으면 평형에서 반응물보다 생성물의 양이 적어 역반응 쪽으로 진행된다.

N_2O_4의 분해 반응에서 평형 상수(K)는 아래와 같이 구할 수 있다. N_2O_4 계수는 1이며 1은 지수식에서 표현하지 않는다. 농도는 몰농도를 사용한다.

N_2O_4의 분해 반응의 경우 정반응은 다음과 같다.

$$N_2O_4(g) \longrightarrow 2NO_2(g)$$

무색 (가열) 적갈색

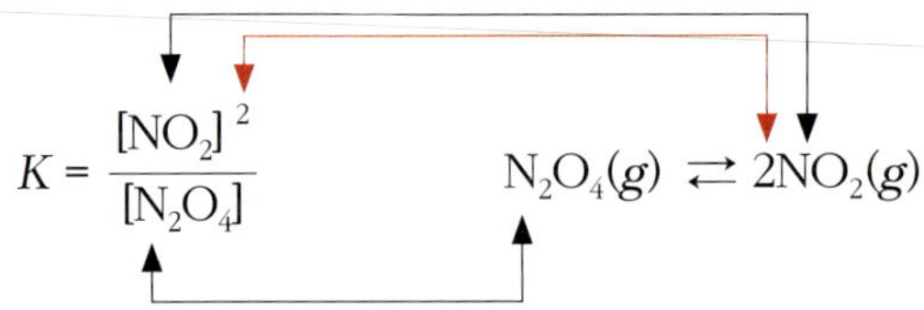

역반응인 경우에는 다음과 같다.

$$2NO_2(g) \longrightarrow N_2O_4(g)$$

적갈색 (냉각) 무색

$$K = \frac{[N_2O_2]}{[NO_2]^2}$$

이 경우 일정 온도에서 평형 상수 K_{eq}값은 반응물과 생성물의 농도와 상관없이 거의 일정하다.

표 11.1 화학 반응($2NO_2(g) \rightarrow N_2O_4(g)$) 실험 사례에서 초기 농도와 평형 농도, 평형 상수 K_{eq}와의 관계

실험	초기 농도(몰농도 M)		평형 농도(몰농도 M)		평형 시 농도 관계	
	$[NO_2]$	$[N_2O_4]$	$[NO_2]$	$[N_2O_4]$	$[N_2O_4]/[NO_2]$	$K_{eq}=[N_2O_4]/[NO_2]^2$
1	0	1	0.078	0.061	0.781	10.000
2	0.04	0.06	0.067	0.046	0.680	10.029
3	0.1	0	0.050	0.025	0.500	10.000

예제 11.1

$2\,NO(g) + O_2(g) \rightleftharpoons 2NO_2(g)$의 반응에서 평형에 도달하였을때,

$[NO] = 0.1$ M, $[O_2] = 1.5$ M, $[NO_2] = 0.5$ M일 때 평형 상수 K_{eq}를 구하라.

풀이

$K_{eq} = (0.5)^2 / \{(0.1)^2 \times (1.5)\} = 17$

5. 이온화 상수

1) 물의 이온화 상수

평형 상수 개념을 10장에서 소개된 물의 이온화 상수 계산에 적용할 수 있다.

$$H_2O + H_2O \rightleftharpoons H_3O^+ + OH^-$$

위의 반응은 평형 반응이므로 평형 상수equilibrium constant를 아래와 같이 구할 수 있다.

$$\text{평형 상수 } K = \frac{([H_3O^+][OH^-])}{([H_2O][H_2O])}$$

$K \times [H_2O][H_2O] = [H_3O^+][OH^-] = K_w$ (물의 평형 상수)

$K_w = [H_3O^+][OH^-] = 1.0 \times 10^{-14}$ (25℃ 상온에서)

물이 이온화하는 경우에 H_3O^+ 이온수와 OH^- 이온수는 각각 같으므로 몰농도로 표현되는 $[H_3O^+]$ 값과 $[OH^-]$는 같다. 따라서 $[H_3O^+] = [OH^-] = 1.0 \times 10^{-7}$ M이다.

K_w 값은 1.0×10^{-14}이므로 25℃ 모든 수용액의 K_w 값은 일정하다. 만일 25℃ 수용액상에서 $[H_3O^+]$의 양이 증가하면 $[OH^-]$의 양은 감소하게 된다.

2) 산의 이온화 상수

이온화 상수는 산의 이온화 상수에도 적용될 수 있다.

강산은 100% 이온화되지만 약산은 일부 분자만 이온화된다. 예를 들어, 아세트산의 경우 이온화할 때 화학 반응식을 적용하여 산 이온화 상수(K_a)acid ionization constant를 계산하면 아래와 같다.

$$CH_3COOH(aq) \rightleftharpoons H^+(aq) + CH_3COO^-(aq)$$

$$K_a = \frac{[H^+][CH_3COO^-]}{[CH_3COOH]}$$

25℃에서 아세트산은 0.1 M 용액 중에서 약 1% 수준만 $H^+(aq)$ + $CH_3COO^-(aq)$로 이온화가 되며 나머지 약 99%는 $CH_3COOH(aq)$로 존재하고 이온화되지 않는 약산이다. 25℃에서 아세트산의 K_a는 1.8×10^{-5}이며 이 값은 1보다 작으므로 평형은 이온화하는 정반응이 아닌 역반응 방향이 우세하다.

6. 평형 이동에 관한 르 샤틀리에의 원리

19세기 말 화학자들은 암모니아 합성을 시도했는데, 암모니아가 얻어지지 않아서 대부분 포기하였다. 반대의 역반응에서 높은 온도에서 암모니아 분해 작용을 살펴보니 암모니아 일부는 분해되지 않고 남아 있었다. 이를 통해 암모니아 분해의 역반응이 어느 정도는 진행됨을 알 수 있었다. 네른스트(W. H. Nernst)는 온도와 압력 조건에서 암모니아 수율을 조사한 결과, 일정 압력에서는 온도가 낮을수록, 일정 온도에서는 압력이 높을수록 암모니아 수율이 좋음을 확인하고 높은 압력과 낮은 온도에서는 정반응이 촉진되는 방향으로 평형이 이동함을 밝혔다.

표 11.2 네른스트 실험의 온도와 압력 조건에서 암모니아 수득율

	1기압	30기압	100기압
200℃	15.3%	67.6%	80.6%
500℃	0.13%	3.62%	10.4%
800℃	0.01%	0.35%	1.2%

프랑스의 화학자 르 샤틀리에(H. Le Châtelier)는 1888년 르 샤틀리에의 원리(Le Châtelier's principle)를 제시하였다. 이 원리는 평형 상태에 있는 계에 변화를 주면 계는 가해진 변화를 없애는 쪽으로 반응하고 새로운 조건의 평형 상태에 도달하게 된다는 것이다.

르 샤틀리에의 원리에 의하면 동적 평형을 이루고 있는 상태에서 농도, 온도, 압력 등 반응 조건을 변화시키면 반응계는 이 변화의 영향을 감소시키는 방향으로 평형을 이동시킨다. 반응물이나 생성물 중에서 한쪽의 농도를 증가시키면 해당 물질의 농도를 감소시키는 방향으로 평형이 이동한다. 또한 온도의 경우에도 예를 들어, 발열 반응의 경우 온도를 높이면 가해진 변화를 없애는 쪽으로 평형이 이동되어 평형이 흡열 반응 쪽으로 이동한다. 기체의 반응에서 기체의 압력을 증가시키면 평형을 압력을 감소시키려는 방향으로 이동한다. 화학 평형에서 농도, 압력, 온도가 달라지면 평형이 깨지고 정반응 또는 역반응이 우세하게 진행된 뒤 새로운 평형 상태에 도달하게 되는데 이러한 현상을 평형 이동이라고 한다.

표 11.3 조건과 평형 이동

조건	조건의 변화	평형 이동
압력	압력 증가(부피 감소)	전체 기체 몰수가 감소하는 방향으로 평형 이동
	압력 감소(부피 증가)	전체 기체 몰수가 증가하는 방향으로 평형 이동
온도	온도를 높임	흡열 반응 : 정반응 쪽으로 평형 이동 발열 반응 : 역반응 쪽으로 평형 이동
	온도를 낮춤	흡열 반응 : 역반응 쪽으로 평형 이동 발열 반응 : 정반응 쪽으로 평형 이동
농도	반응물 첨가 또는 생성물 제거	정반응 쪽으로 평형 이동
	반응물 제거 또는 생성물 첨가	역반응 쪽으로 평형 이동

1) 농도 변화

화학 반응이 평형 상태에 있을 때 반응물이나 생성물의 농도를 변화시키면 그 농도 변화를 줄이는 방향으로 평형이 이동한다.

$$A + B \rightleftharpoons C + D$$

평형은 성분의 농도가 변화하면 평형에 영향을 받는다. 일정 시간이 지나면 새로운 평형에 도달하게 된다. 만일 반응에서 반응물의 농도가 증가하면 반응물들 간의 충돌이 증가하므로 반응 속도가 증가한다.

만일 반응물인 A의 양이 증가하면 다음의 결과가 나타나게 될 것이다.

1. 정반응의 속도가 증가한다. 반응 속도는 A의 농도와 B의 농도의 곱으로 표시되므로 A가 증가하면 반응 속도는 증가한다.
2. 정반응의 속도가 역반응의 속도보다 커진다.

3. 반응물 A와 B의 소모되는 속도는 더 커지고 생성물인 C와 D의 생성되는 속도가 커진다.
4. 시간이 지난 뒤 새로운 평형에 도달한다.
5. 새로운 평형이 되면 원래의 평형과 비교하여 B의 농도는 작아지고, A, C, D의 농도는 커진다. 결론은 정반응이 촉진된다.

암모니아의 합성에서 평형 이동

$N_2(g) + 3H_2(g) \rightleftharpoons 2NH_3$

만일 H_2를 첨가하는 경우 처음의 평형으로부터 새로운 평형은 추가한 반응물과 생성물의 농도는 증가하고 추가하지 않은 반응물은 농도가 감소한다. 따라서 본 반응은 정반응 쪽으로 평형이 이동한다.

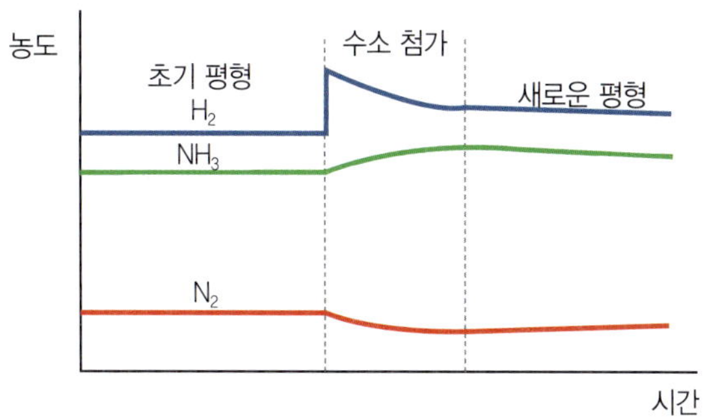

$N_2 + 3H_2 \rightleftharpoons 2NH_3$ 반응에서의 농도 변화에 따른 평형 이동

그림 11.3 암모니아 합성 시 반응물인 H_2를 첨가하는 경우 평형 이동

농도 변화에 따른 평형 이동 예 : 고산병

우리 몸속에 들어온 산소(O_2)는 혈액 속의 헤모글로빈(Hb)과 결합하여 산소 헤모글로빈($Hb(O_2)_4$)을 생성한 뒤 혈액을 따라 필요한 세포에 산소를 공급할 수 있다.

$$Hb(aq) + 4O_2 \rightleftharpoons Hb(O_2)_4(aq)$$

높은 산에 올라가면 산에는 공기가 희박하여 산소의 농도가 감소하므로 헤모글로빈과 결합할 수 있는 산소의 양이 감소한다. 따라서 역반응 쪽으로 평형이 이동한다. 이에 따라서 역반응에서 산소 헤모글로빈이 헤모글로빈과 산소로 해리되고 우리 몸은 산소 결핍 상태가 되어 고산병이 나타난다.

예제 11.2

$H_2(g) + I_2(g) \rightleftharpoons 2HI(g)$의 반응에서 I_2 투입을 증가시키면 반응은 정반응과 역반응 중 어느 방향으로 진행되겠는가? 반응물과 생성물의 양은 새로운 평형을 통해 어떻게 변하겠는가?

풀이

르 샤틀리에의 원리에 의해 증가된 I_2의 농도를 감소시키기 위해 평형은 정반응 쪽으로 이동하게 되며 H_2 중 일부가 새롭게 첨가된 I_2와 반응하여 새로운 평형 혼합물을 만들때까지 HI 생성량이 증가하게 된다. 따라서 새로운 평형 상태에서 H_2 농도는 감소하고 I_2 농도는 증가하며 $2HI(g)$ 농도는 증가하게 된다.

2) 온도의 변화

흡열 반응 : 반응물 + 열 ⇄ 생성물

발열 반응 : 반응물 ⇄ 생성물 +열

화학 반응이 평형 상태에 있을 때 온도를 변화시키면 온도의 변화를 줄이는 방향으로 평형이 이동한다. 온도를 높이면 온도가 낮아지는 방향으로, 즉 열을 흡수하는 흡열 반응 쪽으로 평형이 이동한다. 반대로 온도를 낮추면 온도가 높아지는 방향으로, 즉 열을 방출하는 발열 반응 쪽으로 평형이 이동한다.

암모니아 합성의 경우는 발열 반응이고, 역반응인 암모니아 분해는 흡열 반응에 해당한다.

$$N_2(g) + 3H_2(g) \rightleftharpoons 2NH_3, \ \Delta H = -92.2\ \text{kJ/mol}$$

반응 엔탈피를 나타내는 ΔH 의 경우 발열 반응은 $\Delta H < 0$, 흡열 반응은 $\Delta H > 0$ 이다. 열을 가해서 온도를 올리면 르 샤틀리에의 원리에 따라 가한 열을 흡수하는 방향인 역반응이 진행된다. 반대로 온도를 낮추면 열이 발생하는 정반응이 일어난다. 암모니아 합성은 낮은 온도가 유리하지만 온도가 너무 낮으면 반응 속도가 낮아져서 반응이 매우 느리게 진행된다. 이런 문제를 해결하기 위해 하버는 촉매를 사용하여 400~500℃의 온도를 유지하면서 철촉매를 사용하여 암모니아를 합성할 수 있었다. 촉매는 평형 이동에 영향을 주지 않고 반응 속도를 높이는 장점이 있다.

온도 변화에 따른 평형 이동의 예 : 이산화탄소의 용해 반응

$$CO_2(g) \rightleftharpoons CO_2(aq), \ \Delta H < 0$$

이산화탄소 기체가 이산화탄소 수용액으로 전환되는 반응은 발열 반응으로 온도가 상승하면 흡열 반응 쪽으로 평형이 이동하기 때문에 역반응이 우세하게 된다. 따라서 탄산음료의 온도가 높아지면 역반응 쪽으로 평형이 이동되어 용액에 녹아 있던 $CO_2(g)$가 빠져나와 톡 쏘는 맛이 적어진다.

3) 압력의 변화

화학 반응이 평형 상태에 있을 때 압력을 변화시키면 압력의 변화를 줄이는 방향으로 평형이 이동한다. 압력이 증가하는 것은 부피가 감소하는 상황과 같다. 압력이 증가하면

압력이 감소하는 방향으로, 즉 기체의 양이 감소하는 방향으로 평형이 이동된다. 반대로 압력이 감소하면 압력이 증가하는 방향, 즉 기체의 양이 증가하는 방향으로 평형이 이동된다.

$$\underbrace{N_2(g) + 3H_2(g)}_{4\ \text{mol}} \rightleftarrows \underbrace{2NH_3(g)}_{2\ \text{mol}} \qquad K_{eq} = \frac{[NN_3]^2}{[N_2]\,[H_2]^3}$$

위 반응식에서 3 mol의 수소 분자와 1 mol의 질소 분자, 즉 총 4 mol의 분자가 반응해서 2 mol의 암모니아 분자가 만들어진다. 이상 기체 방정식에서 압력은 몰수에 비례하므로 이 반응이 진행되면 압력이 감소한다. 외부에서 압력을 가할 때 정반응이 많이 진행된다는 것은 정반응을 통해 압력을 상쇄하는 방향으로 평형이 이동하게 된다.

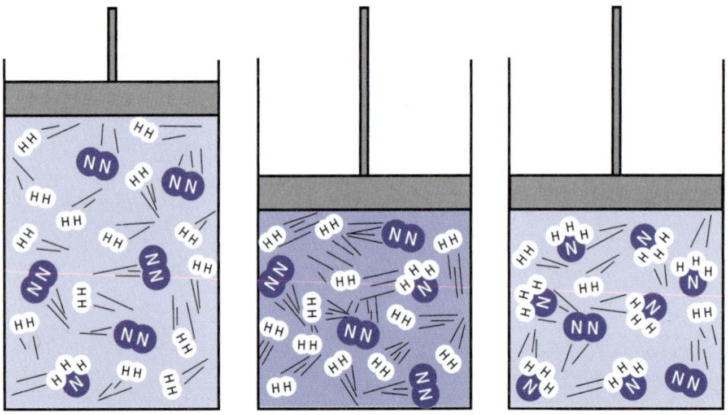

(a) 평형 (b) 압력 증가 (C) 새로운 평형

그림 11.4 압력 변화가 평형에 미치는 영향

피스톤이 안쪽으로 밀리면 보일의 법칙에 따라 시스템의 압력이 증가한다. 동일한 수의 분자가 이제 더 작은 공간에 갇혀 있으므로 압력이 증가한다(b). 르 샤틀리에의 원리에 따르면 시스템은 스트레스를 해소하기 위해 반응하며, (c)에서 정반응이 선호되고 더 많은 NH_3가 생성된다. 평형 시스템에 대한 압력의 증가는 더 적은 총 기체 mol을 생성하는 반응에 유리하여 정반응 쪽으로 평형이 이동한다. 질소 기체와 수소 기체가 만나서 암모니아 기체를 형성하는 경우에 반응물의 기체의 양은 4 mol인 경우 생성물 기체의 양은 2 mol이다. 이때 압력이 증가하면 기체의 양이 감소하는 정반응이 우세하게 진행되어 새로운 평형에 도달한다. 즉, N_2와 H_2의 양은 감소하고 NH_3의 양은 증가하게 된다. 반대로 압력이 감소하면 기체의 양이 증가하는 역반응이 우세하게 진행되어 새로운 평형에 도달한다. 이때 기존 평형 대비 N_2와 H_2의 양은 증가하고 NH_3의 양은 감소하게 된다.

예제 11.3

1. $H_2(g) + I_2(g) \rightleftharpoons 2HI(g)$의 반응에서 압력이 높이면 평형은 어떻게 되겠는가?

풀이

기체의 양이 반응물도 2 mol, 생성물도 2 mol이므로 압력이 변해도 평형은 변하지 않는다.

2. 주사기 내에서 $2NO_2(g) \rightleftharpoons N_2O_4(g)$의 반응에서 압력을 가하면 평형은 어떻게 되겠는가? 주사기 내 기체의 색깔은 어떻게 변하겠는가? $NO_2(g)$ 색은 적자색, $N_2O_4(g)$ 색은 무색이다.

풀이

반응물은 2 mol, 생성물은 1 mol이므로 압력을 가하면 기체의 양이 감소하는 반응 쪽인 정반응이 우세하게 된다. 따라서 용기 내 기체의 색깔은 초반에는 부피가 감소하였기 때문에 색이 다소 진해지나 시간이 천천히 흐름에 따라서 정반응 쪽이 우세해지므로 무색쪽으로 진행되어 색이 더 연해진다.

4) 르 샤틀리에의 원리에 따른 수득률 변화

르 샤틀리에의 원리를 이용한 평형 이동을 통해 산업에서는 생성물의 수득률을 높이는 데 이용할 수 있다. 즉, 평형 이동을 정반응 쪽으로 이동시키면 수득률을 개선할 수 있다.

암모니아 수득률에 영향 인자

$$N_2(g) + 3H_2(g) \rightleftharpoons 2NH_3(g),\ \Delta H < 0$$

1. 농도의 변화

정반응 쪽을 촉진하기 위해서는 반응물의 농도를 높이면 정반응 쪽으로 평형 이동이 가능하다.

2. 온도의 변화

정반응을 촉진하기 위해서는 발열 반응이므로 온도를 낮춘다. 그러나 온도가 너무 낮으면 물질이 생성되는 데 시간이 오래 걸린다.

3. 압력의 변화

정반응을 촉진하기 위해서는 압력을 높이면 반응물의 기체의 양 4 mol에 대해서 생성물의 기체의 양 2 mol이 생산되므로 기체의 양이 감소하는 정반응 쪽으로 평형이 이동된다. 그러나 높은 압력을 견딜 수 있는 용기 설치에는 비용이 많이 든다.

4. 산업적 활용 조건

암모니아 합성을 위한 산업적 활용 온도와 압력은 아래와 같다. 주로 촉매를 이용하여 400~600℃에서 200-400 atm의 압력 조건에서 암모니아를 합성한다.

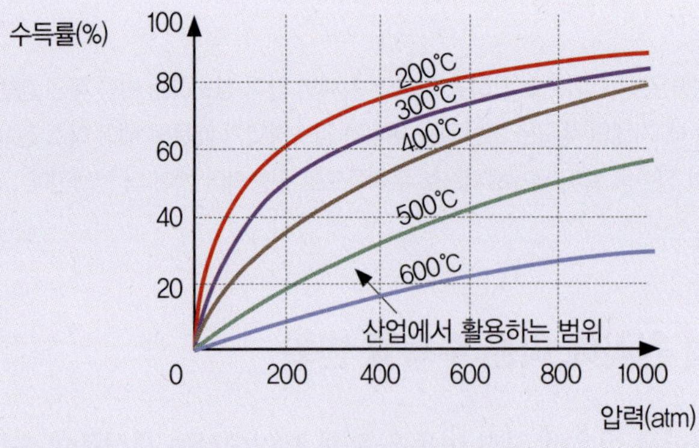

18세기 후반에 암모니아가 질소와 수소로 이루어져 있다는 사실이 알려지면서 많은 사람들이

암모니아 합성을 시도하는 경우가 많았는데 모두 실패하였다. 20세기 초에 들어 네른스트, 하버 등이 이 반응의 열역학적 평형을 연구하여 반응이 가능하다는 것을 밝혔다. 1907년 하버는 암모니아 합성의 기초를 확립하고, 질소와 수소를 촉매(산화 철과 약간의 세륨 및 크로뮴) 존재하에 530℃, 290 atm에 반응시키면 암모니아를 얻을 수 있음을 발견하였다. 하버는 화학 반응에서 평형을 다룰 때 사용되는 '르 샤틀리에의 원리'가 중요하다는 사실을 알아차리고 이를 암모니아 합성 반응에 적용시켰다. 하버의 공정은 대량 생산에는 적합하지 않았는데, 당시의 기술 수준으로는 더 좋은 촉매와 고온과 고압의 조건을 만들기가 힘들었기 때문이다. 제1차 세계 대전 중에 폭발물을 만들기 위한 암모니아의 수요가 증가하면서, 1913년 칼 보슈는 대량 생산을 위한 촉매제를 찾는 연구를 수행해서 수없이 많은 실험 끝에 1909년에 철과 특정 화합물로 이루어진 촉매를 찾았고, 이 성과인 하버-보슈의 방법을 공업적으로 적용하여 연 9천 톤 규모로 공업적 암모니아 합성에 성공하였다. 그 후 암모니아 공정은 많은 개선을 통하여 수득률을 높일 수 있었다. 현재도 세계 인구 절반을 위한 식량은 합성 암모니아를 사용한 비료를 써서 만들고 있어 암모니아 생산 방법 개발을 통해 식량 생산 문제 해결에 도움이 되었다.

7. 촉매

일반적으로 화학 반응을 하기 위해서는 반응물의 분자들이 충돌하며 충분한 운동 에너지가 있어야 반응을 시작할 수 있는데, 충돌하는 분자 수와 충분한 충돌 에너지가 필요하다. 촉매는 일반적으로 하나 이상의 반응물과 반응한 후, 촉매를 재생하는 과정에서 최종 반응 생성물을 연속적으로 생성할 수 있는 중간체를 형성하여 그 다음 원래의 촉매를 재발생시키는 순환적인 과정을 거치게 되며 반응을 촉진시킨다.

촉매catalyst는 반응 속도에 영향을 미치며, 반응 과정 중에 소모되지 않는다. 촉매는 반응의 평형을 이동시키지 않으며 평형에 도달하는 속도에만 영향을 준다. 촉매는 반응 속도를 빠르게 하는 정촉매와 반응 속도를 느리게 하는 부촉매로 구분한다.

정촉매는 반응의 활성화 에너지activation energy를 낮춘다. 활성화 에너지는 반응이 일어나는 데 필요한 최소한의 에너지로 정의할 수 있다. 활성화 에너지는 반응을 시작하기에 필요한 에너지의 양이며 활성화 에너지를 낮추면 반응 속도를 높일 수 있다.

활성화 에너지는 정반응과 역반응 모두에서 평형 이동에 영향을 주지 않는다. 촉매는 화학 반응 전후에 변하지 않기 때문에 반응물이나 생성물에 포함시키지 않고 화학 반응식의 화살표 위에 표시한다. 화학 반응에서 일반적 촉매는 정촉매를 의미하며 촉매에 의한 활성화 에너지 감소는 반응할 수 있는 입자수를 증가시켜 반응 속도를 촉진할 수 있다.

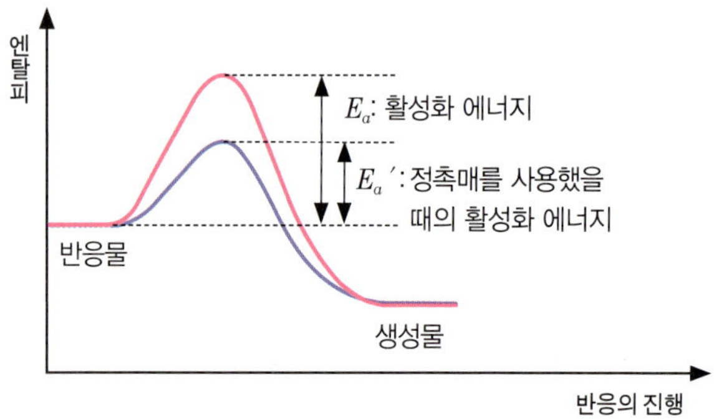

그림 11.5 촉매와 활성화 에너지 관계

산소를 제조하기 위해서는 염소산 포타슘($KClO_3$)이나 과산화수소(H_2O_2)를 분해시키면 얻을 수 있는데, 이때는 촉매로 이산화망가니즈(MnO_2)를 사용하고 온도를 높이면 반응 속도를 높일 수 있다.

$$2\,KClO_3(s) \xrightarrow[\triangle]{MnO_2} 2\,KCl(s) + 3O_2(g)$$

$$2\,H_2O_2(aq) \xrightarrow[\triangle]{MnO_2} 2H_2O(l) + O_2(g)$$

촉매는 공업 화학에서 매우 중요한 물질로서, 촉매 없이 매우 느린 반응을 적절한 촉매를 사용하면 매우 빠르게 화학 반응을 일으켜서 상업적 화학 제품을 생산할 수 있다.

한편, 생화학 분야에서는 생명체에서 일어나는 모든 화학 반응의 경우에도 효소enzyme라는 물질이 생화학적 반응의 촉매로 사용되는데, 효소는 활성화 에너지를 낮추어 반응 속도를 높일 수 있는 촉매이다. 예를 들어, 젖당 분해 효소는 젖당을 갈락토오스와 글루코오스로 분해하여 우유를 쉽게 소화시킬 수 있도록 하는데, 이 효소가 결핍된 사람들은 유당 불내증과 같은 어려움을 겪고 있다. 최근에는 젖당이 없는 우유를 생산하는데 효소를 활용하기도 한다.

반감기

반감기half-life는 어떤 양이 초깃값의 절반이 되는 데 걸리는 시간이다. $t_{1/2}$ 혹은 λ로 표시하기도 한다. 원래 개념은 방사성 붕괴에서 기인하였지만, 반응 속도론과 같은 분야에서도 널리 쓰인다.

방사성 동위원소의 반감기는 처음 원소의 1/2이 붕괴하여 새로운 원소를 형성하는 시간으로 나타낸다. 예를 들어, 16.00 mg의 요오드-131의 반감기는 8일이다. 이것은 8일 후에 요오드-131의 반, 즉 8.00 mg이 붕괴되고 8.00 mg만이 남는다는 것을 의미한다. 이렇게 반감기를 두 번 거치게 되면 4.00 mg만이 남게 된다. 이와 같이 반감기를 거칠수록 남아 있는 초기 동위원소의 분율을 다음과 같이 쓸 수 있다.

$$\text{남아 있는 분율} = \frac{1}{2^n} \quad (\text{n은 반감기의 수})$$

반감기(λ)는 다음과 같이 계산한다. 시간 t에서 반응물 A의 농도 $[A]t$가 반응물의 초기 농도 $[A]_0$의 절반이 되는 시간, 즉 $[A]_t = (1/2)[A]_0$인 시간이 반감기이다.

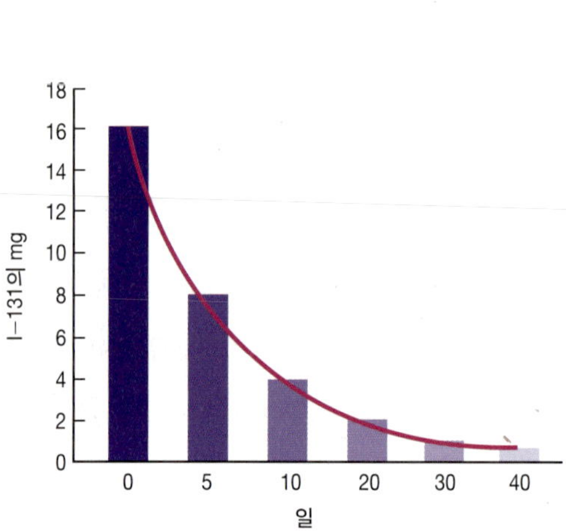

그림 11.6 동위원소 I=131 반감기

러더포드Rutherford는 방사성 원소의 반감기가 일정하다는 사실을 이용하여 라듐이 납−206으로 변환된 정도를 측정하고 암석의 나이를 추정하였다. 방사성 동위원소 연대 측정법이라고 불리는 이 방법은 물체에 포함된 특정한 방사성 동위원소들의 반감기와 비율을 이용하여 그 물체의 연대를 측정하는 데 이용된다.

방사성 탄소 연대 측정법은 유기물 중에 탄소에 포함된 방사성 동위원소인 탄소−14(^{14}C)의 조성 비율을 측정하여 유기물이 포함된 물체가 만들어진 연대를 추정하는 방법이다. 탄소−14는 대기 중 질소와 우주선cosmic ray이 충돌하여 만들어진다.

탄소 연대 측정이 가장 많이 사용되는 대상은 고고학 유물에 활용하는데, 탄소−14의 반감기가 약 5,730년임을 이용하여 1,000년에서 5만 년까지의 연대를 측정할 수 있다. 이 기술은 리비(W. F. Libby)가 1949년에 개발하였고, 그 업적으로 1960년에 노벨 화학상을 수상하였다.

CHAPTER 12

Chemistry

산화와 환원

1. 산화–환원의 정의

산화oxidation는 반응물이 1개 혹은 그 이상의 전자를 내주는 반응이다. 환원reduction은 산화의 반대 반응으로 반응물이 1개 혹은 그 이상의 전자를 받아들이는 반응이다. 즉, 산화–환원 반응에서 하나의 반응물은 전자를 **잃고** 다른 반응물은 전자를 **얻는다**. 전자를 잃는 것을 **산화**oxidation라고 하고, 전자를 얻는 것을 **환원**reduction이라고 한다. 산화와 환원은 동시에 일어나는 반응으로, 산화 반응에서 반응물이 내놓는 전자는 사라지는 것이 아니며 환원 반응하는 반응물로 이동하는 것이다(표 12.1).

표 12.1 산화-환원 관계

구분	산화	환원
전자	전자를 잃음	전자를 얻음
산소	산소를 얻음	산소를 잃음
수소	수소를 잃음	수소를 얻음

소듐(Na)과 염소(Cl_2)가 반응하여 염화소듐이 만들어지는 경우를 전체 반응과 반쪽 반응half-reaction을 구분해서 살펴볼 수 있다. 반쪽 반응의 식은 전체 반응의 절반을 나타낸다. 산화–환원 반응의 특징은 전자의 이동이다.

전체 반응

$2Na(s) + Cl_2(g) \rightarrow 2NaCl(s) + 열$

반쪽 반응

$2Na(s) \rightarrow 2Na^+ + 2e^-$: 산화 반응

$Cl_2(g) + 2e^- \rightarrow 2Cl^-$: 환원 반응

소듐 원자는 전자를 잃지만 이 전자는 전체 반응상에서 염소가 전자를 얻는 것으로

이해할 수 있다. 반쪽 반응을 통해 산화 반응과 환원 반응을 설명하기 용이하다.

다른 물질의 산화 상태를 증가시키는 물질을 산화제oxidizing agent라 하고, 다른 물질의 산화 상태를 감소시키는 물질을 환원제reducing agent라고 부른다. 산화제는 환원되면 전자를 얻는다. 환원제는 산화되면 전자를 잃는다.

전체 반응

$Zn(s) + 2HCl(aq) \rightarrow ZnCl_2(aq) + H_2(g)$

전자 이동에 대한 상세한 화학 반응식

$Zn + 2H^+ + 2Cl^- \rightarrow Zn^{2+} + 2Cl^- + H_2$

반쪽 반응

$Zn(s) \rightarrow Zn^{2+} + 2e^-$: 산화 반응 (아연 금속은 전자를 잃고 산화된다.) Zn은 환원제로 작용

$2H^+ + 2e^- \rightarrow H_2(g)$: 환원 반응 (수소는 전자를 받아서 환원된다.) H^+은 산화제로 작용

아연 금속 조각을 황산 구리(II) 수용액($CuSO_4$)에 담그면 아래 그림과 같이 아연이 구리 금속으로 코팅되어 어두워진다. 주변에서 아연에 도금된 구리 금속을 볼 수 있다. 그림에서 볼 수 없는 것은 아연 금속 중 일부가 아연 이온(Zn^{2+})으로 변형되어 용액의 일부가 되었다는 것이다.

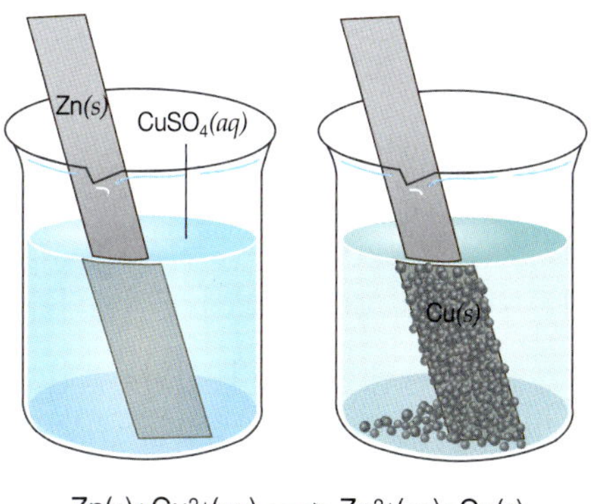

$Zn(s)+Cu^{2+}(aq) \longrightarrow Zn^{2+}(aq)+Cu(s)$

Zn 원자는 용액으로 들어가 Zn^{2+}가 된다. Cu^{2+}는 환원되어 금속 표면에서 Cu가 된다.

고체에서는 Zn 에서 Cu로 교체되었고, 용액에서는 Cu^{2+}에서 Zn^{2+}로 교체되었다.

이 과정의 전반적인 반응식은 다음과 같다.

$$Zn(s) + CuSO_4(aq) \rightarrow ZnSO_4(aq) + Cu(s)$$

또는, 알짜 이온 반응식으로 쓸 수 있다(황산 이온은 구경꾼 이온이다).

$$Zn(s) + Cu^{2+}(aq) \rightarrow Zn^{2+}(aq) + Cu(s)$$

$Zn(s)$과 $Cu^{2+}(aq)$의 반응에서 전자가 보이지 않더라도 각 Zn 원자는 2개의 전자를 잃어서 Zn^{2+} 이온이 된다(아연은 산화된다). 각각의 Cu^{2+} 이온은 2개의 전자를 얻어 Cu 원자가 된다(구리는 환원된다). 산화-환원 반응은 각각의 원소들이 전자를 잃어버리고 얻는 성향이 다르기 때문에 발생한다. 이 경우, 구리는 아연보다 전자를 얻는 경향이 더 크다. 다른 방법으로 말하면, 아연은 구리보다 전자를 잃는 경향이 더 크다.

반응물은 전자를 잃어버리고 얻는 경향이 다르기 때문에 Zn(s)과 Cu^{2+}(aq)의 반응은 한 종에서 다른 종으로의 실제 전자 전달을 포함한다. 그러나 화학 종이 전자를 잃거나 얻는 경향이 더 비슷한 다양한 산화-환원 반응이 있다. 이러한 경우에, 반응물은 전형적으로 결합하여 전자가 공유되는 분자 화합물을 형성한다. 기체 원소인 수소(H_2)와 불소(F_2)의 반응을 생각해 보자.

$$H_2(g) + F_2(g) \rightarrow 2HF(g)$$

하나의 반응물에서 다른 반응물로 전자가 실제로 전달되는 것은 아니지만, 이것은 H_2가 산화되고 F_2가 환원되는 산화-환원 반응이다. 산화-환원 반응에 관여하는 전자는 화학 반응식에 나타나지 않지만, 산화수는 그 산화-환원 반응을 추적할 수 있는 방법이다.

산화–환원(oxidation–reduction) 반응은 일상생활에서 많은 제품들이 산화–환원 반응 원리를 적용하여 생산되고 있다. 예를 들어, 배터리는 화합물을 사용하여 전기를 생산하도록 하여 활용하거나 식물이 광합성을 하는 것도 에너지를 화학 물질로 전환하도록 한다. 우리가 생활 속에 머리를 파마하는 것도 산화–환원의 원리를 적용하는 것이다.
산화–환원 반응은 화학 반응에서 물질들 간에 전자의 이동을 포함한다. 앞에서 배운 산–염기 반응은 양성자(H_3O^+ 혹은 H^+)의 이동에 관한 내용이라면 산화–환원 반응은 이보다 작은 전자(e^-)가 이동한다.

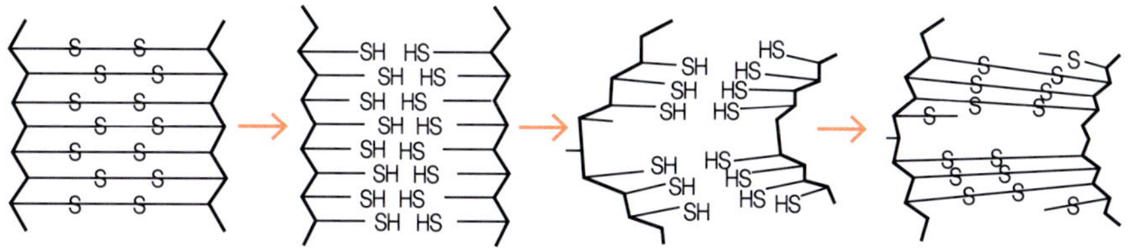

그림 12.1 머리 파마의 산화 환원 반응

머리의 파마를 하는 원리는 정상 모발인 케라틴 단백질에 환원제(1제, amomonium thioglycolate)를 가하여 머리카락의 주성분인 케라틴 단백질에 수소를 공급해 아미노산의 이황화 결합disulfied bond을 깨뜨리면 단백질 구조가 느슨해지면서 머리카락이 유연해지고, 중간에 중화제라 불리우는 산화제(2제, hydrogen peroxide)를 가하여 환원제(1제)가 공급한 수소를 제거하여 새로운 이황화 결합disulfide bond으로 머리카락을 새롭게 단단하게 만들 수 있다.

2. 산화수

원자의 **산화수**oxidation number 또는 **산화 상태**oxidation state는 전자가 하나의 반응물에서 다른 반응물로 실제적으로 옮겨지면 원자가 갖는 전하로 생각할 수 있다.

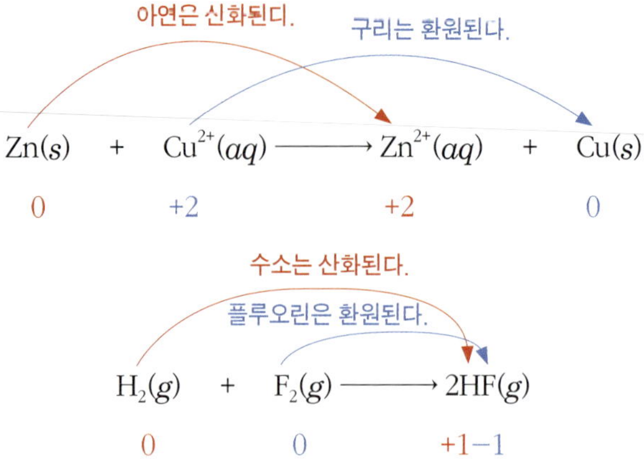

원자의 산화수는 원자가 전자를 잃거나 얻을 때 이들 전자수를 나타낸다. 산화수는 양수, 0, 음수로 표현된다. 산화수가 0이라는 것의 의미는 원자가 자유로운 상태의 중성 원자 상태로 있을 때 전자수와 동일한 수를 갖는다는 의미이다. 산화수가 양수가 표현되는 경우는 그 원자가 중성 원자일 때 보다 적은 수의 전자를 갖고 있다는 의미이며, 산화수가 음수로 표현되는 경우는 그 원자가 중성 원자일 때보다 많은 수의 전자를 가지고 있다는 의미이다.

원자가 이온이 될 때 전자를 잃거나 얻는데, 산화수는 이때 전하수와 같다. 예를 들어, 이온 결합 화합물인 NaCl의 산화수를 살펴보면 NaCl은 Na^+와 Cl^- 이온으로 이온화하기 때문에 Na^+의 산화수는 +1, Cl^-의 산화수는 −1이 된다. $MgCl_2$의 산화수를 살펴보면 $MgCl_2$은 Mg^{2+}와 2개 Cl^- 이온으로 이온화하기 때문에 Mg^{2+}의 산화수는 +2, Cl^-의 산화수는 −1이 된다.

그러나 원자들 간에 공유 결합을 통해서 결합하고 있는 경우에는 전자가 원자들 사이에서 공유되고 있어 이들의 산화수는 구성된 원자들의 '상대적' 전기 음성도에 따라서 산화수가 다르게 결정된다.

H_2 혹은 Cl_2 기체의 경우 각각 이온 결합이 아닌 공유 결합으로 구성이 되고, 이때 대칭으로 구조가 이루어지므로 각 원자의 산화수는 0이 된다.

만약 H 원자가 수소 원자와 결합하여 최종 H_2가 되지 않고 전기 음성도가 다른 원자인 O와 결합하여 H_2O를 형성하는 경우라면 산화수가 달라진다. 서로 다른 원자가 공유결합을 하고 만일 이 경우에 전기 음성도에 차이가 있으면 전기 음성도가 큰 원자는 전자를 더 강하게 끌어당기므로 결합한 전자들은 균등하게 공유되지 않고 전기 음성도가 더 큰 원소 쪽으로 공유 전자들을 할당하게 되며, 이것이 산화수에 반영된다. 즉, H_2O 전체 분자의 산화수는 분자 자체는 중성의 상태이므로 0이 되며 이때 물 분자 내의 O 원자 쪽으로 공유 전자쌍 2쌍이 모두 산소 원자 쪽으로 할당되며 중성 산소 원자에 비교하여 2개의 전자를 더 가지게 된다. 그래서 H_2O 분자 내 O 원자의 산화수는 −2가 된다. 반면에 H 원자는 중성의 H 원자에 비교하여 하나의 전자를 덜 가지게 되어 산화수는 +1이 된다.

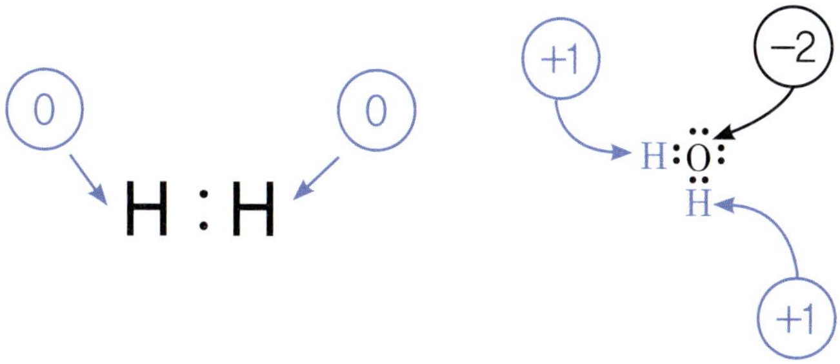

그림 12.2 H_2와 H_2O의 산화수와 전자 배치 비교

원소의 산화수를 정하기 위해서 먼저 산화−환원 반응식의 균형을 맞추고 원소의 산화수oxidation number를 통해 원자의 산화 상태를 확인할 수 있다(표 12.2).

표 12.2 질소 화합물의 다양한 산화수 예시

질소 화합물	NH_3	N_2	N_2O	NO	NO_2	N_2O_5	NO_3^-
질소 산화수	−3	0	+1	+2	+4	+5	+5

화합물에서 원소별로 산화수 적용 방법과 예시는 표 12.3과 같다.

표 12.3 산화수 적용 방법 및 예시

적용 방법	예시
1. 자유 상태의 원소의 산화수는 0이다.	Na, Mg, Al, H_2, O_2, N_2에서 각 원자의 산화수는 0이다.
2. 일원자 이온의 산화수는 그 이온의 전하와 같다.	Na^+에서 Na의 산화수는 1이다. Cl^-에서 Cl의 산화수는 −1이다.
3. 이온 결합 화합물에서 금속 원소의 산화수는 양수이다(1족 금속의 산화수는 +1, 2족 금속의 산화수는 +2이다).	NaCl에서 Na의 산화수는 +1이다. MgO에서 Mg의 산화수는 +2이다.
4. 다원자 이온에 있는 각 원소의 산화수를 더하면 그 이온의 전하와 같다.	SO_4^{2-}의 산화수는 −2 : $(+6) + (-2) \times 4 = -2$
5. 화합물에 있는 각 원소의 산화수를 더하면 0이 된다.	H_2O : $(+1) \times 2 + (-2) = 0$
6. 공유 결합 화합물에서 전기 음성도가 가장 큰 원자의 산화수는 음수이다.	H_2O에서 O의 산화수는 −2이다.
7. H의 산화수는 +1이다. 예외적으로 금속과 결합한 수소의 경우는 −1이다.	H_2O에서 H의 산화수는 1이다. NaH, MgH_2 등에서 H의 산화수는 −1이다.
8. O의 산화수는 −2이다. 예외적으로 과산화물에서는 −1이다.	H_2O, CO_2에서 O의 산화수는 −2이다. H_2O_2에서 O의 산화수는 −1이다.

산화 환원 반응에서 산화는 산화수가 증가하는 반응이며 환원은 산화수가 감소하는 반응을 의미한다. 산화 환원 반응에서 산화와 환원은 동시에 일어나며 산화수가 증가하는 물질이 있으면 산화수가 감소하는 물질이 있다.

$2KI(aq) + Cl_2(g) \rightarrow I_2(s) + 2KCl(aq)$

KI에서 I의 산화수는 −1이며 I_2에서 I의 산화수는 0이므로 I의 산화수는 증가하여 산화되며, Cl_2에서 Cl의 산화수는 0이며, KCl에서 Cl의 산화수는 −1이므로 산화수는 감소하여 환원된다.
이 경우 KI는 자신은 산화되면서 다른 물질을 환원시키는 물질인 환원제로 활용되었고, Cl_2는 자신은 환원되면서 다른 물질을 산화시키는 물질인 산화제로 활용되었다.

일반적으로 전자를 얻기 쉬운 비금속 원소가 산화제로 활용되며, 전자를 잃기 쉬운 금속 원소는 환원제로 사용된다. 그러나 산화 환원 반응은 전자를 잃거나 얻으려는 경향이 물질에 따라 상대적이므로 같은 물질의 경우에도 어떤 물질과 반응하는가에 따라 산화제로 작용할 수도 있고 환원제로 작용할 수도 있다.

산화수법

산화 환원 반응식에서 증가한 산화수와 감소한 산화수는 항상 같으므로 이를 이용하여 산화 환원 반응식을 완성할 수 있다.

화학 반응식에서 산화 환원 반응의 양적 관계를 계산할 수 있다.

$$Fe_2O_3(s) + 3CO(g) \rightarrow 2Fe(s) + 3CO_2(g)$$

Fe_2O_3에서 Fe의 산화수는 +3이고, CO에서 C의 산화수는 +2이다. Fe의 산화수는 0이고, CO_2에서 C의 산화수는 +4이다. Fe_2O_3부터 2Fe까지 감소한 산화수는 6이고, 3CO에서 $3CO_2$까지 증가한 산화수는 6으로 균형이 맞는다. Fe_2O_3는 산화제로 작용하고 CO는 환원제로 작용되었다.

예제 12.1

1. 다음 원소들의 산화수를 구하라.

(a) CO_2

(b) SO_4^{2-}

(c) $KMnO_4$

(d) HNO_3

풀이

1. (a)CO_2 : O의 산화수는 −2이고 O가 2개이므로 C의 산화수는 +4이다.
   (b)SO_4^{2-} : S의 산화수는 +6이고 O의 산화수는 −2이다.
   (c)$KMnO_4$: K의 산화수는 +1, O의 산화수는 −2이며 개수가 4개로 $KMnO_4$ 전체 산화수는 0이므로 Mn의 산화수는 +7이다.
   (d)HNO_3 : O의 산화수는 −2이며 3개 있고, H의 산화수는 +1이고, 따라서 N의 산화수는 +5이다.

2. 다음 반응에서 산화제와 환원제는 어떤 물질인가?

(a) $2Li(s) + H_2(g) \rightarrow 2LiH(s)$

(b) $Zn(s) + 2HCl(aq) \rightarrow ZnCl2(aq) + H_2(g)$

풀이

2. (a) $2Li(s) + H_2(g) \rightarrow 2LiH(s)$
   Li는 산화수가 증가하므로 산화이며(환원제로 작용), H_2는 산화수가 감소하므로 환원(산화제로 작용)되었다.
   (b) $Zn(s) + 2HCl(aq) \rightarrow ZnCl_2(aq) + H_2(g)$
   Zn은 산화수가 증가하므로 산화이며(환원제로 작용), HCl은 산화수가 감소하므로 환원(산화제로 작용)되었다.

3. 산화−환원 반응의 유형

산화−환원 반응은 여러 형태로 나타난다. 다음에서 한 반응물의 산화 그리고 다른 반응물의 환원, 즉 **단일 치환**, **결합**, **분해** 및 **연소** 반응을 통해 다양한 산화−환원 반응 형태를 학습하도록 한다.

첫 번째 산화–환원의 예 :

$$Zn(s) + CuSO_4(aq) \rightarrow ZnSO_4(aq) + Cu(s)$$

이것은 **단일 치환 반응**single-displacement reaction의 예로서, 한 원소가 한 화합물에서 다른 원소를 대체한다. 이 경우, 아연 원소는 황산 구리(II)에서 구리를 치환하여 황산 아연을 생성한다. 단일 치환 반응의 다른 예는 다음과 같다.

$$2Ag(s) + Pt(NO_3)_2(aq) \rightarrow 2AgNO_3(aq) + Pt(s)$$
$$2Al(s) + 3NiCl_2(aq) \rightarrow 2AlCl_3(aq) + 3Ni(s)$$

결합 반응combination reaction은 단일 생성물을 형성하기 위한 반응물의 조합이다. 암모니아를 형성하기 위한 질소 원소와 수소 원소의 결합을 예로 들 수 있다.

$$N_2(g) + 3H_2(g) \rightarrow 2NH_3(g)$$

염화소듐을 형성하기 위한 소듐과 염소의 결합 :

$$2Na + Cl_2 \rightarrow 2NaCl$$

물을 형성하기 위한 수소와 산소의 반응 :

$$2H_2 + O_2 \rightarrow 2H_2O$$

분해 반응decomposition reaction은 본질적으로 결합의 반대이다. 하나의 반응물은 2개 이상의 생성물을 생성한다. 예를 들면, 수소화 소듐의 구성 원소로의 분해를 포함한다.

$2NaH(s) \rightarrow 2Na(s) + H_2(g)$

염화 포타슘과 산소를 형성하기 위한 염소산포타슘의 분해 :

$2KClO_3(s) \rightarrow 2KCl(s) + 3O_2(g)$

그리고 물과 산소를 형성하기 위한 과산화수소의 분해 :

$2H_2O_2(aq) \rightarrow 2H_2O(l) + O_2(g)$

마지막으로 연소 반응combustion reaction은 물질이 산소의 존재하에서는 타는 반응이다. 일상생활에서 가장 많이 경험하게 되는 연소 반응의 유형은 탄소를 포함한 물질의 연소이다. 이러한 연소 반응은 이산화탄소와 수증기를 생성한다. 예를 들면, 가스스토브에서의 천연가스(주로 메테인−CH_4)의 연소가 그 예이다.

$CH_4(g) + O_2(g) \rightarrow CO_2(g) + H_2O(g)$

석탄을 연소하여 전기를 생산할 수 있다.

$C(s) + O_2(g) \rightarrow CO_2(g)$

예제 12.2

다음 각각의 산화 환원 반응의 반응식이 결합 반응, 분해 반응, 연소 반응인지 결정하라.

(a) $H_2(g) + Br_2(g) \rightarrow 2HBr(g)$

(b) $2HCO_2H(l) + O2(g) \rightarrow 2CO_2(g) + 2H_2O(g)$

(c) $2KClO_3(s) \rightarrow 2KCl(s) + 3O_2(g)$

(d) $2Ag(s) + Cu(NO_3)_2(aq) \rightarrow Cu(s) + 2AgNO_3(aq)$

(e) $2C_2H_6(g) + 7O_2(g) \rightarrow 4CO_2(g) + 6H_2O(g)$

(f) $CaCO_3(s) \rightarrow CaO(s) + CO_2(g)$

(g) $Mg(s) + ZnCl_2(aq) \rightarrow MgCl_2(aq) + Zn(s)$

(h) $P_4(s) + 6Cl_2(g) \rightarrow 4PCl_3(l)$

풀이

(a)와 (h) 반응식은 결합 반응
(b)와 (e) 반응식은 연소 반응
(c)와 (f) 반응식은 분해 반응
(d)와 (g) 반응식은 단일 치환 반응

4. 금속의 활동도 서열

산화-환원 반응이 일어나는지를 알기 위해서는 금속의 활동도 서열을 활용하도록 한다. 질산은($AgNO_3$) 용액에 구리 조각을 담그면 구리 조각 표면에 은 결정이 형성된다. 용액은 시간이 지남에 따라 점점 푸른색을 띠게 되는데, 이는 구리가 이온으로 바뀌면서 구리 용액이 생성됨을 알 수 있다.

전체 반응식
$Cu(s) + 2AgNO_3(aq) \rightarrow 2Ag(s) + Cu(NO_3)_2(aq)$

알짜 이온 반응식
$Cu(s) + 2Ag^+(aq) \rightarrow 2Ag(s) + Cu^{2+}(aq)$

반쪽 반응식
$Cu(s) \rightarrow Cu^{2+}(aq) + 2e^-$: 산화 반응 (구리 금속은 전자를 잃고 산화된다 : 환원제)
$2Ag^+(aq) + 2e^- \rightarrow 2Ag(s)$: 환원 반응 (은은 전자를 얻고 환원된다 : 산화제)

그러나 거꾸로 질산구리 용액에 은을 넣으면 반응을 관찰할 수 없다. 이는 금속별로 전자를 이동하는 데 차이가 있기 때문에 은은 구리 원자로부터 전자를 받아들이는 경향이 강하기에 전자가 이동하는 데에는 금속별로 차이가 발생한다. 이와 같이 금속별로 반응성이 강한 정도를 금속의 활동도 서열activity series of metal이라고 하며, 이는 산화되는 정도, 즉 전자를 잃기 쉬운 정도와 일치한다.

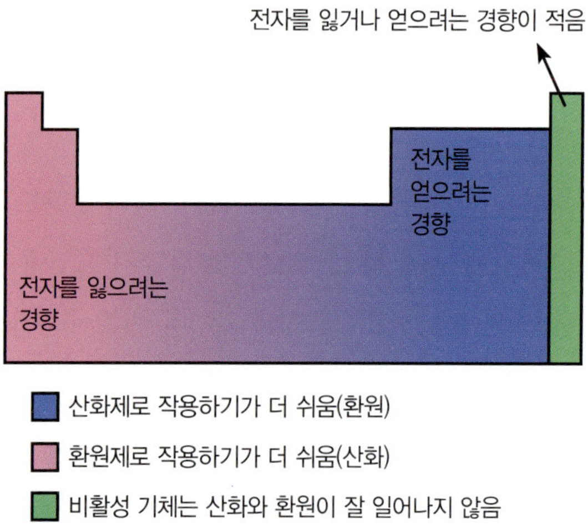

그림 12.3 주기율표상에서 원자의 전자를 얻거나 잃는 경향

산화의 용이성 ↑

$$K \longrightarrow K^{+} + e^{-}$$
$$Ba \longrightarrow Ba^{2+} + 2e^{-}$$
$$Ca \longrightarrow Ca^{2+} + 2e^{-}$$
$$Na \longrightarrow Na^{+} + e^{-}$$
$$Mg \longrightarrow Mg^{2+} + 2e^{-}$$
$$Al \longrightarrow Al^{3+} + 3e^{-}$$
$$Zn \longrightarrow Zn^{2+} + 2e^{-}$$
$$Cr \longrightarrow Cr^{3+} + 3e^{-}$$
$$Fe \longrightarrow Fe^{2+} + 2e^{-}$$
$$Ni \longrightarrow Ni^{2+} + 2e^{-}$$
$$Sn \longrightarrow Sn^{2+} + 2e^{-}$$
$$Pb \longrightarrow Pb^{2+} + 2e^{-}$$
$$\mathbf{H_2} \longrightarrow \mathbf{2H^{+}} + 2e^{-}$$
$$Cu \longrightarrow Cu^{2+} + 2e^{-}$$
$$As \longrightarrow As^{3+} + 3e^{-}$$
$$Ag \longrightarrow Ag^{+} + e^{-}$$
$$Hg \longrightarrow Hg^{2+} + 2e^{-}$$
$$Au \longrightarrow Au^{3+} + 3e^{-}$$

그림 12.4 금속의 활동도 서열과 산화되는 정도 관계

전자는 환원제에서 산화제로 이동한다. 이런 전자의 이동이 전류로 이용할 수 있고, 운동 에너지의 한 형태로서 전자의 이동을 활용할 수 있다. 철 원자(Fe)는 구리 이온(Cu^{2+})보다 환원제로서의 능력이 더 좋다. 따라서 염화구리($CuCl_2$) 용액에 철 조각을 넣으면 전자가 철에서부터 나와서 구리 이온 쪽으로 이동하게 된다. 그러나 한 방향으로 흐르는 전자는 전자의 이동이 지속적으로 발생하지 못하고 양전하와 음전하가 쌓이게 되는데, 이를 염다리salt bridge를 두어 한쪽으로 양전하와 음전하가 축적되지 못하게 하고 이온을 이동할 수 있도록 도와줄 수 있다.

이처럼 적당한 장치를 활용하여 산화-환원 반응을 통해 전기 에너지를 생산하도록 하는데, 이를 볼타 전지voltaic cell라 한다. 그리고 용기를 2개로 구분하지 않고 한군데에 모아서 이온이 통과하도록 만든 것을 배터리battery라 한다. 건전지dry cell battery는 염화암모늄(NH_4Cl), 염화아연($ZnCl_2$), 이산화 망가니즈(MnO_2)를 섞어서 반죽을 만들고, 이

를 아연으로 둘러싼 것이다. 건전지 윗부분에는 전기 전도체로 흑연을 바깥쪽까지 나오도록 만든다. 반죽에 있는 화합물들이 흑연 막대를 통해서 전자를 받고 환원되게 된다. 이 흑연 막대는 환원 전극cathod이 된다. 환원 전극이 양성(+)이며 이는 전자를 끌어당기게 된다.

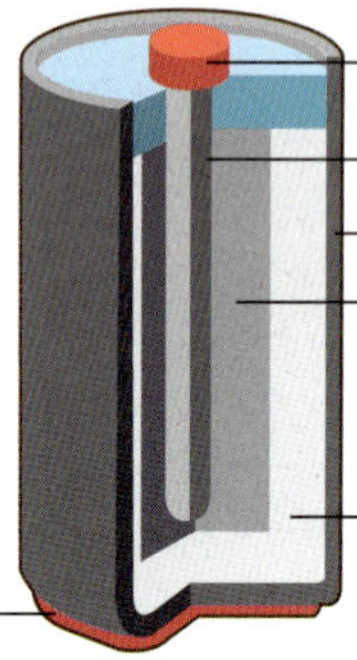

그림 12.5 건전지 내부 구조

전극 전위(E)는 화학 전지에서 각 반쪽 전지의 전위를 의미한다. 표준 전극 전위($E°$)는 25℃에서 전해질 수용액의 농도가 1 M, 기체의 압력이 1기압일때의 전극 전위로 약속하였다.

표준 환원 전위($E°$)는 표준 수소 전극과 연결하여 측정한 반쪽 전지의 전위를 환원 반응의 형태로 나타낸 전위이다. 표준 환원 전위가 클수록 환원되기 쉽고, 표준 환원 전위가 작을수록 산화되기 쉽다. 수소 기체가 수소 이온과 평형을 이루고 있을 때의 표준 환원 전위를 0.00 V로 정한다.

표준 환원 전위($E°$)

$2H^+(aq, 1\ M, 25℃) + 2e^- \rightarrow H_2(g, 1기압, 25℃)\ E° = 0.00\ V$

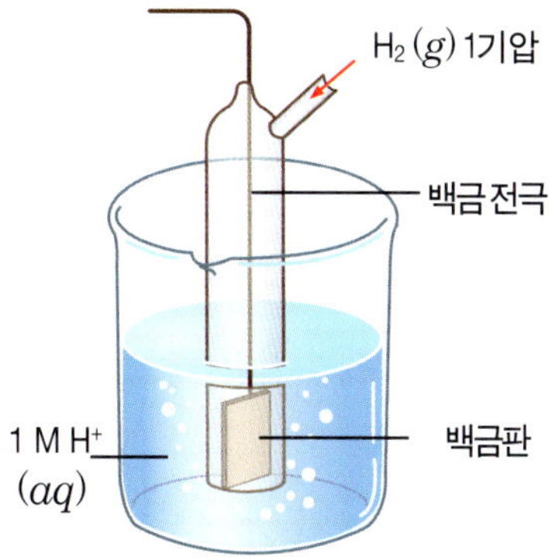

그림 12.6 표준 수소 전극을 적용한 실험 예

표준 환원 전위를 측정하면 금속의 반응성을 비교할 수 있다. 표준 환원 전위가 (+) 값이면 수소 이온보다 환원되기 쉽다는 의미이고, (−) 값을 나타내면 수소 이온보다 환원되기 어렵다는 의미이다. 전지에서는 표준 환원 전위가 큰 쪽이 (+)극(환원 전극), 작은 쪽이 (−)극(산화 전극)이 된다.

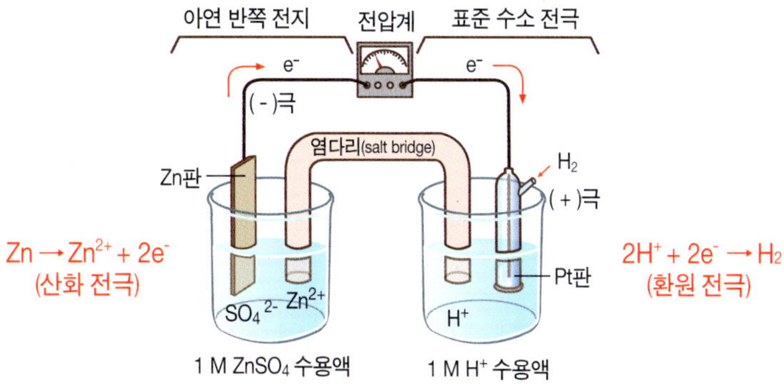

그림 12.7 아연 반쪽 전지를 활용한 표준 환원 전위 측정 방법

전극을 걸어 준 뒤 전압계의 눈금은 0.76 V로 나타난다. 아래 표에서처럼 표준 수소 전극 전위는 0.00 V이므로 아연 반쪽 전지의 전위는 +0.76 V이다.

$$2H^{+}(aq) + 2e^{-} \rightarrow H_2(g) \quad E° = 0.00\ V$$

$$Zn(s) \rightarrow Zn^{2+}(aq) + 2e^{-} \quad E° = 0.76\ V$$

아연 반쪽 전지에서는 산화 반응이 일어나므로 아연 반쪽 전지의 표준 환원 전위($E°$)는 환원 반응으로 형태를 바꾸어 표준 환원 전위를 나타내도록 해야 한다.

산화 반응

$Zn(s) \rightarrow Zn^{2+}(aq) + 2e^{-}$ $E° = 0.76$ V

환원 반응

$Zn^{2+}(aq) + 2e^{-} \rightarrow Zn(s)$ $E° = -0.76$ V

표 12.4 원소별 산화-환원 반쪽 반응과 표준 환원 전위

전극 반응(반쪽 반응)	표준 환원 전위(V)	환원되는 경향	산화되는 경향
$F_2(g) + 2e^{-} \rightarrow 2F^{-}(aq)$	+2.87	커짐	
$O_2(g) + 4H^{+}(aq) + 4e^{-} \rightarrow 2H_2O(l)$	+1.23		
$Ag^{+}(aq) + e^{-} \rightarrow Ag(s)$	+0.80		
$Cu^{2+}(aq) + 2e^{-} \rightarrow Cu(s)$	+0.34		
$2H^{+}(aq) + 2e^{-} \rightarrow H_2(g)$	0.00		
$Pb^{2+}(aq) + 2e^{-} \rightarrow Pb(s)$	−0.13		
$Ni^{2+}(aq) + 2e^{-} \rightarrow Ni(s)$	−0.26		
$Fe^{2+}(aq) + 2e^{-} \rightarrow Fe(s)$	−0.45		
$Zn^{2+}(aq) + 2e^{-} \rightarrow Zn(s)$	−0.76		
$2H_2O(l) + 2e^{-} \rightarrow H_2(g) + 2OH^{-}(aq)$	−0.83		
$Al^{3+}(aq) + 3e^{-} \rightarrow Al(s)$	−1.66		
$Mg^{2+}(aq) + 2e^{-} \rightarrow Mg(s)$	−2.37		
$Na^{2+}(aq) + 2e^{-} \rightarrow Na(s)$	−2.71		커짐

식품에서 측정한 산화 환원 전위 값은 미생물 성장에 영향을 주는 인자로서 측정하기도 하며, 산화 환원 전위 값은 식품 내 산소량과 pH 등에 영향을 받는다. 산화 환원 전위는 식품 내 존재하는 미생물의 성장에도 영향을 미칠 수 있다. 일반적으로 산화된 상태인 양(+)의 산화 환원 전위에서는 호기성 미생물이 잘 성장하고, 환원된 상태인 음(−)의 산화 환원 전위에서는 혐기성 미생물이 잘 생육한다.

예제 12.3

1. 다음의 광합성 반응의 화학 반응식을 통해 광합성 반응이 산화 환원 반응임을 설명하라.

풀이

광합성은 식품의 엽록소에서 빛 에너지를 이용하여 이산화탄소와 물을 반응하여 포도당과 산소를 생성하는 반응이다.

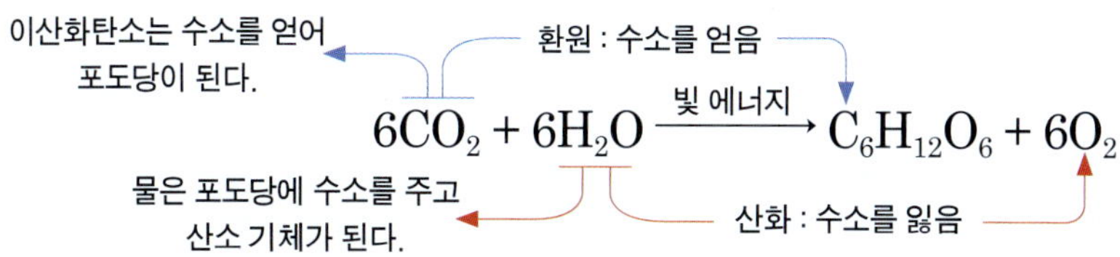

CO_2가 포도당이 될 때 산소를 얻어 환원되며, 물은 수소를 잃어 산화된다. 또한 산화수 측면에서 계산하면 CO_2가 포도당이 될 때 탄소의 산화수는 +4에서 0으로 감소하여 환원되며, H_2O는 O_2로 될 때 O의 산화수가 −2에서 0으로 산화수가 증가하므로 산화 반응이 된다. 따라서 광합성 반응은 산화 환원 반응이다.

C H A P T E R

3

Chemistry

유기물

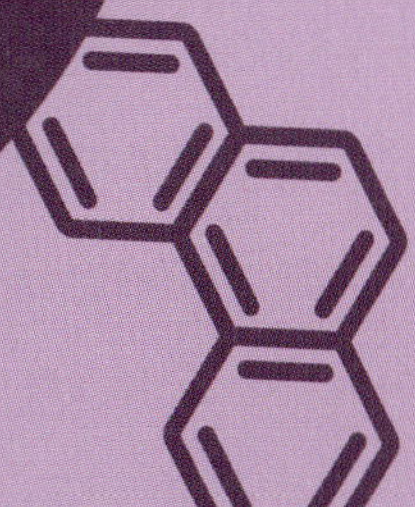

일반적으로 탄소를 함유하고 있는 물질은 유기물organic compound로, 탄소를 함유하고 있지 않은 물질은 무기물inorganic compound로 분류한다. 이산화탄소(CO_2)나 탄산칼슘($CaCO_3$)는 탄소를 가지고 있으나, 탄소가 연결의 중심 역할을 하는 원소가 아니므로, 유기물이 아닌 무기물로 분류한다. 유기물은 생명체 및 식품을 구성하는 기본 물질이고, 구조가 복잡하여 학습하여야 하는 내용이 무기질에 비하여 많다고 할 수 있다. 무기질은 3장의 원소 부분을 참조하기 바란다.

탄소가 결합되어 있는 유기물을 연구하는 유기 화학은 복잡하고, 학습량이 방대하여 이 책에서는 식품학도가 반드시 알아야 하는 유기 화학 위주로 설명하였다. 탄소는 4개의 원자나 원자단과 결합할 수 있는 원소로 탄수화물, 지방, 단백질 구성의 핵심 원소이다.

1. 탄화수소

유기물 중에서 가장 간단한 조성을 가진 것은 탄소와 수소만으로 이루어진 화합물로, 이들을 탄화수소hydrocarbon라고 부르며, CH_4(메테인)methane이 가장 작은 분자량의 유기물이다. 탄화수소는 탄소와 결합하고 있는 형태에 따라 지방족 탄화수소aliphatic hydrocarbon와 방향족 탄화수소aromatic hydrocarbon로 구분한다. 지방족 탄화수소는 탄화수소가 사슬 형태로 배열한 모양을 말하며, 방향족 탄화수소란 고리 모양을 형성하고 있는 탄화수소 물질을 말한다. 지방족 탄화수소는 일반적으로 지질의 구조가 사슬의 형태를 하고 있기 때문이며, 방향족 탄화수소의 경우 대부분 고리 형태의 물질이 특유의 냄새를 갖기 때문에 명명된 것이다. 탄화수소는 이중 결합이나 삼중 결합의 유무에 따라 포화 탄화수소saturated hydrocarbon와 불포화 탄화수소unsaturated hydrocarbon로 나눌 수 있다. 다시 말해서, 단일 결합만이 존재할 경우 포화 탄화수소라 하고, 이중 결합이나 삼중 결합이 1개 이상 있는 경우에는 불포화 탄화수소라 한다. 대표적인 포화 탄화수소(C_nH_{2n+2})의 명칭 및 화학식은 표 13.1과 같다.

표 13.1 대표적인 포화 탄화수소

이름	화학식	이름	화학식
메테인(methane)	CH_4	옥테인(octane)	C_8H_{18}
에테인(ethane)	C_2H_6	노네인(nonane)	C_9H_{20}
프로페인(propane)	C_3H_8	데케인(decane)	$C_{10}H_{22}$
부테인(butane)	C_4H_{10}	운데케인(undecane)	$C_{11}H_{24}$
펜테인(pentane)	C_5H_{12}	도데케인(dodecane)	$C_{12}H_{26}$
헥세인(hexane)	C_6H_{14}	트리데케인(tridecane)	$C_{13}H_{28}$
헵테인(heptane)	C_7H_{16}	아이코세인(eicosane)	$C_{20}H_{42}$

유기물에서는 포함된 탄소의 개수에 따라 붙는 접두사가 있는데, 이를 익히면 유기물의 명명법을 이해하는 데 많은 도움이 된다(표 4.3).

2. 작용기

유기 화합물의 구성 성분 중 화학 반응 과정에서 마치 하나의 단위체처럼 작용하는 원자단을 작용기functional group라고 부른다. 원자단이 마치 원자처럼 탄소에 공유 결합으로 결합되어 탄소 골격에 참여하고 있으며, 상당히 높은 화학적 반응성을 보인다. 특히, 같은 작용기를 가지는 화합물은 그 화학적 성질이 유사하여 유기물의 분류 및 특성 이해에 매우 유용하다. 식품 중에 많이 존재하는 주요 작용기는 표 13.3과 같다.

표 13.2 대표적인 작용기의 명칭 및 구조

작용기 모양	작용기 명칭	작용기 모양	작용기 명칭
–OH	하이드록실기(알코올기)	R–C(=O)–O–R′	에스터기
–COOH	카복실기	R–C(=O)–H	알데하이드기
$-NH_2$	아미노기	R–C(=O)–R′	케톤기

1) 알코올

하이드록실기(–OH)가 탄소와 공유 결합을 하고 있는 물질을 알코올alcohol이라 한다. 알코올은 금속 수산화물과는 다르게 물에서 이온화되지 않는다. 알코올 작용기가 결합된 탄화수소는 모체가 되는 탄화수소 이름의 끝에 어미 '–올(–ol)'을 붙여 명명한다. 예를 들면, 에테인(C_2H_6)의 수소 1개가 '–OH'기로 치환되면 에탄올(C_2H_5OH)이라 부르는데, 식품에서는 주정(酒精)이라고도 한다(그림 13.1). 메탄올의 경우에는 독성이 있어 섭취 시 문제를 일으키나, 에탄올의 경우 개개인마다 다르지만 어느 수준까지는 섭취하여도 큰 독성을 나타내지 않는다. 식품 중 '–OH'기를 많이 가지고 있는 영양 성분은 당류sugars로, 하이드록실기를 여러 개 지니고 있기 때문에 극성이 높고 물에 잘 녹는 성질을 보인다.

R—OH CH_3CH_2OH
에탄올

그림 13.1 알코올 및 에탄올의 구조

2) 카복실산

카복실기(−COOH)를 지니는 화합물을 카복실산carboxylic acid이라 한다(그림 13.2). 카복실산은 물에서는 해리되어서 수소 이온(H^+)과 음이온인 카복실 이온(−COO^-)을 형성하여 유기산의 특성을 부여하는 작용기이다. 식품 제조에 사용되는 '산(酸)'은 모두 카복실기를 가지고 있다고 하여도 무방하며, 특히 신맛이 나기 때문에 산미는 곧 카복실산이 함유된 식품에서 느끼는 맛이다. 대표적인 카복실산으로 젖산lactic acid, 아세트산(초산)acetic acid, 시트르산(구연산)citric acid, 주석산tartaric acid, 사과산malic acid 등이 있으며, 이처럼 끝에 '−산'을 붙인다. 식용 유지의 지방산도 카복실기가 포함되어 있다.

그림 13.2 카복실산과 아세트산의 구조

3) 에스터

카복실산(−COOH)이 산성 조건에서 알코올(−OH)과 반응하면 에스터ester가 얻어진다. 에스터 작용기는 카복실기에서 −OH기와 알코올에서 −H가 분리되어 물을 형성하면서, 탈수 축합 생성되는 작용기이다. 종종 무기산(인산 또는 황산)과의 축합 반응에서도 생성되며, 넓은 의미로서 인산에스터(인산과의 에스터)phosphate ester 및 싸이오에스터(황산과의 에스터)thioester 등도 포함된다(그림 13.3). 알코올 부분을 먼저 명명한 후, 산의 이름을 '−ate'로 변형하여 명명한다. 중성 지질의 경우, 지방산이 글리세롤glycerol과 결합하여 에스터를 형성하고 있는 형태이다. 이처럼 글리세롤과 에스터 결합을 하고 있는 지방산의 결합이 분해되면 유리 지방산free fatty acid을 생성하는데, 이는 유지의 품질과 직결되는 매우 중요한 현상이다.

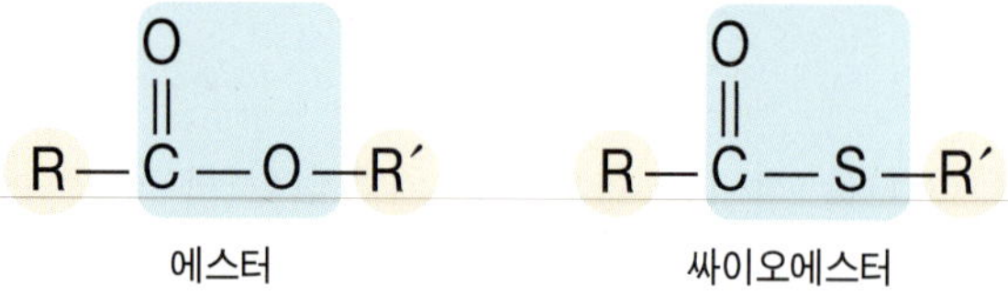

그림 13.3 에스터 및 싸이오에스터의 구조

4) 알데하이드와 케톤

알데하이드aldehyde와 케톤ketone은 서로 관련 있는 부류의 화합물로서, 탄소에 산소 1개가 이중 결합으로 연결된 것이 카보닐기carbonyl group(−C = O)인데 카보닐기가 탄소 사슬 내부에 존재하는 것을 케톤 작용기라고 하고, 말단에 존재하는 것은 알데하이드 작용기라 부른다(그림 13.4). 알데하이드의 '−H' 위치에 또 다른 탄소 사슬이 결합되면 케톤이 된다. 그러한 관계로 식품 내에서 이성질체 관계로 공존하는 경우가 많다. 탄수화물의 기본 구성체인 단당류는 알데하이드 작용기를 포함하는 알도스aldose와 케톤 작용기를 포함하는 케토스ketose 형태로 구분하는데, 알도스와 케토스는 서로 이성질체이다. 알도스의 대표적인 예는 포도당glucose이며, 케토스의 대표적인 예는 과당fructose이다. 알데하이드는 끝에 '−al'을 붙여 명명하고, 케톤은 끝에 '−one'을 붙여 명명한다.

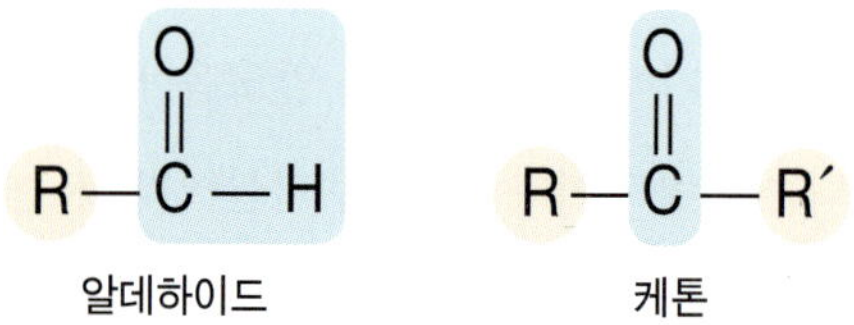

그림 13.4 알데하이드와 케톤의 구조

5) 아민

암모니아(NH_3)의 수소 1개가 탄소로 치환되어 생성된 화합물을 아민amine이라고 한다(그림 13.5). 아민 중에 포함된 아미노기($-NH_2$)는 수소 이온을 쉽게 받아들이는 성질을 지니므로 염기로 작용한다. 단백질은 구성하는 기본 단위인 아미노산amino acid의 경우 중심 탄소에 아미노기와 카복실산기를 가지고 아미노산으로 불린다. 사슬 형태에 아민기가 붙어 있을 때는 끝에 '-amine'을 붙이나, 고리 형태로 아민기가 결합되어 있을 경우에는 관용명을 사용한다. 식품 중 아민기를 가지고 있는 대표적 물질로는 N-nitrosamine 등이 있는데, 이 물질은 육류의 발색제와 반응하여 생성될 수 있는 발암물질로 알려져 있다. 또한 아민기는 단백질의 분해 시 생성될 수 밖에 없으므로, 식품의 부패 판정 등에 응용된다.

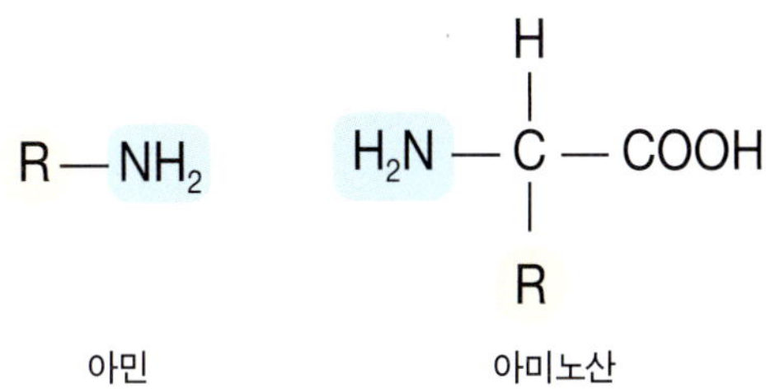

그림 13.5 아민 및 아미노산의 구조

3. 이성질체

19세기에 들어서면서 분자식은 같더라도 어떤 방식으로 원자가 배치되어 있느냐에 따라서 그 성질이 달라지는 화합물이 발견되어 이를 '이성질체isomer'라고 한다. 예를 들어 분자식은 '헥세인hexene'과 '사이클로헥세인cyclohexane'이 'C_6H_{12}'로 동일하다(그림 13.6). 그러나 탄소와 수소의 결합 형태가 다르기 때문에 성질이 전혀 다르다. 이러한 헥세인과 사이클로헥세인의 관계를 서로 이성질체 관계라고 한다.

헥세인

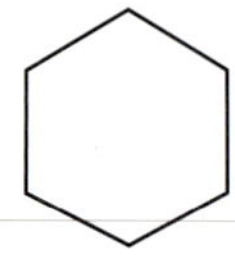

사이클로헥세인

그림 13.6 헥세인과 사이클로헥세인의 구조

이성질체는 구조 이성질체와 입체 이성질체로 구분한다. 구조 이성질체는 다시 사슬 이성질체, 작용기 이성질체, 위치 이성질체로 나뉘며, 입체 이성질체는 기하 이성질체geometric isomer와 광학 이성질체enantiomer로 구분된다. 식품에서는 구조 이성질체보다 입체 이성질체가 중요하게 다루어지므로 여기에서는 입체 이성질체만 기술하였다.

1) 기하 이성질체

탄소가 이중 결합을 하고 있을 때는 그 물질은 평면 구조를 가진다. 이때 이중 결합의 탄소 원자에 연결된 원자나 작용기의 기하학적 위치가 다른 이성질체를 기하 이성질체라 말한다. 대표적인 예로 *cis*-form과 *trans*-form으로 구별하는 방식이다(그림 13.7). 최근 동맥 경화를 유발하는 물질로 알려진 일명 '트랜스 지방'은 기하 이성질체의 구분에서 유래한 것이다. 트랜스 지방의 경우 유지의 경화 과정에서 생성되는 대표적 유해 물질로 알려져 있다. 치환기가 서로 다른 경우에 따라 E/Z 표기법을 사용하는 경우도 있으나, E/Z 분류는 식품 분야에서는 자주 언급되는 내용은 아니다.

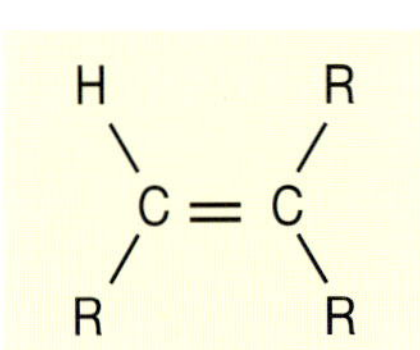

cis 이성질체

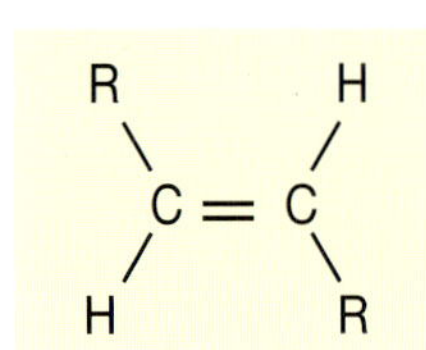

trans 이성질체

그림 13.7 *cis* 및 *trans* 이성질체

2) 광학 이성질체

광학 이성질체는 4개의 서로 다른 원자 또는 원자단과 결합한 부제 탄소(또는 비대칭 탄소)asymmetric carbon에서만 발생 가능한 이성질체로, 마치 왼손과 오른손처럼 거울을 통해서만 겹칠 수 있는 이성질체를 말한다. 특히, 식품에서는 D-form과 L-form으로 구분한다(그림 13.8). D-form은 특정 부제 탄소에 특정 원자 또는 원자단이 우측에 결합한 경우이고, L-form은 왼쪽에 결합하고 있는 경우이다. 당류 및 아미노산의 구분에 매우 중요한 개념으로, 당류는 천연에는 D-form으로만 존재하며, 아미노산은 대부분 L-form으로 존재한다.

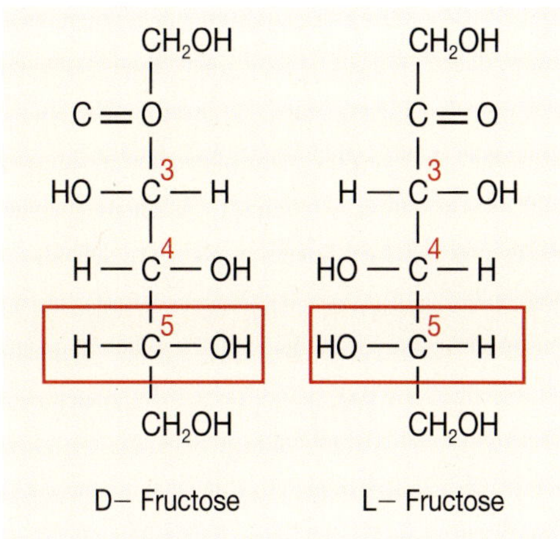

그림 13.8 D-form과 L-form의 차이

CHAPTER

14

Chemistry

영양소의 화학

체조직을 구성하고 생체 내 생리적인 기능을 수행하는 물질에는 단백질, 지질, 탄수화물, 비타민 등의 유기 물질과 무기질이 있다.

1. 탄수화물

탄수화물이라는 용어는 이 물질이 탄소의 수화물임을 의미한다. 지구상 탄수화물의 대부분은 공기 중의 이산화탄소와 토양 중의 물을 이용하여 식물 광합성에 의해 합성된 탄소, 수소, 산소로 구성된 분자이다(그림 14.1).

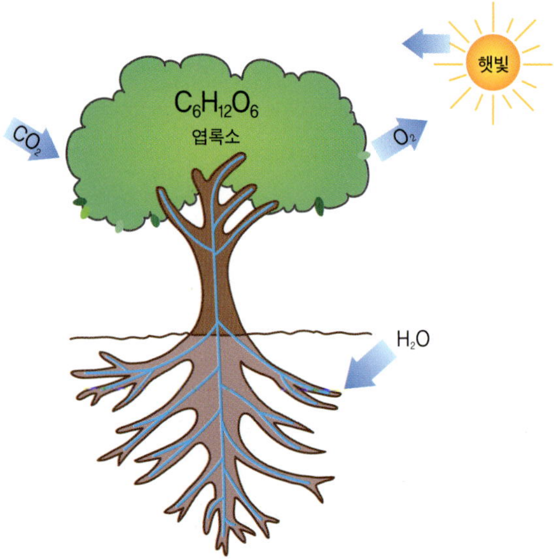

$$6CO_2 + 6H_2O + \text{햇빛} \xrightarrow{\text{엽록소}} C_6H_{12}O_6 + 6O_2$$

그림 14.1 광합성에 의한 탄수화물 생성

단당류는 탄수화물의 기본 단위로서, 대부분의 단당류에서 각 탄소 원자는 적어도 1개의 하이드록시기와 결합하고 있다. 단당류에는 여러 가지가 있는데, 자연식품에서 흔히 발견되는 단당류에는 6개의 탄소로 구성된 6탄당인 포도당, 과당, 갈락토오스와 5개의 탄소로 구성된 5탄당인 리보오스가 있다. 그밖에도 3탄당, 4탄당, 7탄당도 생체 내 여러 생화학적 반응에서 중요한 역할을 수행한다.

2개의 단당류는 글리코시드 결합에 의해 이당류를 형성하게 되는데, 설탕은 포도당과 과당, 유당은 포도당과 갈락토오스, 맥아당은 포도당과 포도당이 결합한 것이다(그림 14.2).

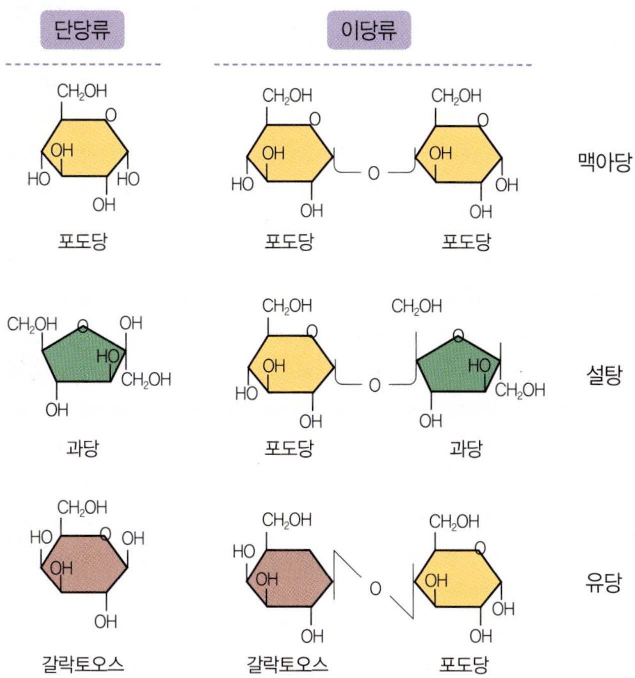

그림 14.2 단당류와 이당류

올리고당은 단당류 3~10개 정도가 결합한 것으로서, 생리적으로 중요한 기능성을 가진다.

다당류는 수십에서 수천 개의 단당류가 결합한 중합체로서, 동물체와 식물체 내에서 에너지 저장고의 역할을 수행한다. 생체 내 합성 다당류에는 포도당만으로 구성된 글리코겐이 있고, 전분과 셀룰로오스 등은 식물체에 의해 합성된 다당류이다. 이당류와 녹말을 섭취하게 되면 위장에서는 포도당 등 단당류로 분해하는 소화 과정이 일어나게 되고, 생체 내로 흡수된 뒤에는 여러 대사적 과정에 참여하게 된다. 셀룰로오스 등 식물체에 의해 합성된 식이섬유는 생체 내에서 소화, 흡수되지 못하므로 배설되며 그 과정에서 여러 생리적인 기능성을 가지게 된다.

2. 지질

지질은 중성 지방, 스테로이드, 인지질, 지방산 등 비극성의 성질로 인하여 극성인, 물에 잘 녹지 않는 탄화수소를 주요 골격으로 하는 물질의 총칭이다.

지방산은 말단에 카복실기를 가진 탄화수소 사슬로 탄소의 개수와 이중 결합의 개수 및 위치에 따라 다양한 종류가 있다. 인체 내 지방산들은 일부를 제외하고는 짝수 개의 탄소로 이루어져 있다. 자연계에 존재하는 거의 대부분의 지방산은 3가 알코올인 글리세롤과 에스테르 결합한 중성 지방의 형태인데(그림 14.3), 지방산일 때와는 달리 물에 전혀 녹지 않는 비극성의 물질이다. 중성 지방의 구조 내에는 세 분자의 지방산이 결합되어 있으며 결합된 지방산의 종류에 따라 중성 지방의 화학적, 물리적 성질이 결정된다.

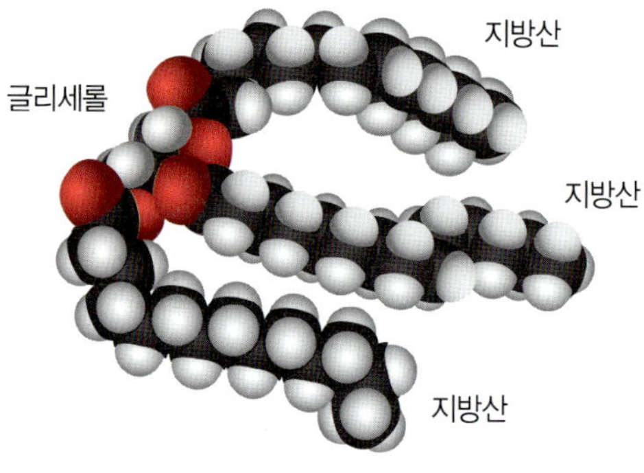

그림 14.3 중성 지방

지방산의 종류는 지방산을 구성하는 이중 결합의 수(불포화도)와 이중 결합의 위치에 따라 분류할 수 있다(표 14.1). 탄소가 이중 (공유)결합(C = C)에 의해 형성한 사슬, 즉 이중 결합이 1개라도 있는 경우에는 불포화 지방산이라고 하고, 이중 결합이 하나도 없이 탄소들이 모두 단일 (공유)결합(C − C)에 의해 연결된 지방산은 포화 지방산이라고 한다. 불포화 지방산은 다시, 이중 결합이 1개 있는 지방산은 단일 불포화 지방산, 2개 있는 지방산은 다가 불포화 지방산으로 분류한다.

불포화 지방산은 탄소 번호에 따른 마지막 탄소(C_ω, 오메가 탄소), 즉 메틸기($-CH_3$)를 기준으로 이중 결합의 위치를 따져 오메가−3계, 오메가−6계, 오메가−7계, 오메가−9계 등으로 분류할 수 있다. 메틸기 탄소로부터 3번째 탄소에 가장 가까운 이중 결합이 위치한다면 오메가−3계 지방산, 각각 6번째 탄소와 9번째 탄소에 위치한다면 오메가−6계 지방산과 오메가−9계 지방산으로 분류한다.

표 14.1 이중 결합의 수와 위치에 따른 지방산의 분류

분류 방법	종류
이중 결합 수(불포화도)	포화 지방산, 단일 불포화 지방산, 다가 불포화 지방산
이중 결합 위치	오메가-3계, 오메가-6계, 오메가-7계, 오메가-9계

지방산은 이중 결합뿐 아니라 지방산을 구성하는 탄소 원자의 수(지방산의 길이)에 따라 분류하기도 하며, 이중 결합의 기하학적 구조에 따른 기하 이성질체로서 트랜스형과 시스형으로 분류하기도 한다. 불포화 지방산을 많이 함유한 식물성 기름에 수소를 가하여 부분적으로 경화시키거나 높은 온도에서 가열하는 과정을 거치게 되면 이중 결합의 화학적 구조가 시스형에서 트랜스형으로 바뀌는데, 이처럼 트랜스형의 이중 결합을 가지고 있는 지방산을 트랜스 지방산이라고 한다.

중성 지방의 물리적 특성은 구성하고 있는 지방산의 탄소 수 및 이중 결합의 수와 형태에 영향을 받는데, 탄소 수가 많아질수록 녹는점이 높아지고 포화 지방산과 트랜스 지

방산은 일자형의 구조를 가지고 있어 좀 더 조밀한 구성을 하게 되므로 상대적으로 높은 녹는점을 가지게 된다(그림 14.4).

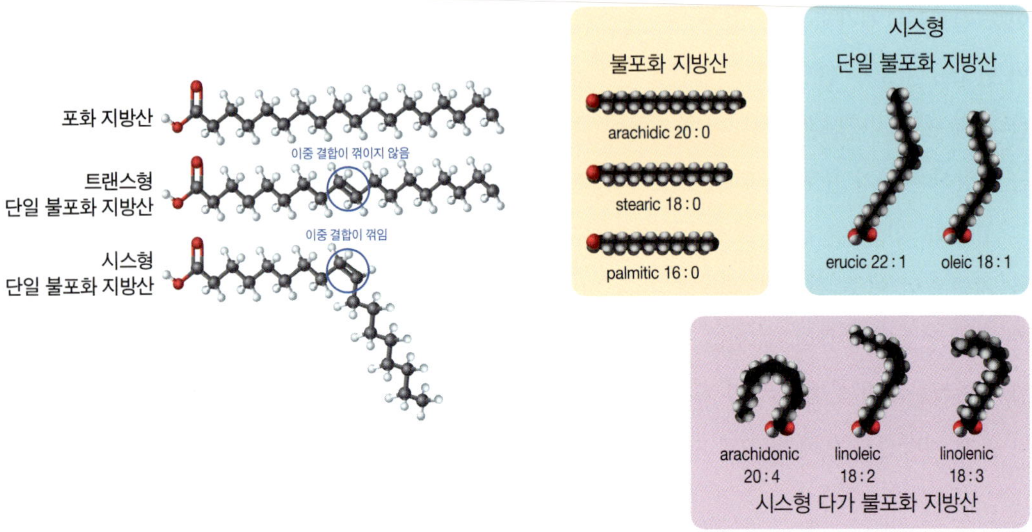

그림 14.4 지방산의 구조

지질의 다른 분류인 스테로이드는 4개의 탄소 고리를 기본 구조로 가지고 있는데, 이를 스테로이드의 핵이라 한다(그림 14.5).

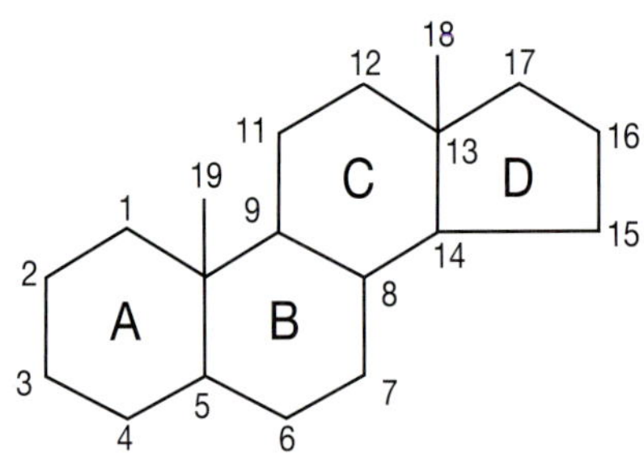

그림 14.5 스테로이드의 핵

복합 지질은 탄화수소 사슬 이외에도 인, 질소 등의 원소를 함유하고 있는 지질을 말하는데, 인지질과 당지질 등이 여기에 속한다.

3. 단백질

단백질은 아미노산을 단위체로 하는 거대한 중합체 분자이다. 아미노산은 분자 내에 아미노기와 카복실기를 가지고 있는 물질인데, 알파탄소(Cα)에 결합한 잔기에 따라 종류가 달라진다(그림 14.6). 일반적으로 생체 단백질을 형성하는 아미노산의 종류에는 20가지가 있는 것으로 알려져 있으며, 이들은 펩타이드 결합으로 연결되어 있다.

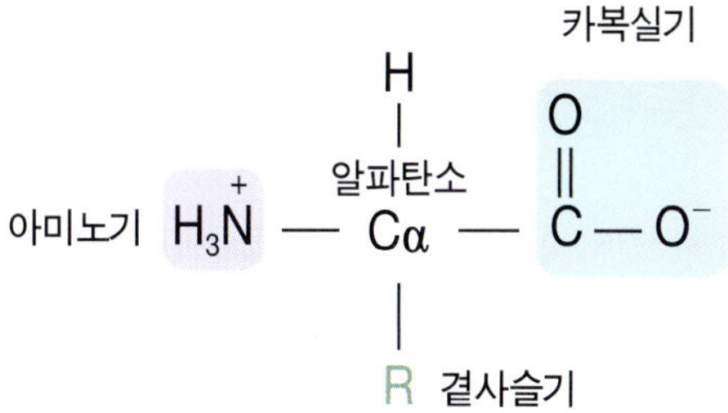

그림 14.6 아미노산의 구조

형성된 단백질은 아미노산의 종류와 배열 순서에 따라서 1차 구조를 형성하고, 알파-나선이나 베타-병풍 구조를 만듦으로써 2차 구조를 형성한다. 이렇게 형성된 2차 구조가 3차원적인 입체 구조를 형성하면 비로소 생체 내에서 생리적 기능을 수행할 수 있게 되는데, 입체적인 3차 구조는 아미노산과 아미노산 사이의 여러 형태의 정전기적 인력에 의해서 유지된다. 시스테인 간의 이황화 결합, 페닐알라닌과 발린 사이의 쌍극자-유도 쌍극자 인력이 3차 구조를 형성하는 대표적인 예이다. 2개 이상의 3차 구조가 결합하면 4차 구조를 형성하는데, 대표적인 4차 구조인 헤모글로빈 단백질은 두 종류로 구성된 4개의 3차 구조가 결합된 형태이다(그림 14.7). 헤모글로빈은 각 3차 구조의 폴리펩티드 내에 1개의 철 이온(Fe^{2+})이 결합되어 있다.

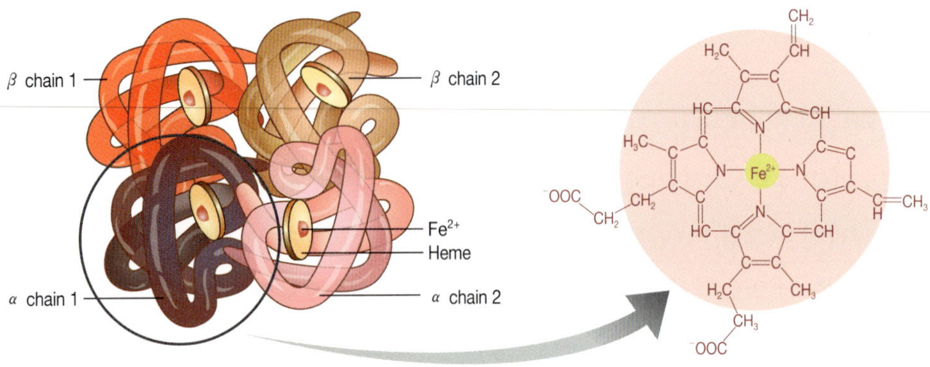

그림 14.7 헤모글로빈의 4차 구조

효소는 생체 내 여러 생화학적 반응을 촉매하는 단백질로서 활성화 에너지를 낮춤으로써 화학 반응을 촉진한다. 효소는 단백질의 1, 2, 3, 4차 구조에 의존하여 작용하기 때문에 효소를 변성시키거나 4차 구조를 3차 구조의 소단위로 분리시키게 되면 생리적인 활성을 잃게 된다. 어떤 효소는 보조 인자로서 금속 이온을 필요로 하기도 하며, 비타민으로부터 유도된 유기 화합물이나 금속 유기 화합물을 조효소로서 필요로 하는 효소도 있다.

참고문헌

김희준(2019). 리셋 고등화학. 상상아카데미.

두산백과사전

이종경 외(2021). 식품미생물학. 파워북.

이주희 외(2021). 생화학. 교문사.

Brdge J., Driessen M.(2017). 일반화학의 기초. 청문각.

Hein M., Arena S., Willard C.(2016). 대학화학의 기초(15판). 자유아카데미.

Hill J. W., Kolb D. K.(2007). 화학의 세계. 라이프사이언스.

Suchocki J.(2015). 개념으로 본 화학의 세계. 자유아카데미.

E X P E R I M E N T

Chemistry

실험

실험 1

실험 기구의 명칭과 사용

1. 실험 원리 및 목적

실험을 하기 위해서는 실험 기구의 명칭과 사용법, 취급 시의 주의할 점 등을 충분히 알아 두어야 한다. 특히 독성이 있거나 냄새가 심한 시약은 냄새를 직접 맡지 않도록 후드 안에 넣고 실험을 해야 한다. 시약을 옮기거나 시약을 만들기 위한 실험 기구의 명칭과 기본적인 사용법 등을 알아보자.

2. 실험 재료 및 방법

○ 실험 재료

비커
(Beaker)

삼각 비커

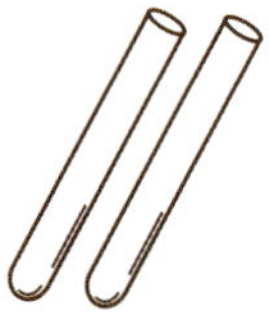

시험관
(Test tube)

삼각 플라스크
(Erlenmeyer fiask)

페트리 접시
(Petri dish)

증발 접시
(Evaporating dish)

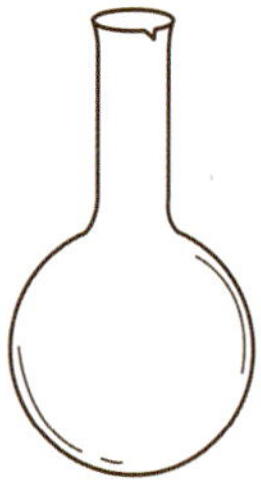

둥근 바닥 플라스크
(Round bottom flask)

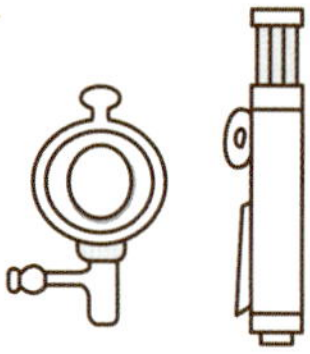

필러
(Filler)

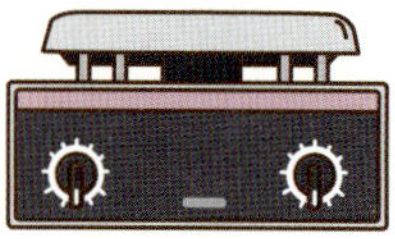

가열판
(Heater & stirrer)

브러시
(Brush)

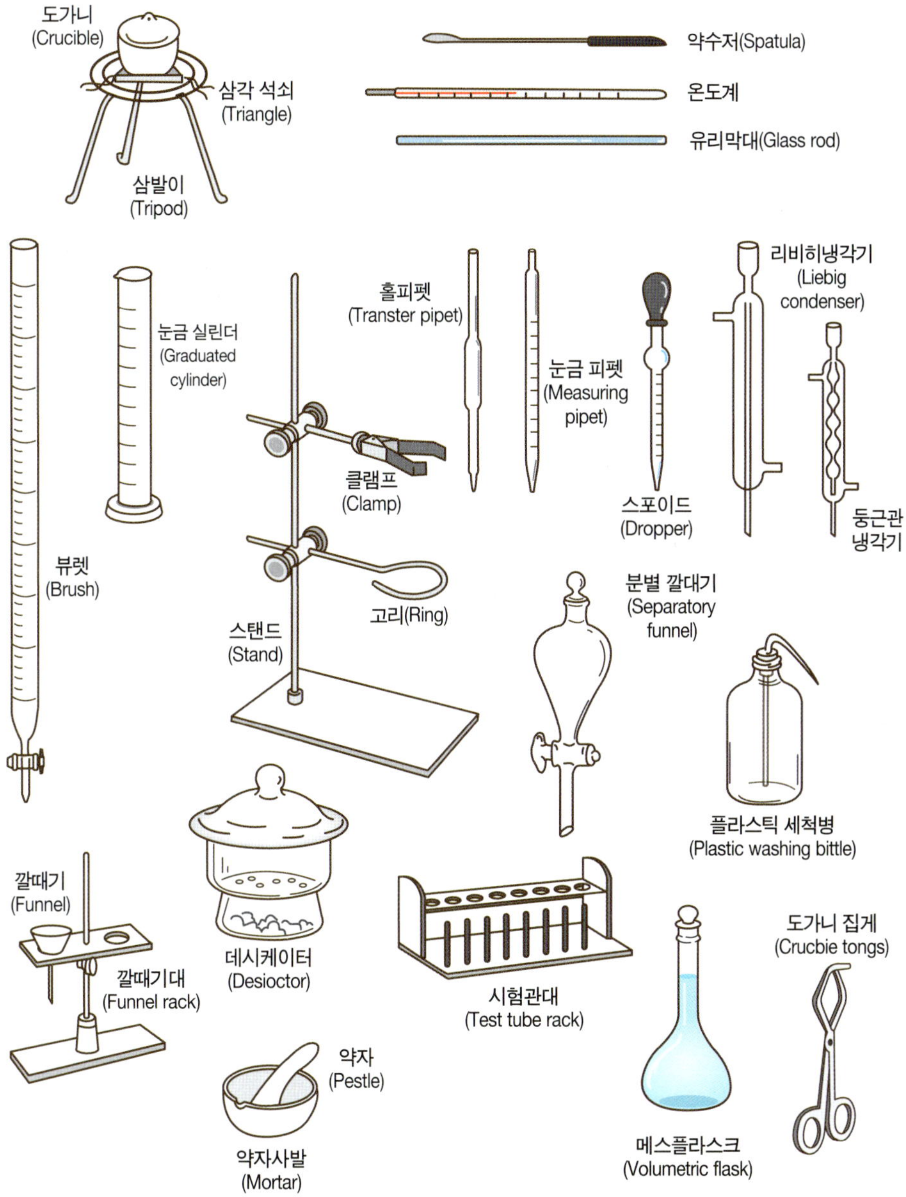
도가니
(Crucible)
삼각 석쇠
(Triangle)
삼발이
(Tripod)
약수저(Spatula)
온도계
유리막대(Glass rod)
뷰렛
(Brush)
눈금 실린더
(Graduated
cylinder)
클램프
(Clamp)
고리(Ring)
스탠드
(Stand)
홀피펫
(Transter pipet)
눈금 피펫
(Measuring
pipet)
스포이드
(Dropper)
리비히냉각기
(Liebig
condenser)
둥근관
냉각기
분별 깔대기
(Separatory
funnel)
플라스틱 세척병
(Plastic washing bittle)
깔때기
(Funnel)
깔때기대
(Funnel rack)
데시케이터
(Desioctor)
시험관대
(Test tube rack)
약자
(Pestle)
약자사발
(Mortar)
도가니 집게
(Crucbie tongs)
메스플라스크
(Volumetric flask)

○ 실험 방법

1) 필러(Filler)의 사용법

① 엄지와 집게손가락으로 "A"를 누른 다음 용액을 빨아들일 수 있도록 다른 손으로 큰 공 부분을 꽉 쥐고 진공으로 만든다. 큰 공 부분이 압축된 후 "A" 밸브에서 손을 뗀다.

② 필러에 피펫을 끼우고, 피펫을 액체 시료가 담긴 용기에 넣은 후 "S"를 엄지와 집게손가락으로 눌러 원하는 만큼의 용액을 빨아올린다.

③ 빨아 올린 용액을 다른 용기에 옮기려면 "E"를 누른다.

④ 피펫에 남아 있는 마지막 한 방울을 다 빼어 내려면, "E" 압력을 유지하면서 가운데손가락으로 "E" 입구를 막고 작은 공 부분을 짜면 된다.

필러

2) 실험 기구의 세척 방법

① 삼각 플라스크, 비커와 같은 유리로 된 기구는 세제를 사용하여 깨끗이 씻고, 잘 헹군 다음 맨 나중에는 증류수로 여러 번 헹구고 건조한다.

② 기구를 말릴 때는 오븐을 사용한다.

3. 결과 및 고찰

○ 부피를 측정하는 실험 기구의 종류를 알아보자

○ 각 실험 기구의 다양한 용량을 알아보자.

○ 필러의 사용법을 익혀 보자.

실험 2

액체의 이동 및 부피 측정

1. 실험 원리 및 목적

실험은 기구를 사용하여 물리적인 양을 측정함으로써 이루어진다. 액체의 부피는 액체가 차지하는 공간의 용적이며, SI 단위는 세제곱미터이다. 부피에 대해 다음과 같은 식이 성립된다.

$$1\ \text{cm}^3 = 1\ \text{mL} = 1\ \text{cm} \times 1\ \text{cm} \times 1\ \text{cm}$$

액체의 부피를 측정하기 위해 사용되는 기구는 눈금실린더graduated cylinder, 피펫pipet, 뷰렛buret, 부피 플라스크volumetric flask 등이다. 눈금 피펫과 피펫은 액체를 정확히 필요한 양만큼 다른 용기에 옮길 때 사용되며, 뷰렛은 대개 액체의 산, 염기를 적정할 때 주로 사용된다. 부피 플라스크는 용질을 녹여서 일정한 양의 용액을 만드는 데 사용되는 기구이다. 부피를 측정하기 위해 기구들을 적절히 사용하여 실험할 때 정확하고 정밀한 실험 결과를 얻을 수 있다. 다음에서는 액체시료의 부피를 측정하는 기구를 알아보고자 한다.

피펫은 일정한 양의 액체를 정확히 취하는데 사용되는 기구로서, 일정한 양만을 취할 수 있는 홀 피펫과 눈금이 새겨져 있는 눈금 피펫이 있다. 액체를 옮기기 위해서 피펫에 필러를 끼워서 사용한다. 필러의 사용 방법은 실험 1의 내용을 참고하여 미리 숙달되도록 한다. 피펫이나 눈금실린더는 액체의 눈금을 읽을 때는 기구를 수직으로 세운 후 눈높이와 메니스커스meniscus과 같게 하고 읽는다. 눈금실린더는 측정하고자 하는 액체의 부피에 맞는 것을 사용하여야 한다. 너무 작거나 너무 큰 것을 사용하면 정확한 측정이 어렵다.

뷰렛은 눈금이 새겨진 긴 유리관인데, 끝에 있는 잠금 꼭지를 열거나 잠그면서 넣는 액체의 양을 조절한다. 뷰렛 속 액체 높이를 측정하여 액체를 넣기 전과 넣은 후의 눈금의 차이를 기록함으로써 액체의 부피를 알 수 있다. 뷰렛을 사용할 때는 잠금 꼭지가 빠지지 않도록 주의하면서 돌려야 한다.

부피 플라스크는 일정 부피의 용액을 만들 수 있도록 눈금이 새겨져 있는 플라스크이다. 만들려고 하는 용액의 용량에 맞는 부피 플라스크를 사용하며 눈금까지 채운 후에는 메니스커스를 정확히 맞추기 위하여 스포이드를 사용하여도 좋다. 용액을 만든 후에는 마개를 막고 잘 흔들어서 균일한 용액이 되도록 하여야 한다.

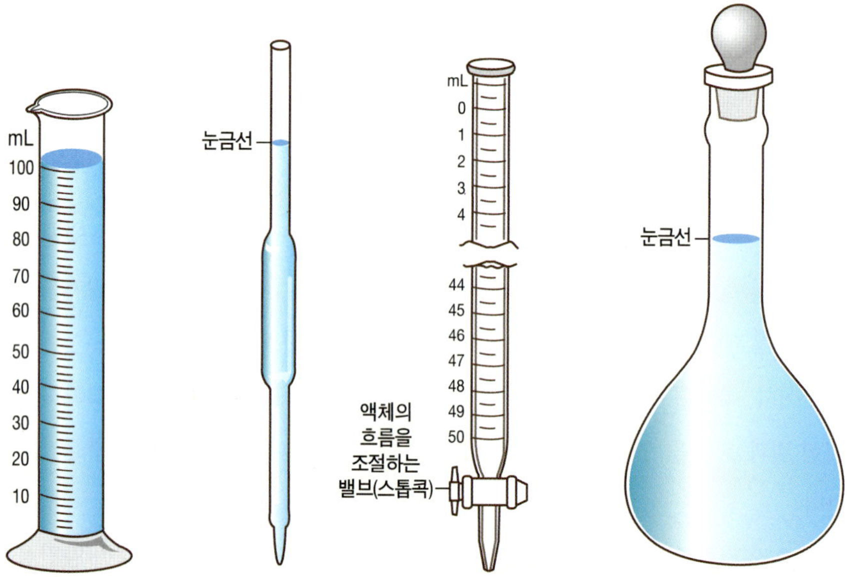

100 mL 눈금 실린더 / 25 mL 피펫 / 50 mL 뷰렛 / 250 mL 눈금 플라스크

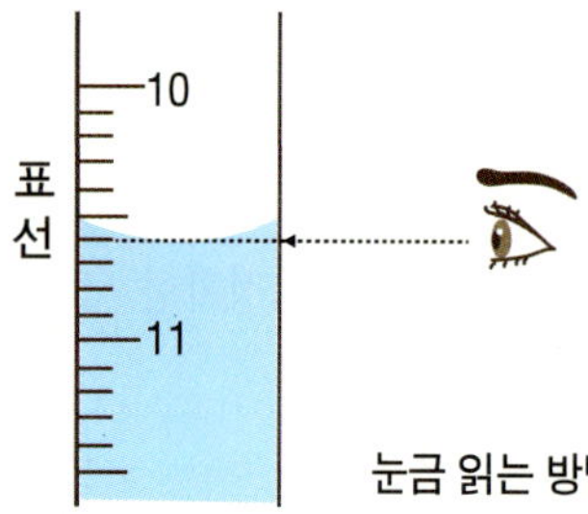

눈금 읽는 방법

2. 실험 재료 및 방법

실험 기구

피펫, 눈금실린더, 뷰렛, 부피 플라스크, 필러

실험 방법

1) 피펫의 사용법

① 피펫의 사용법을 필러filler를 사용해 익히고, 이 필러를 사용하여 피펫에 증류수를 반 정도 채운 후 피펫을 기울여서 돌려가면서 안쪽 면을 잘 헹구고 증류수는 버린다. 피펫의 안쪽에 증류수 방울이 있으면 기름때가 있을 염려가 있으므로 세제를 이용하여 깨끗하게 닦아 내고 증류수로 여러 번 헹군다.

② 필러를 이용해서 피펫의 가장 윗부분까지 증류수를 채운 비커에 용액을 옮긴다. (이때 공기가 빨려 들어가지 않게 피펫의 끝은 항상 용액 속에 담겨 있도록 하고 필러 속으로 용액이 들어가지 않도록 조심해야 한다.)

③ 증류수를 눈금 피펫으로 취하고 깨끗한 비커 혹은 삼각 플라스크에 정확히 5mL를 옮긴다.

2) 눈금실린더를 이용한 액체 시료의 이동

① 비커를 이용하여 100 mL 눈금실린더에 증류수 50 mL를 채운다.

②눈금실린더를 정확히 수직으로 한 후 눈높이와 메니스커스meniscus과 같게 하고 눈금을 읽는다.

③눈금실린더의 눈금 읽는 방법이 숙달되도록 반복한다.

3) 뷰렛을 이용한 액체 시료의 이동

① 뷰렛의 안쪽 벽에 물방울이 생기지 않게 깨끗하게 씻고, 증류수로 여러 번 헹구고 증류수를 채운다(뷰렛의 끝에 공기 방울이 남아 있다면, 코크를 열어서 공기를 빼낸다).

② 3.00 mL의 증류수를 위의 실험 방법과 같은 방법으로 코크를 열어서 빼내고 비커 혹은 삼각 플라스크에 옮긴다.

③ 뷰렛의 사용법과 눈금 읽는 방법이 숙달되도록 반복한다.

3. 결과 및 고찰

- 다양한 용량과 기능의 피펫을 알아본다(예 : 자동 피펫 등).
- 뷰렛의 다른 용도(적정 등)를 알아본다.
- 액체의 부피를 다루기 위해 알아야 하는 주의 사항 등을 알아본다.

※ 참고 사항

유리 기구를 세척할 때는 먼저 비눗물이나 세척액(cleaning solution)과 세척솔(brush)로 씻은 후 다량의 증류수로 여러 번 세척하고 잘 건조시킨 후 사용한다. 사용하는 액체를 바꿀 때에는 반드시 유리 기구를 다시 세척하여 사용하여야 한다.

실험 3

시약의 제조

1. 실험 원리 및 목적

실험에 필요한 시약은 대부분 액체 혹은 고체의 상태이며, 이것을 일정한 농도의 용액으로 만들어 실험에 사용한다. 용액은 둘 이상의 물질로 구성된 혼합물이 균질하게 섞여있는 것을 말한다. 용액의 대부분을 이루는 용액의 매체가 되는 물질을 용매라고 하며, 용매에 섞여 들어가는 물질을 용질이라고 한다. 용질이 용매에 혼합되어 섞이게 될 때 용해라고 한다. 용액의 농도concentration(진하고 묽은 정도)를 나타낼 때 일반적으로 질량 백분율을 많이 사용하며, 그 다음으로 몰농도, 몰랄 농도 등을 사용한다. 이 중 질량 백분율과 몰농도의 정의를 알아보고 일정 농도의 용액을 만드는 방법을 살펴보자.

질량 백분율 농도(= % 농도)란 용액 100 g당 들어 있는 용질의 g 수를 의미한다.

$$\% \text{ 농도} = \frac{\text{용질의 g}}{\text{용액 100 g}} = \frac{\text{용질의 g}}{(\text{용질+용매})\text{ g}} \times 100$$

예를 들면 3 %의 소금물을 만들려면 물 97 g에 소금을 3 g 녹여서 합계가 100 g이 되도록 하는 것이다. 이때 물은 4 ℃라고 가정할 때 1 g = 1 mL이므로 부피를 기준으로 100 mL이 되도록 부피를 재서 만들기도 한다.

몰농도란 용액 1 L당 들어 있는 용질의 몰mol 수를 의미한다. 몰mol 수는 화합물의 몰질량을 통해서 환산하여 계산한다.

$$\text{몰농도} = M = \frac{\text{용질의 mol수}}{\text{용액의 리터}}$$

2. 실험 재료 및 방법

실험 재료

부피 플라스크(100 mL, 1 L 용량), 비커, 유리 막대, 시약 스푼, 유산지, 증류수통washing bottle, 염화소듐NaCl

실험 방법

1) 5 % 농도 NaCl 용액 만들기

① 100mL의 용액을 만들려고 한다면, 100 mL 용량의 부피 플라스크를 준비한다.
② 정밀도가 높은 전자저울을 사용해서 5 % 농도에 해당하는 조제 시약NaCl 5 g을 측정한다.
③ 정확하게 측정한 시약을 부피 플라스크에 넣고 증류수로 흔들면서 완전히 녹인다.
④ 부피 플라스크의 메니스커스(눈금선) 약간 밑에 오도록 증류수를 붓는다. 이때 정확하게 하려면 피펫이나 스포이드 등을 사용한다.
⑤ 고정된 실험대 위에 부피 플라스크를 놓고, 눈금선과 눈의 시선이 수평이 되도록 하며, 증류수를 조금씩 떨어뜨려 가면서 눈금선까지 증류수를 채운다.
⑥ 마개를 잘 막고, 완전히 섞이도록 흔들어 준다.

2) 1 M의 NaCl 용액 1 L 만들기

① 1 L 용량의 부피 플라스크를 준비한다.

② NaCl 1몰(mol)에 해당하는 몰질량을 먼저 구한다.

NaCl의 몰질량 = Na의 몰질량 + Cl의 몰질량 = 22.99 + 35.45 = 58.44 g

③ 1)의 시약 제조 시와 같은 방법으로 조제 시약 58.44 g을 전자저울을 사용해서 정확히 계량한 후 1)의 방법과 같은 방법으로 시약을 조제한다.

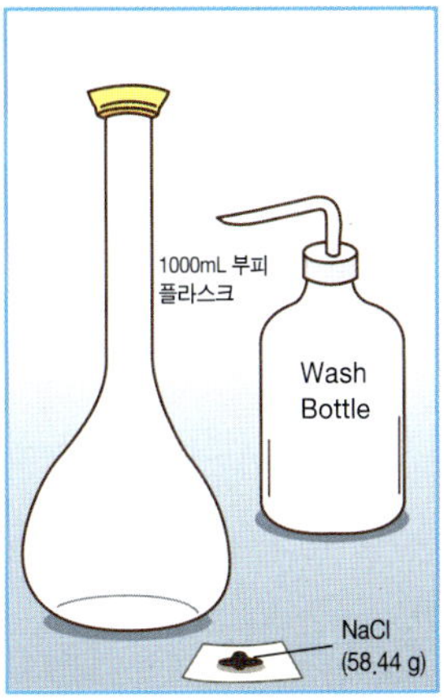

무게를 잰 NaCl(58.44 g)을 1000 mL 플라스크에 옮긴다.

충분한 물을 넣고 잘 저어서 모든 고체를 완전히 녹인다.

물을 더 넣어 플라스크의 1 L 눈금에 이르도록 채운다. 마지막으로 플라스크를 계속 흔들어서 균일한 용액이 형성되게 한다.

3. 결과 및 고찰

- 1 M의 NaCl 500 mL를 만든다면 몇 g의 용질을 녹여야 하는지에 대해 계산해 보자.
- 몰랄 농도, 노르말 농도에 대해서도 알아보자.

실험 4

밀도 측정

1. 실험 원리 및 목적

물질은 질량과 공간을 차지하고 있기 때문에 물질의 일정한 부피에 대한 질량의 차이를 비교할 수 있는데, 이를 밀도density, d라는 단위를 사용한다. 단위 부피 당 물질이 가지는 질량을 밀도라고 한다. 밀도는 물질의 중요한 물리적 특성이다. 밀도의 단위는 g/cm3, kg/m3 로 나타낸다. 밀도는 온도에 따라 변하므로 밀도의 단위는 반드시 온도 측정을 해서 기입해야 한다. 거의 모든 물체는 가열하면 부피가 팽창하므로 밀도는 온도가 높아질수록 감소한다. 물의 경우에도 온도에 따라 물의 밀도가 변하는데 4 ℃일 때 밀도가 가장 높으며, 이때 물의 밀도는 0.99998 g/mL이다.

$$밀도(Density) = \frac{질량(m)}{부피(V)}$$

밀도를 측정하려면 시료의 질량과 부피를 측정하여야 한다. 액체의 부피는 눈금실린더, 피펫, 그리고 뷰렛 등의 부피 측정용 기구를 이용하여 측정한다.

그러나 비정형 고체는 그것을 치환하는 물이 양을 측정하여 간접적으로 계산할 수 있다. 이 방법을 치환에 의한 부피 측정이라고 한다. 즉, 눈금실린더에 물을 채운 후 비정형 고체를 눈금실린더 안에 넣고 올라간 물의 높이를 기록한다. 이때 처음과 나중이 물의 높이의 차이가 비정형 고체의 부피가 된다.

표 많이 이용되는 물질의 밀도(20 ℃ 기준)

물질	물리적 상태	밀도(g/cm^3)
산소	기체	0.00133
수소	기체	0.000084
에탄올	액체	0.789
벤젠	액체	0.880
물	액체	0.9982
마그네슘	고체	1.74
소금(염화 소듐)	고체	2.16
알루미늄	고체	2.70
철	고체	7.87
구리	고체	8.96
은	고체	10.5
납	고체	11.34
수은	액체	13.6
금	고체	19.32

2. 실험 재료 및 방법

실험 재료

저울, 피펫, 눈금실린더, 삼각 플라스크, 필러

물, 알루미늄과 같이 물에 녹거나 반응하지 않는 금속류, 고체류

○ 실험 방법

1) 액체의 밀도 측정

① 깨끗이 씻어 건조한 삼각 플라스크와 마개의 무게를 측정한다.

* 주의 사항 : 삼각 플라스크와 무개는 반드시 집게를 사용하고 손으로 집지 않는다.

② 액체 시료 10 mL를 피펫으로 정확하게 측정하여 삼각 플라스크에 넣고, 마개를 막는다.

③ 액체 시료가 담긴 삼각 플라스크의 무게를 측정하여 액체 시료만의 질량을 계산한다.

④ ①~③을 3~4회 반복하고 액체의 밀도의 계산한다.

⑤ 액체의 온도를 측정한다.

2) NaCl 수용액의 밀도 측정

① 물 10 mL를 앞의 실험과 같은 방법으로 밀도를 측정한다.

② 5, 10, 15, 20 %의 NaCl 용액 10 mL를 앞의 실험과 같은 방법으로 밀도를 측정한다.

③ 물과 NaCl 용액의 농도와 밀도의 관계를 그래프로 나타낸다.

3. 결과 및 고찰

- 물의 온도에 따른 밀도를 알아본다.
- 식물성 기름의 밀도와 물의 밀도를 비교해 본다.
- 과일의 밀도를 측정하는 방법에 대해 알아본다.

밀도
나무토막은 물보다 밀도가 낮아 뜨지만 반지는 물보다 밀도가 높아 가라앉는다.

실험 5

알코올의 증류

1. 실험의 원리 및 목적

실험실에서 시약이나 용액의 순도를 높이기 위해 적절한 방법으로 정제하는 방법을 거친다. 일반적으로 정제를 위해 증류법, 재결정법, 추출법, 크로마토그래피법 등을 거치게 된다.

물과 에탄올의 혼합물과 같이 서루 잘 섞이는 액체의 경우 끓는점의 차이를 이용해서 분리한다. 증발 속도와 응축 속도가 같을 때 액체 표면에 존재하는 기체 분자에 의해 가해진 압력을 증기압vapor pressure라고 한다. 이러한 증기압은 액체 분자들 간의 인력에 따라 달라진다. 물 분자는 강한 인력을 가지고 있으나 알코올 분자들은 비교적 약한 인력을 가지고 있다. 분자간의 인력이 작은 알코올 분자는 물 분자보다 더 액체에서 기체로 증발하게 된다. 증기압이 대기압과 같아질 때를 그 물질의 끓는점이라고 하는데, 일반적으로 액체의 끓는점은 1기압하에서 측정한 온도이다.

끓는점이 다른 두 액체가 섞여 있는 혼합물을 가열하면 끓는점이 낮은 액체가 먼저 기화하므로 기화한 액체를 다시 냉각시켜 액체로 만들면 끓는점이 낮은 휘발성이 큰 물질을 분리할 수 있게 된다. 이러한 방법을 증류라고 한다. 즉, 끓는점의 차이를 이용하여 액체 혼합물을 분리하는 원리를 이용하면 끓는점이 다른 물질을 분리하는 것이 가능하며, 단순 증류법, 분별 증류법, 감압 증류법 등의 방법이 있다. 우리나라의 안동소주나 유럽의 위스키와 같은 증류주는 발효주를 증류하여 만든 술이라고 할 수 있다.

2. 실험 재료 및 방법

실험 재료

가지 달린 둥근 플라스크, 온도계, 끓임쪽boiling chip, 삼각 플라스크, 냉각관, 버너, 스탠드, 클램프, 냉각기 1개, 눈금실린더, 가열판, 버너, 수조, 스탠드, 20 % 에탄올 혹은 시판 포도주

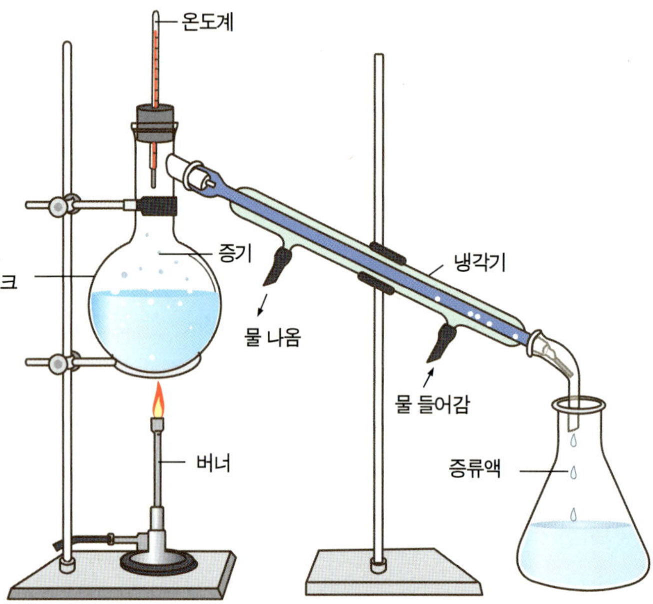

냉각기를 이용한 단순 증류 장치

실험 방법

① 위의 그림과 같이 단순 증류 장치를 구성하고 냉각기에 냉각수를 흘려 준다.

② 250 mL의 가지 달린 둥근 플라스크에 포도주를 100 mL 넣고 끓임쪽 몇 개를 넣은 다음 마개를 막아 준다.

③ 온도를 서서히 높이면서 가열(혹은 물 중탕)의 40~50분간 증류되는 알코올을 삼

각 플라스크에 수집한다. 액화가 효과적으로 일어나게 하기 위해서 에탄올을 수집하는 삼각 플라스크를 얼음통에 넣으면 더욱 좋다.

④ 혼합물이 끓기 시작하면 온도를 확인하면서 냉각기에서 액화되어 얻어지는 액체를 온도 구간별로 수집한다. 용액이 더 이상 나오지 않으면 증류를 멈춘다.

3. 결과 및 고찰

- 물, 에탄올의 끓는점을 확인한다.
- 끓임쪽을 넣은 이유에 대해 알아본다.
- 증류의 다른 예에 대해 알아본다(예 : 기능성 물질의 농축 등).

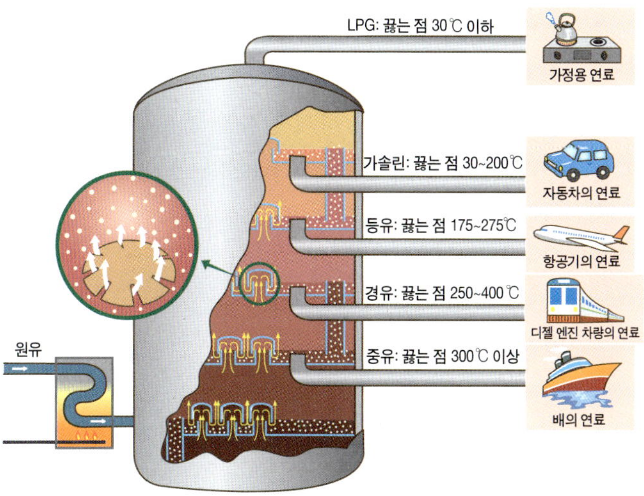

분별 증류법의 산업적인 예

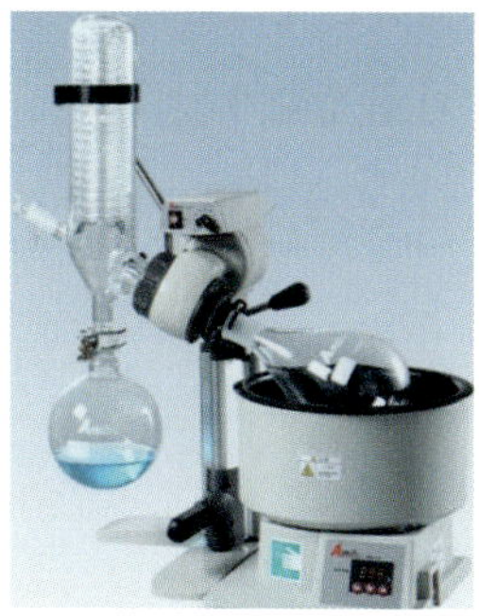

회전 증발 농축기

/ 실험 6 /

분자 모형 만들기

1. 실험 원리 및 목적

분자의 루이스 구조는 분자 구조를 이룰 때 원자들 사이에 배치되는 전자들이 화학적 에너지를 낮추기 위해 전자 구조를 재배치하는 과정을 통해 이루어진다. 분자 구조를 통해 중심 원자 주위에 있는 전자쌍들의 반발력을 최소화할 수 있는 배열을 생각해 보고, 이들 전자쌍을 통해 주변 원자들 간에 공유 결합이 형성되는 원리와 분자의 구조를 파악하고자 한다.

분자 구조를 이해하여 전자 친화도가 유사한 원자 사이에 공유 결합을 형성하거나, 전자 친화도가 다른 원자들 사이에 공유 결합에서도 전자가 균등하게 공유되는 대칭 구조가 형성될 때 극성은 나타나지 않는다. 반면에 전자 친화도가 다른 2개 원자 사이에 전기 음성도 차이가 발생하여 전자가 분자 내에서 불균등하게 전자를 공유할 때 극성 공유 결합을 형성하게 된다. 예를 들어 HF의 경우 전기 음성도는 F쪽이 높고(δ^-) H 쪽은 전기 음성도가 낮다(δ^+). 이런 경우 분자는 쌍극자의 성질을 갖게 된다.

분자 모형은 매우 크기가 작은 분자를 효과적으로 보일 수 있도록 만든 모형이다.

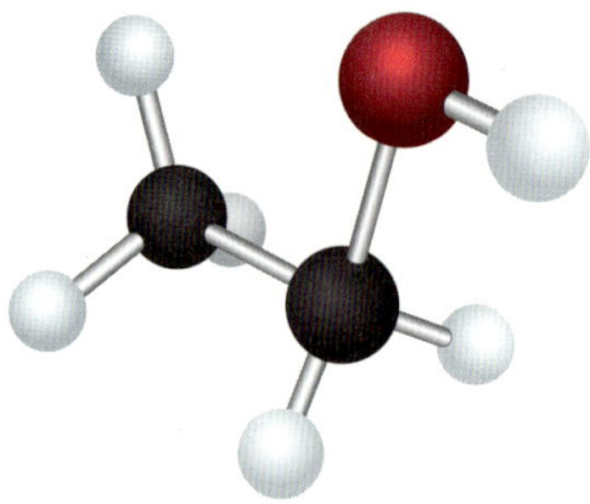

에탄올 CH_3CH_2OH의 분자 모형을 활용한 3차원 구조

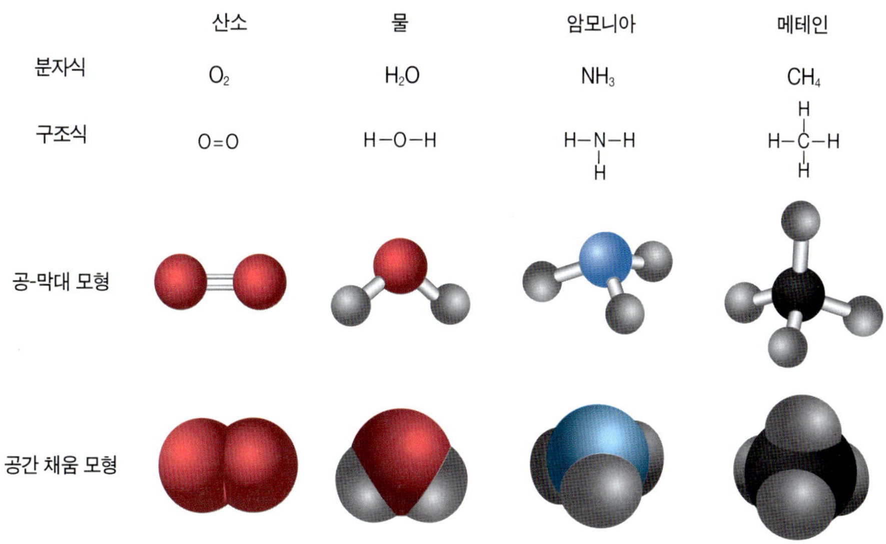

대표적인 분자 모형

2. 실험 재료 및 방법

○ 실험 재료

분자 모형 키트

○ 실험 방법

①분자 모형 키트를 준비하고 원자를 나타내는 구, 결합을 시킬 수 있는 길이가 구분되는 봉, 오비탈을 나타내는 설명을 읽도록 한다.

②다음의 분자를 분자 모형을 이용하여 만들어라.

화학식	분자의 기하구조	결합각	전자쌍 배열
CH_4			
H_2O			
NH_3			
CO_2			

③ 다음의 화학식을 사용하는 분자의 이름과 루이스 구조를 만들어라.

화학식	이름	루이스 구조	화학식	이름	루이스 구조
C_2H_4			*cis*-$C_2H_2F_2$		
C_2H_6			*trans*-$C_2H_2F_2$		
C_2H_2			C_2H_5OH		
CO_2			HCHO		

3. 결과 및 고찰

- 각 분자별 전자쌍 배열, 분자의 기하 구조, 결합각, 극성에 대해서 토론한다.
- 위 물질 중에 대칭 구조를 이루고 있는 물질은 무엇인가?
- 물이 극성의 성질을 가지고 있는 것은 분자 구조와 어떤 관계가 있는지 설명한다.

/ 실험 7 /

산염기의 적정과 중화 반응

1. 실험 원리 및 목적

산염기 적정은 시료 용액인 산을 염기 표준 용액으로, 염기를 산 표준 용액으로 적정하면 서로 중화되며 이것을 지시약을 통해서 종말점을 확인하고 표준 용액의 소비량으로부터 산이나 염기의 성분의 양을 알아낼 수 있다. 일반적으로 표준 염기 용액으로 산을 적정하는 방법을 산 적정이라고 하고 반대로 표준 산 용액으로 염기를 적정하는 방법을 염기 적정이라고 한다.

지시약	pH 색 변화(산~염기)	사용량	지시약 조제	
			백분율	용매
메틸오렌지	3.1~4.4(적~황)	3~5방울	0.1 %(w/v)	희석 에틸알코올(1:1)
페놀프탈레인	8.2~10(무~자홍)	3~5방울	1 %(w/v)	에틸알코올

2. 실험 재료 및 방법

○ 실험 재료

0.1N HCl 표준 용액, 0.1 N NaOH 표준 용액, 지시약, 뷰렛, 삼각 플라스크

실험 방법

①0.1 N HCl 표준 용액 10 mL를 피펫으로 삼각 플라스크에 넣는다. 페놀프탈레인 지시약 2~3방울을 수산 용액에 넣는다. 이때 HCl 용액의 색깔을 관찰한다.

②뷰렛에 0.1 N NaOH 표준 용액을 넣고 뷰렛의 눈금을 읽는다.

③HCl이 들은 삼각 플라스크를 뷰렛 아래쪽에 놓고 뷰렛의 코크를 살짝 열어서 NaOH 표준 용액을 삼각 플라스크에 천천히 가한다. NaOH 표준 용액의 양이 HCl 용액의 양과 유사해질 때 삼각 플라스크 용액 색깔을 관찰한다.

④페놀프탈레인 지시약의 색깔이 분홍으로 바뀌는 지점에서 적정을 멈추고 잘 흔들어서 분홍색으로 바뀌는 시점에 뷰렛의 코크를 잠근다. 이 시점의 뷰렛에 있는 NaOH 부피를 읽는다.

3. 결과 및 고찰

- 적정에 사용된 0.1 N NaOH 표준 용액의 부피는 얼마인가?
- 만약 표준 용액이 아닌 NaOH 고체 시약을 녹여서 만드는 0.1 N로 만들어서 동일 시험을 진행한다면 사용될 NaOH 용액의 부피는 4번 실험에 사용된 부피보다 어떻겠는가? 그 이유는 무엇이라고 생각하는가?

실험 8
완충 용액 만들기

1. 실험 원리 및 목적

완충액은 평형 원리에 따라 첨가된 산 또는 염기와 반응할 수 있는 물질을 용액에 포함하고 있기 때문에 pH 변화에 저항하는 용액이다. 평형 방정식에서 쉽게 도출할 수 있는 Henderson–Hesselbalch 방정식은 완충 용액의 pH를 찾는 데 사용된다.

$$\mathrm{pH} = \mathrm{p}K_{\alpha} + \log \frac{[\mathrm{A}^{-}]}{[\mathrm{HA}]}$$

$\mathrm{p}K_a$는 산 HA에 대해 실험적으로 발견된 상수이고, [HA]는 산의 농도이고, 그리고 $[A^-]$는 염기의 농도이다.

이 실험에서는 아세트산($HC_2H_3O_2$)($\mathrm{p}K_a$ = 4.756)과 아세트산소듐($NaC_2H_3O_2$)을 사용하여 완충액을 만든다.

$$HC_2H_3O_2(aq) + H_2O(l) \rightleftharpoons C_2H_3O_2^-(aq) + H_3O^+(aq)$$

2. 실험 재료 및 방법

○ 실험 재료

아세트산, 아세트산소듐, 증류수, 마그네틱바, 교반기, pH 미터, 100 mL 메스플라스크, 피펫, 팁, 시약 스푼, 유산지, 저울, 비커, 깔때기

실험 방법

① Henderson–Hesselbalch 방정식을 이용하여 0.3 M 아세트산 용액 5 mL를 사용하여 pH = 5인 완충액 100 mL를 만든다.

Henderson–Hesselbalch 방정식을 사용하여 완충액을 만드는 데 필요한 아세트산소듐의 질량은 다음과 같다.

① 최종 100 mL에서 아세트산의 농도를 계산한다.
(5.00 mL × 0.300 M) / (100.0 mL) = 0.0150 M

② 값을 방정식에 연결하고 미지수를 푼다.

③ A^-의 몰수 계산
100 mL에서 이 농도를 얻는 데 필요한 $[A^-]$를 계산한다.
0.0263 M × 0.100L = 0.00263몰

$$5.00 = 4.756 + \log\frac{[A^-]}{0.0150M}$$

$$10^{0.244} = \frac{[A^-]}{0.0150M}$$

$[A^-] = 0.0263M$

④ 이 몰수를 얻는 데 필요한 아세트산소듐(CH3COONa, 무수화물 몰질량 82.05 g)의 질량을 계산한다.
0.00263몰 × 82.04 g / 몰 = 0.216 g

실험 방법

pH = 5.0 완충액 용액을 다음과 같이 제조한다.

① 100 mL 비커에 약 50 mL의 증류수를 추가한다.

② 피펫을 사용하여 5.0 mL의 0.30 M 아세트산을 비커에 추가한다.

③ 보정된 pH 미터를 비커에 넣고 pH를 측정한다.

④ 유리 막대로 저어 주면서 pH가 5.0이 될 때까지 아세트산소듐($NaC_2H_3O_2$)을 조금씩 첨가하여 녹인다(시료를 녹일 때는 마그네틱바나 수저를 이용한다. 이론적으로 계산값에 의해 0.216g의 아세트산소듐이 필요하다).

⑤ 완충 용액을 100 mL 메스플라스크에 정량적으로 옮긴다.

⑥ 표시선까지 증류수를 추가한다. 뚜껑을 닫고 플라스크를 두 번 뒤집어 혼합한다.

3. 결과 및 고찰

더 높은 완충 용량을 가진 완충 요액을 만들고 싶다면 완충 용액의 구성 성분을 어떻게 해야 하는가? 즉 pH = 5이지만 완충 용량이 더 높은 완충 용액 100 mL를 만든다. (완충 용량이 더 높은 완충액을 만들기 위해서는 짝산과 짝염기의 양은 어떻게 구성해야 하는가?)

이때 pH 측정기로 적정 과정을 모니터링하면서 만든 완충 용액의 완충 용량을 측정할 수 있다.

참고 1

지시약을 이용한 pH 시험지 사용법 및 원리

pH 시험지는 발색단을 포함하고 있는 여러 종류의 지시약 혼합물을 종이에 흡수시켜 말린 것으로 지시약 종이를 조금 잘라서 시험 용액에 적시면 색 변화가 일어난다.

예를 들어 넓은 pH 영역을 측정할 수 있는 시험지를 pH 시험지라 한다. 여러 가지 지시약 예를 들어 메틸오렌지, 메틸레드, 브로모티몰블루, 페놀프탈레인의 혼합물을 활용하면 pH 3~10까지 측정할 수 있으며 색의 변화는 적-황-녹-청-자의 순으로 변한다. 이를 이용해 시험지의 형태로 만든 것을 pH 시험지라 한다.

메틸레드, BTB, 티몰블루, 페놀프탈레인을 혼합하여 만든 만능 지시약의 변색 범위는 아래와 같다.

pH	4	5	6	7	8	9	10
만능지시약	빨강	오렌지	노랑	녹색	파랑	짙은 파랑	보라
페놀프탈레인					무색	옅은 분홍	분홍
티몰블루					노랑	녹색	파랑
BTB			노랑	녹색			
메틸레드	빨강	오렌지					

참고 2

pH 미터 사용법

[전원 켜기]

① 스위치를 켜서 10분 이상 안정화시킨다.

② 전극을 증류수로 씻은 다음 흡수성이 강한 종이로 가볍게 물기를 제거한다.

[보정하기]

③ pH 보정(pH Calibration) 버튼을 누른다.

④ pH가 7인 완충 용액에 전극을 담그어 보정을 실시한다.

⑤ 전극을 증류수로 씻고 전극의 물기를 제거한다.

⑥ pH 4짜리 완충 용액에 전극을 담그어 다시 보정을 실시하고 증류수로 씻고 전극의 물기를 제거한다(pH 4~7 사이의 산 용액의 pH를 측정할 때는 완충 용액을 pH 4와 pH 7 용액으로 보정한다).

[pH 측정하기]

⑧ pH 보정은 끝났으면 측정하고자 하는 시료 용액에 전극을 담가서 pH를 측정한다.

⑨ 사용이 끝난 유리 전극은 증류수로 헹궈서 끝이 완전히 잠기도록 보존 용액에 담가 놓고, 유리 전극 안의 전해질이 부족하면 채워 넣는다.

※ pH 보정 원리

pH 전극의 보정(Calibration)은 정확한 pH 값을 알고 있는 완충 용액을 이용해서 전극의 상태를 기기에 입력하는 과정이며, pH 전극의 보정 과정은 주기적으로 실행하여 정확한 측정값을 얻도록 한다.

실험 9

급식용 소독액의 산화 환원 적정 실험

1. 실험 원리 및 목적

산화 환원 반응은 전자의 이동 반응이다. 산화 반응은 전자를 잃는 반응이고, 환원 반응은 전자를 얻는 반응이다. 산화 환원 적정은 산화제 또는 환원제의 표준 용액을 사용하여 시료를 산화 또는 환원시키는 데 소모되는 양을 측정하여 물질을 정량적으로 분석하는 방법이다.

급식용 소독액은 염소계 성분으로 구성되어 있으며 차아염소산소듐(NaOCl)이 주성분이다.

염소계 성분 중 차아염소산 소듐은 물에 용해될 때 수산화소듐과 차아염소산으로 분해된다. 소독 역할을 하는 물질은 차아염소산이다.

$$NaOCl(aq) + H_2O(l) \rightleftarrows NaOH(aq) + HOCl(aq)$$

차아염소산을 분석하기 위해서는 과량의 KI 시료를 넣고 아이오딘화 이온을 산화 환원 적정법을 이용하여 정량할 수 있다.

$$HOCl(aq) + H^+(aq) + 2I^-(aq) \rightleftarrows I2(s) + Cl^-(aq) + H_2O(l) \qquad E_0 = +0.95\text{ V}$$

생성된 아이오딘은 녹말 존재하에서 $S_2O_3^{2-}$ 표준 용액으로 적정하여 HOCl의 양을 간접적으로 분석할 수 있다.

$$I_2(s) + 2S_2O_3^{2-}(aq) \rightleftarrows 2I^-(aq) + S_4O_6^{2-}(aq) \qquad E_0 = +0.46\text{ V}$$

2. 실험 재료 및 방법

실험 재료

250 mL 삼각 플라스크 3개, 메스실린더, 뷰렛, 뷰렛 클램프, 전자저울, 자석 교반기, 100 ppm 또는 200 ppm 급식용 소독액, 물, 0.05 M $Na_2S_2O_3$, KI, 1M H_2SO_4 표준 용액, 녹말

※ 주의 사항
황산은 흄 후드에서 장갑을 끼고 이용하고 소독액이 눈에 들어가지 않도록 보안경을 착용하거나 안전유리로 보호한다.

실험 방법

① 삼각 플라스크에 증류수 150 mL를 넣고 2 g의 KI를 완전히 용해시킨다.

② 100 ppm 또는 200 ppm 소독액 10 mL을 플라스크에 넣고 용해시킨다.

③ 녹말 지시약은 1 g의 녹말을 물 100 mL에 넣고 맑은 용액이 될 때까지 끓인 후 냉각시킨다.

④ 준비된 용액에 1M의 H_2SO_4 용액 25 mL를 넣고 녹말 지시약 5 mL를 넣은 후 0.05 M $Na_2S_2O_3$ 용액이 무색이 될 때까지 적정한다($Na_2S_2O_3$의 화학식량 74.44g/mol 이다).

⑤ 적용된 시료(본 실험은 10 mL 사용됨) 부피 내 NaOCl의 함량은 산화 환원 적정법을 이용하여 사용된 0.05 M $Na_2S_2O_3$의 양을 계산하도록 한다. 이때 부피로 측정되었으므로 만일 적정을 위해 뷰렛에서 사용된 0.05 M $Na_2S_2O_3$의 부피가 x mL라고 할 때 계산은 다음과 같다(x는 평균치를 구하며 이때 2회 이상 반복 실시한다).

3. 결과 및 고찰

NaOCl의 적정에 사용된 $Na_2S_2O_3$의 양은 다음의 식으로 계산한다.

식 1: $(y\text{g}) = 0.05\text{M} \times x\ \text{mL} \times (1/2) \times 74.44\ \text{g/mol}$

이때 (1/2)를 곱하는 이유는 무엇인가? (힌트: $Na_2S_2O_3$에서 NaOCl로 전환)

만일 고체 시료 1 g의 표백제 등을 사용하여 산화 능력을 파악하고자 한다면 다음의 식을 활용할 수 있다.

식 2: 산화 능력(%) = $(y\text{g}/1\text{g}) \times 100$

/ 실험 10 /

비누 만들기

유지fat and oil는 탄소수가 많은 고급 지방산($CnH_{2}n+1COOH$)이 풍부하다. 한편 중성 지방(트리글리세라이드)를 염기와 함께 끓여서 반응시키면 비누화saponification가 일어나서 지방산의 알칼리 금속염과 글리세롤이 형성된다. 이렇게 탄소수가 많은 고급 지방산의 금속염이 비누이다. (폐)식용유와 NaOH를 이용하면 쉽게 비누를 제작할 수 있다.

트리글리세라이드+ 3NaOH → 글리세롤 + 비누

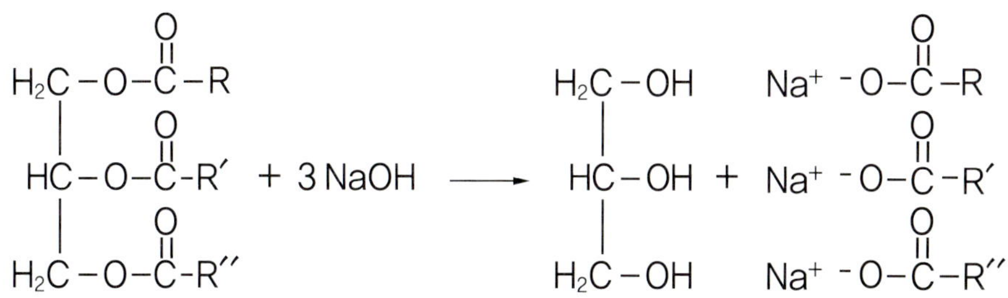

비누 제조 원리

2. 실험 재료 및 방법

실험 재료

100 mL 비커 2개, 교반용 유리 막대 1개, 유산지, 저울, 가열판, 물중탕 수조, 식용유, NaOH

○ 실험 방법

① 고체 수산화소듐(NaOH) 12 g을 물 20 mL에 녹인다.

② 비커에 식용유 30 mL를 넣고 ① 용액과 섞는다.

③ 자석 교반기를 이용하여 식용유 혼합액을 30분 교반한 후 혼합물을 종이컵에 부은 후 1주간 방치하여 굳힌다.

3. 결과 및 고찰

○ 비누화가 일어나는 과정을 관찰한다.

○ 수산화소듐의 역할을 고찰한다.

참고문헌

김희준(2019). 리셋 고등화학. 상상아카데미.

이석중 · 전민아 · 최진주(2021). 일반화학실험. 북스힐.

차은희(2016). 일반화학실험. 자유아카데미.

화학교재연구회 편저(2019). 일반화학실험. 사이플러스.

http://www.labtech.or.kr

찾아보기

저자소개

최남순
이화여자대학교 식품영양학과 이학박사
현재 배화여자대학교 식품영양학과 교수

양윤경
이화여자대학교 식품영양학과 이학박사
현재 안산대학교 식품영양학과 교수

심유진
연세대학교 식품영양학과 이학박사
현재 숭의여자대학교 식품영양과 교수

이종경
영국 노팅엄대학교 식품과학부 이학박사
현재 한양여자대학교 식품영양과 교수

노재필
세종대학교 식품공학과 공학박사
현재 신구대학교 식품영양학과 교수

일반화학

2022년 4월 29일 초판 발행
2025년 9월 3일 2쇄 발행

지은이 | 최남순 양윤경 심유진 이종경 노재필
발행인 | 유제구
발행처 | 파워북
주 소 | 경기도 고양시 일산동구 호수로 358-25
동문타워2차 529호
전 화 | (02) 730-1412
F A X | (031) 908-1410
등 록 | 1997. 1. 31 제 2014-000067호

정가 23,000원
ISBN 978-89-8160-492-9 (93590)

잘못된 책은 바꿔드립니다.